周　期　表

族/周期	10	11	12	13	14	15	16	17	18
1									ヘリウム 2He 4.003 Helium
2				ウ素 5B 10.81 Boron	炭素 6C 12.01 Carbon	窒素 7N 14.01 Nitrogen	酸素 8O 16.00 Oxygen	フッ素 9F 19.00 Fluorine	ネオン 10Ne 20.18 Neon
3				アルミニウム 13Al 26.98 Aluminium	ケイ素 14Si 28.09 Silicon	リン 15P 30.97 Phosphorus	硫黄 16S 32.07 Sulfur	塩素 17Cl 35.45 Chlorine	アルゴン 18Ar 39.95 Argon
4	ッケル 8Ni 58.69 Nickel	銅 29Cu 63.55 Copper	亜鉛 30Zn 65.38 Zinc	ガリウム 31Ga 69.72 Gallium	ゲルマニウム 32Ge 72.63 Germanium	ヒ素 33As 74.92 Arsenic	セレン 34Se 78.97 Selenium	臭素 35Br 79.90 Bromine	クリプトン 36Kr 83.80 Krypton
5	ラジウム 6Pd 106.4 alladium	銀 47Ag 107.9 Silver	カドミウム 48Cd 112.4 Cadmium	インジウム 49In 114.8 Indium	スズ 50Sn 118.7 Tin	アンチモン 51Sb 121.8 Antimony	テルル 52Te 127.6 Tellurium	ヨウ素 53I 126.9 Iodine	キセノン 54Xe 131.3 Xenon
6	白金 8Pt 195.1 latinum	金 79Au 197.0 Gold	水銀 80Hg 200.6 Mercury	タリウム 81Tl 204.4 Thallium	鉛 82Pb 207.2 Lead	ビスマス 83Bi 209.0 Bismuth	ポロニウム 84Po (210) Polonium	アスタチン 85At (210) Astatine	ラドン 86Rn (222) Radon
7	ムスタチウム 0Ds (281) mstadtium	レントゲニウム 111Rg (280) Roentgenium	コペルニシウム 112Cn (285) Copernicium	ニホニウム 113Nh (278) Nihonium	フレロビウム 114Fl (289) Flerovium	モスコビウム 115Mc (289) Moscovium	リバモリウム 116Lv (293) Livermorium	テネシン 117Ts (293) Tennessine	オガネソン 118Og (294) Oganesson
								ハロゲン元素	貴ガス元素

ロピウム 3Eu 152.0 uropium	ガドリニウム 64Gd 157.3 Gadolinium	テルビウム 65Tb 158.9 Terbium	ジスプロシウム 66Dy 162.5 Dysprosium	ホルミウム 67Ho 164.9 Holmium	エルビウム 68Er 167.3 Erbium	ツリウム 69Tm 168.9 Thulium	イッテルビウム 70Yb 173.0 Ytterbium	ルテチウム 71Lu 175.0 Lutetium
リシウム Am (243) mericium	キュリウム 96Cm (247) Curium	バークリウム 97Bk (247) Berkelium	カリホルニウム 98Cf (252) Californium	アインスタイニウム 99Es (252) Einsteinium	フェルミウム 100Fm (257) Fermium	メンデレビウム 101Md (258) Mendelevium	ノーベリウム 102No (259) Nobelium	ローレンシウム 103Lr (262) Lawrencium

定同位体がなく，天然で特定の同位体組成を示さない元素は，その元素の放射性同位体の質量数の一例を（　）の中に示してある。
お，104Rf以降の元素（□）は超アクチノイド元素などとよばれ，詳しい性質はわかっていない。

改訂版

リードLightノート化学基礎

本書は，化学基礎の内容を２編・７章に分け，「リードＡ」，「リードＢ」，「リードＣ」，「リードＣ+」で構成してあります。

リードA　（要　　項）　理解しなければならない内容，注意しなければならない内容を，表や図を駆使して整理し，記憶しやすいようにまとめました。

リードB　（基礎CHECK）　本格的な問題練習に入る前に，その準備として，基礎的な知識や理解を確かめる簡単な問題を入れました。

（基礎ドリル）　必ず覚えておきたい化学式，くり返し練習して定着をはかりたい計算問題などを取り上げました。

リードC　（Let's Try!）

（例　　題）　基本的で典型的な問題を取り上げ，指針として解法上の要領や注意を記述し，そのあとに解答を入れました。

（問　　題）　教科書の個々の内容と対応した基礎的な問題と標準的な問題を扱いました。

（ＣＬＥＡＲ）　各章において，おさえておきたい問題を精選しました。章の最後の理解度の確認や，定期的な復習に効果的です。各問題には，関連問題を▶で示しているので，効果的に苦手部分を演習できます。

リードC+　（編末問題）　入試問題を中心とした多少程度の高い問題や，章をまたいだ内容を含む問題を扱いました。編のまとめや定期テスト前の確認に効果的です。

巻末チャレンジ問題　実験に関する問題や，見慣れない題材を扱った問題など，共通テスト対策に役立つ選択問題形式の問題を扱いました。

そ　の　他　学習の便をはかるため，各問題に，次の印をつけました。

- 知「知識・技能」を要する問題
- 考「思考力・判断力・表現力」を要する問題
- ▶ 解説動画を利用することができる問題
- † 難易度の高い内容を含む問題
- ❖ 教科書において，上位科目「化学」の範囲として扱っている内容を含む問題や記述

原子量・定数　各見開き内の問題で使用する原子量や定数を，左右のページの上部に掲載しています。

※デジタルコンテンツのご利用について

下のアドレスまたは右のQRコードから，本書のデジタルコンテンツ（基礎CHECKの確認問題，例題の解説動画，▶マークのついた問題の解説動画，解答一覧）を利用することができます。
なお，インターネット接続に際し発生する通信料等は，使用される方の負担となりますのでご注意ください。

https://cds.chart.co.jp/books/axbadxru4h

目　次

デジタルコンテンツの紹介

基礎CHECK

基礎CHECK の確認問題

1. 次の物質を，(a) 混合物 (b) 純物質 に分類せよ。
   (ア) 銅 (イ) 海水 (ウ) 塩化ナトリウム (エ) メタン (オ) 牛乳
2. 石油を各成分に分離する方法を(ア)~(オ)から選べ。
   (ア) ろ過 (イ) 抽出 (ウ) 分留 (エ) 再結晶 (オ) 昇華法
3. 次の物質を，(a) 単体 (b) 化合物 (c) 混合物 に分類せよ。
   (ア) 空気 (イ) アルゴン (ウ) 二酸化炭素 (エ) 黒鉛
4. 物質を構成する基本的な成分を何というか。

1. (a)
   (b)
2.
3. (a)
   (b)
   (c)

基礎CHECK の確認問題

- 各章のリードB「基礎CHECK」に確認問題を用意しています。
- 基礎CHECK右上のQRコードから取り組めます。
- ドリル形式の確認問題で，知識を定着させることができます。

例題の解説動画

- すべての例題に解説動画を用意しています。
- 例題右上のQRコードから視聴できます。
- 順を追ったていねいな解説とナレーションで，問題の解法を学べます。

例題 1 物質の分離・精製と分類 ➡1, 2, 4, 5, 6 解説動画

次の文の( )に適当な語句，物質名を入れよ。

2種類以上の物質が混じりあったものを混合物という。混合物を分離して純物質を得るにはさまざまな方法がある。塩化ナトリウムが溶け残っている飽和水溶液から溶け残りの固体と溶液を分けるには(a)，得られた水溶液から水を得るには(b)を用いる。また，少量の硫酸銅(Ⅱ)を含む硝酸カリウムから硝酸カリウムを得るには(c)を用いる。

1種類の元素からなる物質を(d)，2種類以上の元素からなる物質を(e)という。同じ元素からなる(d)で，性質の異なるものどうしを互いに(f)であるという。酸素の(f)には，無色・無臭の気体の(g)と，淡青色で特異臭のある気体の(h)がある。

指針 混合物を分離して純物質を得る方法には，ろ過，蒸留，分留(分別蒸留)，再結晶，昇華法，抽出，クロマトグラフィーなどがある。

物質 { 純物質 { 単体 / 化合物 } / 混合物 }

解答 (a) ろ過 (b) 蒸留 (c) 再結晶 (d) 単体 (e) 化合物 (f) 同素体 (g) 酸素 (h) オゾン

解説動画がある問題には，▶マークがついています。

▶ **1. 混合物の分離** 考 図は，混合物を分離する操作の1つを示している。

(1) この分離操作を何というか。

(2) 図の①，②の器具の名称を記せ。 ① ②

(3) ろ紙を通過して下に流れ出てくる液を何というか。

(4) 図の操作には，正しく直すべき点が2箇所ある。それぞれどう直せばよいか。

(5) この操作で分離できないものを，次からすべて選べ。
(ア) 食塩水 (イ) 牛乳 (ウ) 砂が混じった水

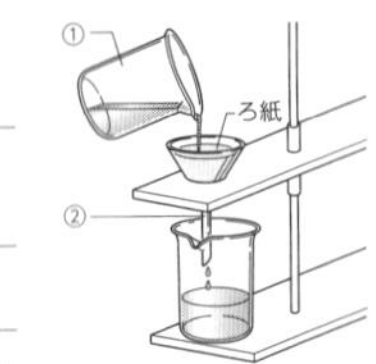

▶例題1

▶の解説動画

考マークの問題の解説動画

- 考マークの問題に解説動画を用意しています。
- 解説動画がある問題には，問題番号の左に▶マークがついており，紙面右下のQRコードから視聴できます。
- 問題のポイントや，思考の過程をていねいに解説しており，解答の流れを理解することができます。

解答一覧

- すべての問題の解答一覧を用意しています。
- 右のQRコードから閲覧できます。
- スマートフォン等から簡単に答え合わせができます。

本書の使用法

本書では，QR コードから，さまざまなデジタルコンテンツを配信して，学習をサポートしています。
デジタルコンテンツを各段階で活用しながら，以下のように学習を進め，化学の知識を身につけましょう。

リード A

要項　問題を解くための基礎となる，重要な項目を確認します。

▽

リード B

基礎 CHECK　簡単な問題を解いて，要項の内容の理解度を確かめましょう。
解答を隠して解きたいときは…　➡ 基礎 CHECK の確認問題

基礎ドリル　確実に身につけたい内容を，反復練習で定着させましょう。

▽

リード C

例題　基本的で典型的な問題と，その問題の 指針・解答 を見て，解法を確認します。
解法を動画で確認したいときは…　➡ 例題の解説動画

(問題)　基礎的な問題や標準的な問題を解いてみましょう。
考マークの問題が解けないときや，解法を確認したいときは…
➡ 考マークの問題の解説動画

▽

リード C⁺

編末問題　少し難しい問題や章をまたいだ内容の問題を解いてみましょう。
考マークの問題が解けないときや，解法を確認したいときは…
➡ 考マークの問題の解説動画

▽

巻末チャレンジ問題

学習の総まとめとして「大学入学共通テスト対策問題」に挑戦しましょう。
各問題には関連する問題の番号を示しています。問題の解法がわからないときは，示された問題を振り返ってみましょう。
それでも解けないときや，解法を確認したいときは…　➡ 考マークの問題の解説動画

第1章 物質の構成

リード A

1 純物質と混合物

a 物質の分類

① [1　　　　] 1種類の単体または化合物だけからなる物質。物質固有の性質（沸点，融点，密度など）をもつ。[1)]

物質 { 純物質 { 単体 / 化合物 }, 混合物 }

② **混合物**　2種類以上の純物質が混じりあった物質。混じりあう純物質の割合によって性質が異なる。[2)]

③ [2　　　　] 1種類の元素だけからなる物質。[3)]

④ [3　　　　] 2種類以上の元素からなる物質。[4)]

1) 例 水素，酸素，水

2) 例 海水（水，塩化ナトリウムなど），空気（窒素，酸素など）

3) 例 水素，酸素，窒素

4) 例 水，塩化ナトリウム

b 物質の分離と精製

混合物から目的の物質を分ける操作を[4　　　　]といい，さらに不純物を取り除き，より純度の高い物質を得る操作を[5　　　　]という。

ろ過	液体とそれに溶けない固体を，ろ紙などを用いて分離する操作。 例 砂の混じった塩化ナトリウム水溶液をろ過して，砂を分離する。
[6　　　　]	溶液を加熱して発生した蒸気を冷却し，再び液体として溶媒と溶質を分離する操作。 例 塩化ナトリウム水溶液を蒸留して，水を分離する。
分留 （分別蒸留）	沸点の異なる液体の混合物を，蒸留によって各成分に分離する操作。 例 石油を分留して，ガソリンや灯油を得る。
[7　　　　]	少量の水によく溶ける不純物が混じった固体を熱水に溶かしてから冷却することにより，目的の固体を純粋な結晶として得る操作。 例 硝酸カリウムと不純物の混合物から，硝酸カリウムを再結晶で得る。
昇華法	固体が液体にならず直接気体になる現象を昇華という。この性質を利用して，昇華しやすい物質を分離する操作。
[8　　　　]	目的の物質をよく溶かす溶媒を用いて，混合物から目的の物質を分離する操作。
[9　　　　]	混合物の各成分を，ろ紙やシリカゲルなどの吸着剤への吸着のしやすさの違いによって分離する操作。

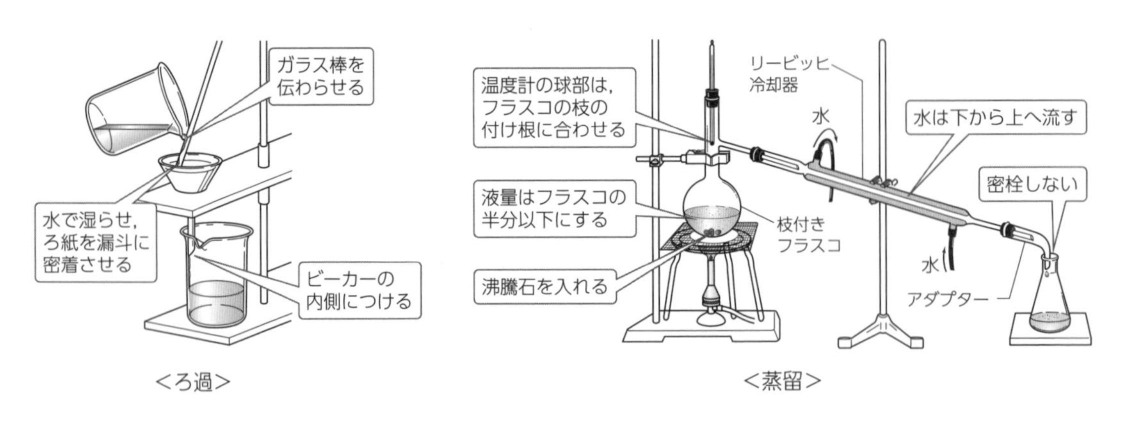

<ろ過>　<蒸留>

空欄の解答　1．純物質　2．単体　3．化合物　4．分離　5．精製　6．蒸留　7．再結晶　8．抽出　9．クロマトグラフィー

2 物質とその成分

a 元素

① [1　　　] 物質を構成している基本的な成分。**元素記号** で表す。自然界に存在する元素は，約 [2　　] 種類である。

② [3　　　] 同じ元素からなる単体で，結晶構造や分子構造の違いにより，性質が異なる物質どうし。

元素	同素体の例
硫黄 S	斜方硫黄，[4　　　]，ゴム状硫黄
炭素 C	ダイヤモンド，黒鉛，フラーレン
酸素 O	酸素，[5　　　]
リン P	黄リン，[6　　　]

b 成分元素の検出

物質に含まれる元素は，その元素に特有の性質を利用することで検出できる。

① **炎色反応** 特定の元素を含んだ化合物やその水溶液を白金線につけて，ガスバーナーの外炎の中に入れると，それぞれの元素に特有の色を示す。

元素	Li リチウム	Na ナトリウム	K カリウム	Ca カルシウム	Sr ストロンチウム	Ba バリウム	Cu 銅
炎の色	[7　　]	[8　　]	[9　　]	[10　　]	紅	[11　　]	[12　　]

② **塩素 Cl の検出** 例 食塩水に硝酸銀水溶液を加えると塩化銀の白色沈殿が生じることから，食塩水中には，[13　　　] が含まれていることがわかる。

③ **炭素 C の検出** 例 大理石と希塩酸[1]の反応で，発生する気体を石灰水に通すと白くにごることから，気体は [14　　　] で，大理石には [15　　　] が含まれていることがわかる。

④ **水素 H の検出** ある試料から生じた液体を白色の硫酸銅(Ⅱ)につけると [16　　] 色の硫酸銅(Ⅱ)五水和物になることから，もとの試料には [17　　] が含まれていることがわかる。

1) 塩化水素の水溶液を塩酸という。

3 物質の三態と熱運動

① **物質の三態** **固体・液体・気体** の3つの状態。温度や圧力によって変化する。

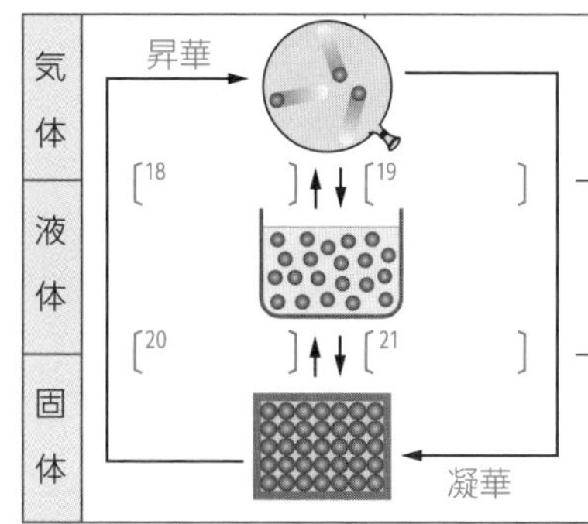

気体	分子間の距離が大きく，分子間力[2]はほとんどはたらかない。分子は熱運動によって，飛びまわる。
液体	分子間の距離が [22　　] く，分子間力がはたらく。分子は熱運動によって，相互の位置を変える。
固体	分子間の距離が小さく，分子間力がはたらく。分子は熱運動によって振動するが，相互の位置は変えない。

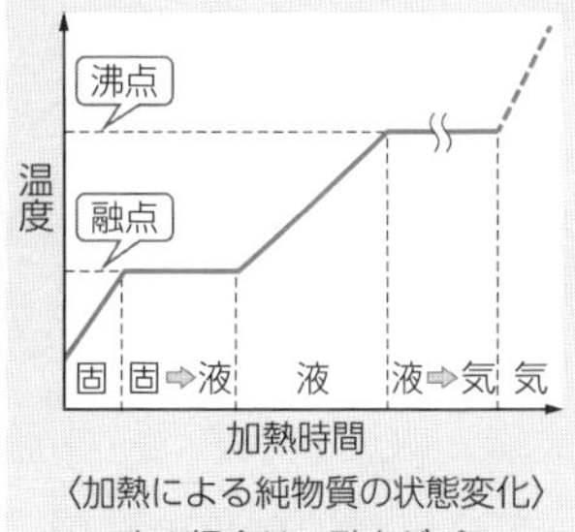

〈加熱による純物質の状態変化〉
水の場合は，融点が0℃，沸点が100℃である。

② **熱運動** 物質の状態に関わらず，物質を構成する粒子が常に行っている運動。
補足 温度が高くなるほど粒子の熱運動は激しくなり，ばらばらになろうとする。

③ [23　　　] 物質が自然にゆっくりと全体に広がる現象。粒子の熱運動により起こる。

2) 分子が互いに引きあい集まろうとする力を分子間力という。

空欄の解答 1. 元素　2. 90　3. 同素体　4. 単斜硫黄　5. オゾン　6. 赤リン　7. 赤　8. 黄　9. 赤紫　10. 橙赤　11. 黄緑　12. 青緑　13. 塩素(塩化物イオン)　14. 二酸化炭素　15. 炭素　16. 青　17. 水素　18. 蒸発　19. 凝縮　20. 融解　21. 凝固　22. 小さ　23. 拡散

基礎CHECK

基礎CHECKの確認問題

1. 次の物質を，(a) 混合物 (b) 純物質 に分類せよ。
   (ア) 銅 (イ) 海水 (ウ) 塩化ナトリウム (エ) メタン (オ) 牛乳
2. 石油を各成分に分離する方法を(ア)～(オ)から選べ。
   (ア) ろ過 (イ) 抽出 (ウ) 分留 (エ) 再結晶 (オ) 昇華法
3. 次の物質を，(a) 単体 (b) 化合物 (c) 混合物 に分類せよ。
   (ア) 空気 (イ) アルゴン (ウ) 二酸化炭素 (エ) 黒鉛
4. 物質を構成する基本的な成分を何というか。
5. 同じ元素の単体で，性質が異なる物質が2種類以上存在するとき，これらの単体どうしを互いに何というか。
6. 次の結果から検出できる元素は何か。
   (1) 白金線をある水溶液に浸した後，ガスバーナーの外炎の中に入れたところ，炎が黄色になった。
   (2) 硝酸銀水溶液を加えると，塩化銀の白色沈殿が生じた。
7. 物質を構成する粒子が，その状態にかかわらず，常に行っている運動を何というか。
8. 状態変化に関する次の(1)～(4)の現象を何というか。
   (1) 固体が液体になる現象。
   (2) 固体が液体にならず直接気体になる現象。
   (3) 気体が液体になる現象。
   (4) 液体の内部から激しく気体が発生する現象。
9. 次の(1)，(2)の温度を何というか。
   (1) 固体が液体になる温度。
   (2) 液体が沸騰して気体になる温度。

1. (a) ＿＿＿＿ (b) ＿＿＿＿
2. ＿＿＿＿
3. (a) ＿＿＿＿ (b) ＿＿＿＿ (c) ＿＿＿＿
4. ＿＿＿＿
5. ＿＿＿＿
6. (1) ＿＿＿＿ (2) ＿＿＿＿
7. ＿＿＿＿
8. (1) ＿＿＿＿ (2) ＿＿＿＿ (3) ＿＿＿＿ (4) ＿＿＿＿
9. (1) ＿＿＿＿ (2) ＿＿＿＿

解答 1. (a) イ，オ (b) ア，ウ，エ　2. ウ　3. (a) イ，エ (b) ウ (c) ア　4. 元素　5. 同素体
6. (1) ナトリウム (2) 塩素　7. 熱運動　8. (1) 融解 (2) 昇華 (3) 凝縮 (4) 沸騰　9. (1) 融点 (2) 沸点

基礎ドリル

◆元素記号◆ 次の元素の元素記号を記せ。

(1) 水素 ＿＿＿	(2) ヘリウム ＿＿＿	(3) リチウム ＿＿＿	(4) ベリリウム ＿＿＿
(5) ホウ素 ＿＿＿	(6) 炭素 ＿＿＿	(7) 窒素 ＿＿＿	(8) 酸素 ＿＿＿
(9) フッ素 ＿＿＿	(10) ネオン ＿＿＿	(11) ナトリウム ＿＿＿	(12) マグネシウム ＿＿＿
(13) アルミニウム ＿＿＿	(14) ケイ素 ＿＿＿	(15) リン ＿＿＿	(16) 硫黄 ＿＿＿
(17) 塩素 ＿＿＿	(18) アルゴン ＿＿＿	(19) カリウム ＿＿＿	(20) カルシウム ＿＿＿
(21) クロム ＿＿＿	(22) マンガン ＿＿＿	(23) 鉄 ＿＿＿	(24) ニッケル ＿＿＿
(25) 銅 ＿＿＿	(26) 亜鉛 ＿＿＿	(27) 臭素 ＿＿＿	(28) 銀 ＿＿＿
(29) スズ ＿＿＿	(30) ヨウ素 ＿＿＿	(31) バリウム ＿＿＿	(32) 水銀 ＿＿＿
(33) 鉛 ＿＿＿			

例題 1 物質の分離・精製と分類

➜1, 2, 4, 5, 6

解説動画

次の文の（　）に適当な語句，物質名を入れよ。

２種類以上の物質が混じりあったものを混合物という。混合物を分離して純物質を得るにはさまざまな方法がある。塩化ナトリウムが溶け残っている飽和水溶液から溶け残りの固体と溶液を分けるには（ a ），得られた水溶液から水を得るには（ b ）を用いる。また，少量の硫酸銅（Ⅱ）を含む硝酸カリウムから硝酸カリウムを得るには（ c ）を用いる。

１種類の元素からなる物質を（ d ），２種類以上の元素からなる物質を（ e ）という。同じ元素からなる（ d ）で，性質の異なるものどうしを互いに（ f ）であるという。酸素の（ f ）には，無色・無臭の気体の（ g ）と，淡青色で特異臭のある気体の（ h ）がある。

指針 混合物を分離して純物質を得る方法には，ろ過，蒸留，分留（分別蒸留），再結晶，昇華法，抽出，クロマトグラフィーなどがある。

物質 { 純物質 { 単体 / 化合物 ; 混合物 }

解答 (a) ろ過　(b) 蒸留
(c) 再結晶　(d) 単体
(e) 化合物　(f) 同素体
(g) 酸素　(h) オゾン

1. 混合物の分離 考

図は，混合物を分離する操作の１つを示している。

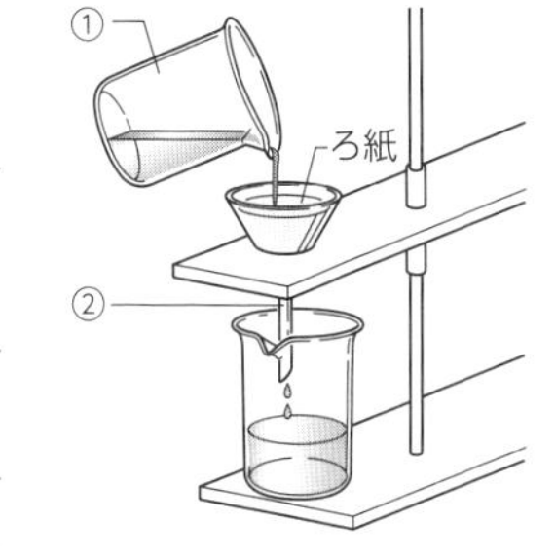

(1) この分離操作を何というか。　＿＿＿＿

(2) 図の①，②の器具の名称を記せ。

①＿＿＿＿　②＿＿＿＿

(3) ろ紙を通過して下に流れ出てくる液を何というか。　＿＿＿＿

(4) 図の操作には，正しく直すべき点が２箇所ある。それぞれどう直せばよいか。

＿＿＿＿

＿＿＿＿

(5) この操作で分離できないものを，次からすべて選べ。

(ア) 食塩水　(イ) 牛乳　(ウ) 砂が混じった水　＿＿＿＿

▷例題 1

2. 混合物の分離 知

図は薄い塩化ナトリウム水溶液から水を分離する装置の概略で，支持具などは省いてある。

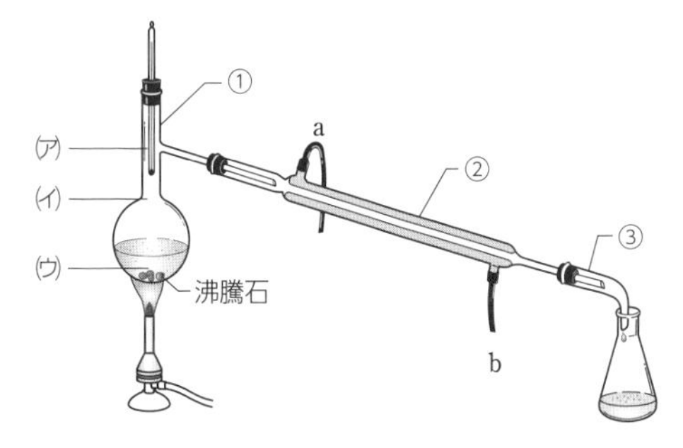

(1) この分離操作を何というか。　＿＿＿＿

(2) 図の①～③の器具の名称を記せ。

①＿＿＿＿　②＿＿＿＿

③＿＿＿＿

(3) 温度計の球部は図の(ア)～(ウ)のどこがよいか。　＿＿＿＿

(4) 冷却水を流す方向は，(ア) a→b　(イ) b→a　のどちらが適当か。　＿＿＿＿

(5) 沸騰石を入れるのは何のためか。　＿＿＿＿

▷例題 1

の解説動画

3. 混合物の分離 知　物質の分離に関する次の記述のうち，誤っているものを1つ選べ。

(ア) 固体が直接気体になる性質を利用する分離方法を昇華法という。
(イ) 混合物を溶媒に加え，加熱して溶かし，その後溶媒をすべて蒸発させて固体を得る方法を再結晶という。
(ウ) 沸点の違いを利用して液体混合物を各成分に分離する操作を分留といい，原油の精製に用いられている。
(エ) 混合物から，目的とする物質を溶媒に溶かし出して分離する操作を抽出という。
(オ) ろ紙に混合物をつけ，ろ紙の端を溶媒に浸しておくと各成分に分離される。このように物質の吸着されやすさの違いを利用する方法をクロマトグラフィーという。

＿＿＿＿

4. 純物質と混合物 知　次の物質を，(a) 単体　(b) 化合物　(c) 混合物　に分けよ。

(ア) 水　(イ) 硫黄　(ウ) 空気　(エ) 石油　(オ) アンモニア水
(カ) 銅　(キ) 塩酸　(ク) 二酸化炭素　(ケ) 塩化ナトリウム　(コ) 酸素

(a)＿＿＿＿　(b)＿＿＿＿　(c)＿＿＿＿

▶例題1

5. 同素体 知　次の組合せのうち，同素体はどれか。すべて選べ。

(ア) 水と過酸化水素　(イ) 黒鉛と鉛　(ウ) 赤リンと黄リン　(エ) 氷と水蒸気　(オ) 酸素とオゾン

＿＿＿＿

▶例題1

6. 同素体の性質 知　次の文の〔　〕に適当な物質名を入れよ。

炭素にはいくつかの同素体が存在し，無色透明できわめて硬く，電気伝導性のない a〔　　　　〕や，黒色でやわらかく電気伝導性のある b〔　　　　〕がある。また，近年発見されたものに，炭素原子が筒状に結合した c〔　　　　〕や炭素原子が60個結合した C_{60} などの球状分子からなる d〔　　　　〕などがある。同様にリンにも同素体があり，猛毒かつ空気中で自然発火するため水中で保存しなければならない e〔　　　　〕や，化学的に安定でマッチの側薬に使用される f〔　　　　〕がある。

▶例題1

7. 元素と単体 知　次の文中の酸素は，元素を表すか，単体を表すか。

(1) 二酸化炭素は炭素と<u>酸素</u>からなる化合物である。　＿＿＿＿
(2) 水を電気分解すると水素と<u>酸素</u>が生じる。　＿＿＿＿
(3) 空気中には，窒素が78％，<u>酸素</u>が21％，アルゴンが約1％含まれている。　＿＿＿＿
(4) <u>酸素</u>とオゾンは，互いに同素体である。　＿＿＿＿

8. 元素の確認 考　次の文の（　）には元素名や物質名を，〔　〕には語句を入れよ。

物質に含まれている元素は，いろいろな反応を用いて調べられる。

Na a（　　　　），Ca b（　　　　）を含む水溶液を白金線につけてガスバーナーの外炎に入れると，炎がそれぞれ c〔　　　〕色，d〔　　　〕色になる。この現象を e〔　　　　〕といい，Na や Ca の検出に用いられる。

食塩水に硝酸銀水溶液を加えると，f〔　　　〕色の沈殿が生じる。この沈殿は g（　　　　）で，これにより食塩水中に成分元素として h（　　　　）が含まれていることが確認できる。

エタノールが燃焼すると二酸化炭素が発生する。このことから，エタノールは成分元素として i（　　　）を含むことがわかる。なお，二酸化炭素は j〔　　　　〕を白濁させることで検出する。

例題 2 三態の変化

➡ 9, 10

解説動画

次の文の（ ）に適当な語句を入れよ。

物質には固体，液体，気体の3つの状態があり，どの状態でも分子は常に運動している。この運動を（ a ）という。物質の三態はこの（ a ）と，分子をつなぎ止めようとはたらいている力，すなわち（ b ）により説明できる。

固体が液体になる変化を（ c ），このときの温度を（ d ）という。（ c ）は，（ a ）が激しくなり（ b ）に打ちかって分子が移動できるようになるために起こる。逆に，液体が固体になる変化を（ e ），このときの温度を（ f ）という。（ c ）や（ e ）が続いている間は，物質の温度は一定に保たれる。

液体がその表面から気体になる変化を（ g ）という。また，液体の内部からも気体が生じる変化を（ h ），このときの温度を（ i ）という。逆に，気体が液体になる変化を（ j ）という。（ j ）が起こるのは，冷却により分子の（ a ）が穏やかになり，（ b ）により分子が集まるからである。（ h ）や（ j ）が続いている間は，物質の温度は一定に保たれる。

（ b ）が弱い物質の場合，固体を加熱したときに液体にならずに直接気体になる場合がある。この変化を（ k ）といい，その逆の変化を（ l ）という。

指針

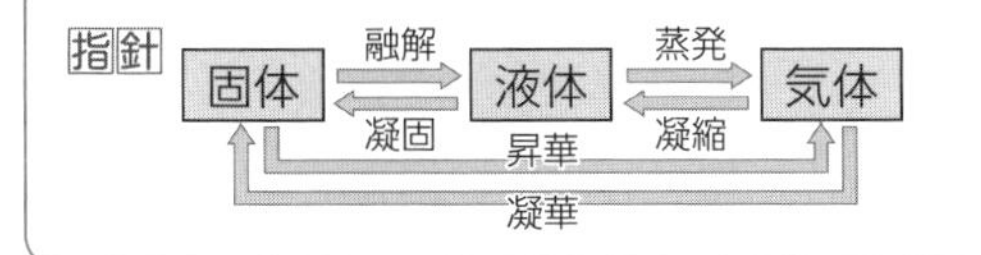

解答 (a) 熱運動　(b) 分子間力　(c) 融解　(d) 融点
(e) 凝固　(f) 凝固点　(g) 蒸発　(h) 沸騰
(i) 沸点　(j) 凝縮　(k) 昇華　(l) 凝華

9. 三態変化 知　水は温度や圧力の変化により，氷（固体），水（液体），水蒸気（気体）の3つの状態をとる。

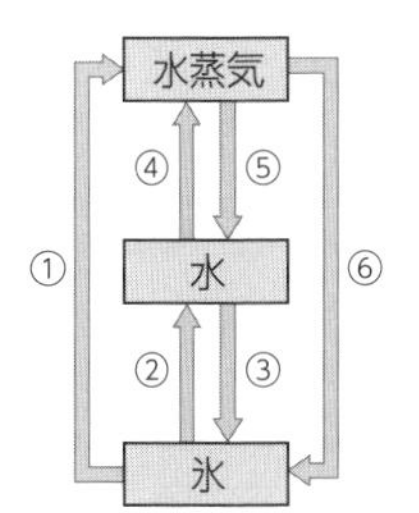

(1) 図の①～⑥の状態変化の名称を答えよ。

① ______　② ______　③ ______
④ ______　⑤ ______　⑥ ______

(2) 次の現象に関連の深い状態変化の名称を答えよ。

(a) ドライアイスを放置したら消失した。 ______
(b) 入浴中に浴室の鏡がくもった。 ______
(c) 寒い朝，池の水が凍った。 ______
(d) 洗濯物を屋外に干したら乾いた。 ______

▶ 例題 2

10. 三態の特徴 知　(1) 固体　(2) 液体　(3) 気体　のそれぞれについて，該当する事項を次からすべて選べ。

(ア) 分子はばらばらになって飛びまわっている。
(イ) 分子は熱運動をしている。
(ウ) 分子間に分子間力がはたらき，分子が集まっている。
(エ) 分子間の距離が大きく，他の状態より密度が小さい。
(オ) 分子の相互の位置は変わらない。

(1) ______　(2) ______　(3) ______

▶ 例題 2

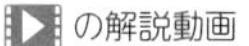
の解説動画

例題 3 三態の変化と温度

➡ 11

解説動画

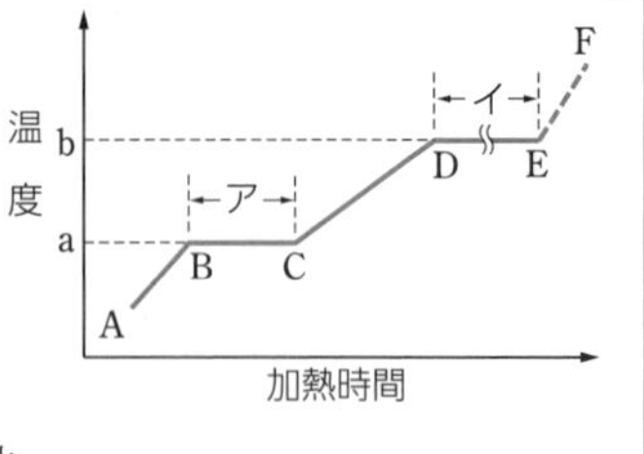

図は，一定圧力のもとで純物質に熱を加えて，固体の状態Aから気体の状態Fにしたときの温度変化を表す。

(1) a，bの温度をそれぞれ何というか。

(2) ア，イで起こる現象をそれぞれ何というか。

(3) AB，BC，CD，DE，EF では，物質はそれぞれどのような状態にあるか。

　① 気体　② 固体　③ 液体　④ 気体と液体　⑤ 液体と固体

(4) この純物質が水であるとすると，a，bの温度は1気圧で何℃か。

指針 加熱すると，粒子の熱運動が激しくなり，温度が上昇する。ただし，融点では熱は粒子の配列を崩すのに使われるため，すべての固体が融解するまで温度は上がらない。また，沸点でも粒子間の結合を切るのに熱が使われるため，すべての液体が気体になるまで温度は一定に保たれる。

解答 (1) a：融点　b：沸点

(2) ア：融解　イ：沸騰

(3) AB：②　BC：⑤　CD：③
　DE：④　EF：①

(4) a：0℃　b：100℃

11. 加熱と温度変化 知　−10℃の氷を1気圧のもとで均一に加熱し，全部を120℃の水蒸気にした。加えた熱量と温度の関係を表すグラフは次のどれか。

(ア)
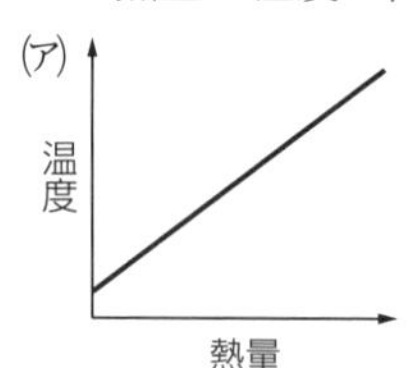

(イ)
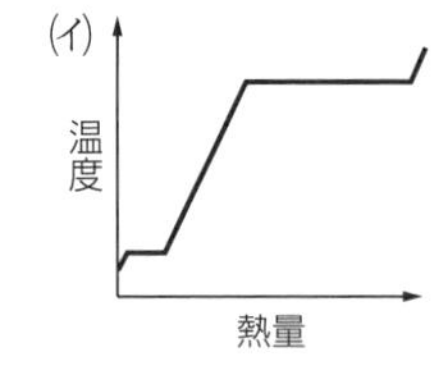

(ウ)
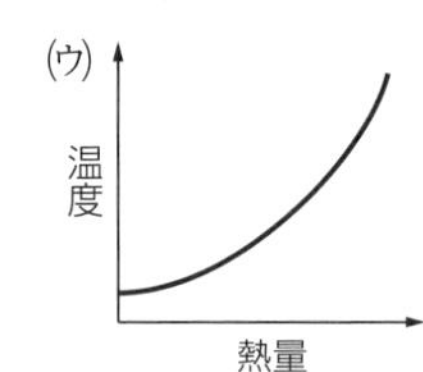

(エ)
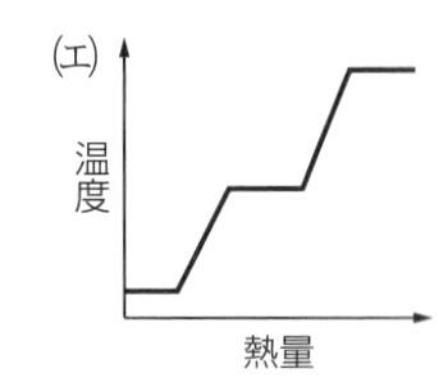

(オ)
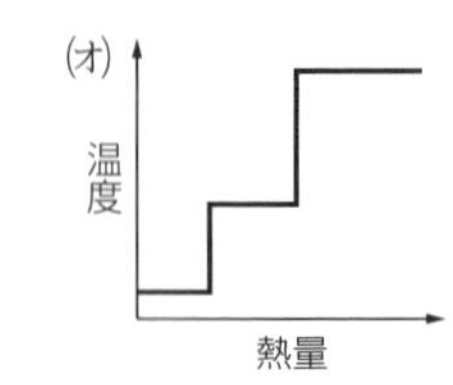

▷ 例題 3

12. 拡散と温度 考　水にインクをたらすと，かき混ぜなくてもインクが徐々に広がっていき，水全体に色がつく。このように，物質が自然に全体へ広がる現象を拡散という。拡散の速さは，温度が高くなるほどどうなるか。「熱運動」という言葉を用いて，理由とともに説明せよ。

精選した標準問題で学習のポイントをCHECK

13. 蒸留装置 知

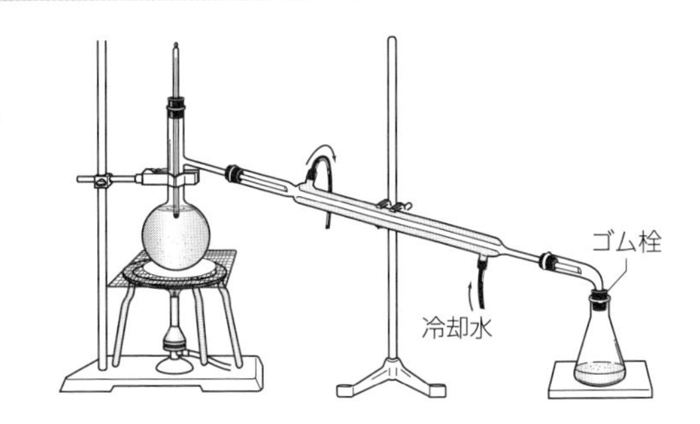

(1) 海水から水を取り出すため，図のような蒸留装置を組み立てた。この装置について，正しく直すべき点を4箇所書け。

①

②

③

④

(2) 正しく直した装置で，ワイン（主成分：水，エタノール）を約80°Cで蒸留した。蒸留後，受け器内の液体におけるエタノールの割合は，ワインと比べて高いか，低いか。なお，エタノールの沸点は78°Cである。

▶1, 2, 3

14. 混合物の分離 知

次の混合物から，（　）内の物質だけを取り出す方法を選べ。ただし，1つの方法で不可能な場合は2つ選んで組み合わせよ。

(1) 砂糖水（水）

(2) 塩化ナトリウムが混じったヨウ素（ヨウ素）

(3) 窒素と酸素の混合気体（窒素，酸素）

(ア) 蒸留　(イ) 分留　(ウ) 蒸発　(エ) 昇華法　(オ) ろ過　(カ) 冷却して液体にする

▶3

15. 物質の状態 知

次の文の〔　〕の語句のうち，適当なものを選べ。

(1) 固体では，構成粒子は密集しており，一定の位置で [a]〔振動している，完全に停止している〕。

(2) 液体でも構成粒子間にはたらく引力は大きいが，固体よりも粒子の運動エネルギーが [b]〔小さく，大きく〕，粒子は互いの位置を変えることができる。また，一般に固体よりも液体のほうが密度が [c]〔小さい，大きい〕。

(3) 気体では構成粒子間の距離が大きく，粒子間にはたらく引力が非常に [d]〔小さい，大きい〕ため，粒子が空間を自由に動きまわることができる。

▶例題2, 10

学習のポイント

リードAに戻って最終CHECK

13. 分離方法の原理，ろ過装置や蒸留（分留）装置などの代表的な分離装置の組み立て方　▶1

14. 目的に応じた混合物の分離・精製方法の選択　▶1

15. 粒子の熱運動と三態の関係　▶3

の解説動画

第2章 物質の構成粒子

1 原子とその構造

a 原子の構造

① **原子**　物質を構成している基本的な粒子。

② **原子の大きさ**　原子の直径：10^{-10} m 程度　原子核の直径：10^{-15}～10^{-14} m 程度

③ **原子の構造**[1)]

粒子		電荷	質量比	原子中の各粒子の個数
原子核	中性子	0	約 1	原子により異なる (質量数－陽子の数＝中性子の数)
	陽子	+1	1 (基準)	元素により決まった数＝原子番号
電子		−1	約 $\frac{1}{1840}$	陽子の数と同じ (原子は電気的に中性)

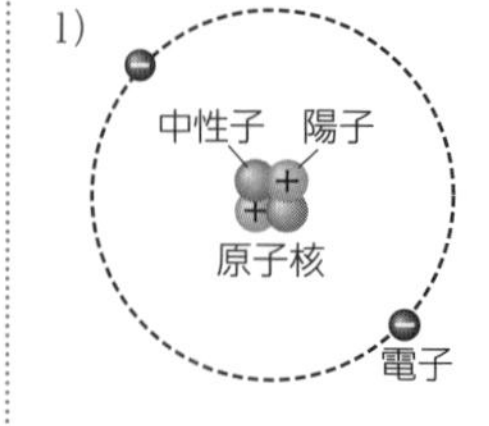

1)

④ **原子の表し方**

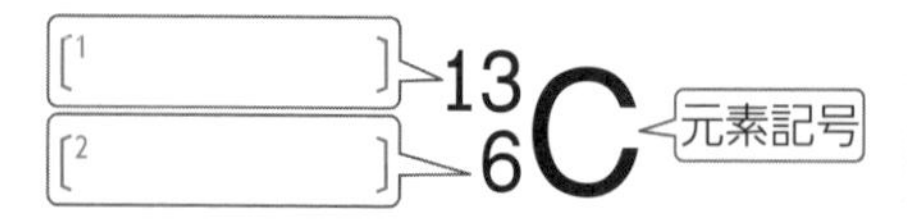

原子番号＝陽子の数＝電子の数
質量数＝陽子の数
＋[3]の数

b 同位体

① **同位体**　同じ元素で中性子の数が異なる原子どうし。質量は異なるが，化学的性質 (反応性) はほとんど同じ。

水素の同位体	$^{1}_{1}$H	$^{2}_{1}$H	$^{3}_{1}$H
中性子の数	0	1	2
存在比	99.9885 %	0.0115 %	ごく微量

$^{3}_{1}$H は放射性同位体

② [4]　原子核が不安定で，自然に放射線を放出して，異なる原子核に変わる同位体。

③ **半減期**　放射性同位体がもとの半分の量まで減少するのに要する時間。[2)]

2) 例 $^{14}_{6}$C の半減期：約 5700 年

c 原子の電子配置

① **電子殻**　原子を構成する電子が存在する層。内側からK殻，L殻，M殻…とよばれる。内側から n 番目の電子殻に入る電子の最大数は [5]個。

原子核
K殻 〔$2\times1^2=2$〕
L殻 〔$2\times2^2=8$〕
M殻 〔$2\times3^2=18$〕
N殻 〔$2\times4^2=32$〕
〔 〕：収容できる電子の最大数

② **電子配置**　電子は原子核に近いK殻から順に入る。[3)]

3) 例 $_{11}$Na：K殻に 2 個，L殻に 8 個，M殻に 1 個。

③ [6]　原子の最も外側の電子殻にあり，原子の化学的性質 (反応性) を決める 1 ～ 7 個の電子。

④ [7]　最大数の電子で満たされた電子殻。このような電子殻は安定である。

⑤ **貴ガス**　希ガスともいう。電子配置が安定で不活性な元素で，18 族元素が該当する。イオンになったり，他の原子と結びついたりしにくいため，価電子の数は [8]個とする。

He と Ne は閉殻となっており，安定である。また，Ar 以降の貴ガスは，最も外側の電子殻に 8 個の電子が入っていて，閉殻と同じように安定である。

空欄の解答　1. 質量数　2. 原子番号　3. 中性子　4. 放射性同位体　5. $2n^2$　6. 価電子　7. 閉殻　8. 0

電子殻	H	He	Li	Be	B	C	N	O	F	Ne	Na	Mg	Al	Si	P	S	Cl	Ar	K	Ca	入る電子の最大数
K殻	1	2	2	2	2	2	2	2	2	2	2	2	2	2	2	2	2	2	2	2	$2\times1^2=2$ 個
L殻			1	2	3	4	5	6	7	8	8	8	8	8	8	8	8	8	8	8	$2\times2^2=8$ 個
M殻											1	2	3	4	5	6	7	8	8	8	$2\times3^2=18$ 個
N殻																			1	2	$2\times4^2=32$ 個
価電子の数	1	0	1	2	3	4	5	6	7	0	1	2	3	4	5	6	7	0	1	2	

□は閉殻

2 イオン

a イオンの生成

① **イオン**　原子が電子を放出したり受け取ったりして，電荷を帯びるようになった粒子を **イオン** という。原子1個からなるイオンを〔1　　　　〕，2個以上の原子が結合した原子団からできたイオンを〔2　　　　〕という。

② **陽イオンと陰イオン**　電子を〔3　　　　〕て正の電荷をもった粒子を **陽イオン**，電子を〔4　　　　〕て負の電荷をもった粒子を **陰イオン** という。また，放出したり，受け取ったりした電子の数をイオンの価数という。

③ **単原子イオンの電子配置**　原子番号が最も近い貴ガスと同じ電子配置になる。

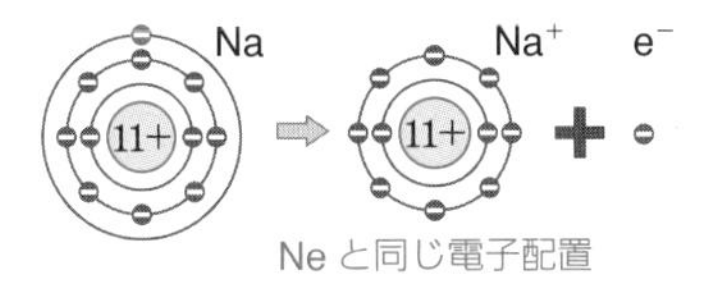

Ne と同じ電子配置

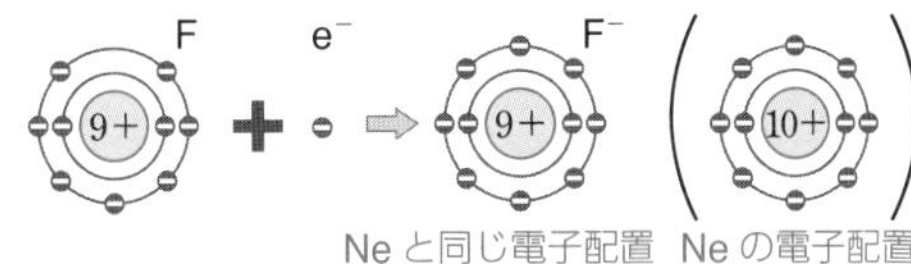

Ne と同じ電子配置

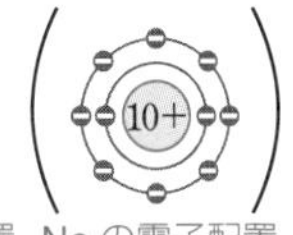

Ne の電子配置

④ **単原子イオンの名称**
陽イオンは，元素名に「イオン」をつける。[1)]
陰イオンは，語尾が「～化物イオン」になる。[2)]
価数が異なる複数のイオンがある場合は，価数をローマ数字で区別する。[3)]

⑤ 〔5　　　　〕　原子の最も外側の電子殻から1個の電子を取りさって，1価の陽イオンにするのに必要なエネルギー。
イオン化エネルギー小
⇒陽イオンになりやすい（陽性大）

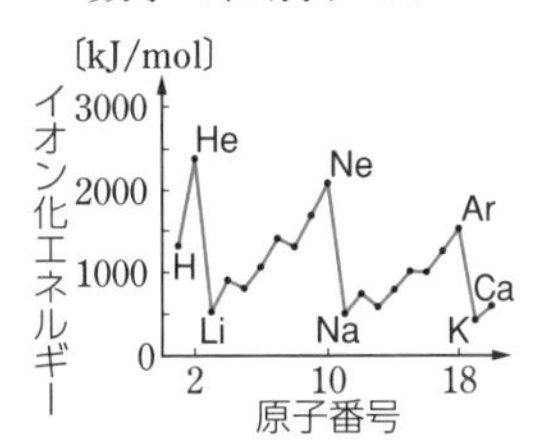

⑥ 〔6　　　　〕　原子が最も外側の電子殻に1個の電子を受け取って，1価の陰イオンになるときに放出されるエネルギー。
電子親和力大⇒陰イオンになりやすい（陰性大）

b 原子とイオンの大きさ

① 同じ族の元素では，原子番号が大きいほど原子の大きさは〔7　　　　〕。

② 同じ周期の元素では，原子番号が大きいほど原子の大きさは〔8　　　　〕（18族は除く）。

③ 原子の大きさは，陽イオンになると〔9　　　　〕くなり，陰イオンになると〔10　　　　〕くなる。

④ 電子配置が同じイオンどうしでは，陽子の数が多いほどイオンの大きさは〔11　　　　〕。[4)]

1) 例 H^+：水素イオン
2) 例 F^-：フッ化物イオン
3) 例 Fe^{2+}：鉄(Ⅱ)イオン，Fe^{3+}：鉄(Ⅲ)イオン
4) 例 Ne と同じ電子配置のイオンの大きさ：$O^{2-}>F^->Na^+>Mg^{2+}>Al^{3+}$

空欄の解答　1. 単原子イオン　2. 多原子イオン　3. 放出し　4. 受け取っ　5. イオン化エネルギー　6. 電子親和力　7. 大きい　8. 小さい　9. 小さ　10. 大き　11. 小さい

3 周期表と元素の分類

a 元素の周期律

元素を〔1　　　　〕の順に並べると，性質の似た元素が周期的に現れる。このような規則性を元素の **周期律** といい，価電子の数やイオン化エネルギー，単体の融点，原子の大きさなどに見られる。

b 元素の周期表

元素を原子番号の順に並べ，性質の似た元素が縦の列に並ぶようにした表を，元素の **周期表** という。縦の列を〔2　　〕，横の行を〔3　　〕という。[1)]

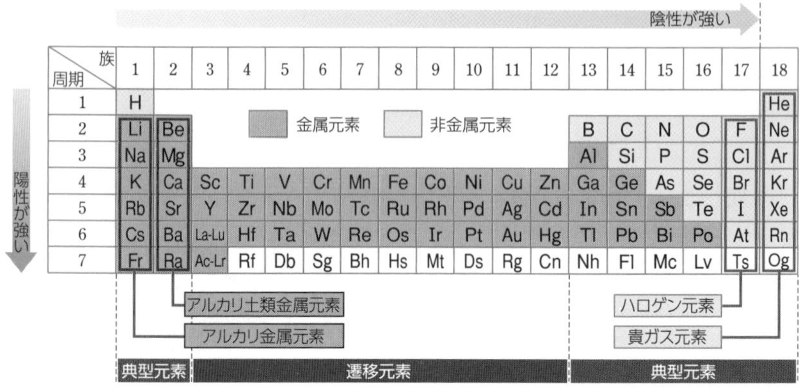

※12族元素は，遷移元素に含めない場合もある。

1) Rf 以降の元素は，詳しい性質がわかっていない。

c 元素の分類

① 〔4　　　　〕 1，2 族と 13～18 族の元素。最外殻電子の数が族の順に従って周期的に変わるため，周期表の縦の列の元素どうしの性質が似ている。

② 〔5　　　　〕 典型元素以外の元素（3 ～12 族)。価電子の数はほとんどが 1 個または 2 個であり，周期表の横の元素どうしの性質が似ていることが多い。

③ **金属元素**　単体が金属の性質を示す元素。

④ **非金属元素**　単体が金属の性質を示さない元素。

d 同族元素

名称	元素	単体の性質
アルカリ金属元素	H以外の1族元素	陽イオンになりやすい。（アルカリ金属元素：1価，アルカリ土類金属元素：2価）やわらかい。密度が小さい。融点が低い。[2)3)]
アルカリ土類金属元素	2族元素	（同上）
ハロゲン元素	17 族元素	1価の陰イオンになりやすい。他の物質から電子を奪う力（酸化力）が強い。
貴ガス元素	18 族元素	安定な電子配置（価電子の数が 0 個）のため，反応性に乏しい。沸点が非常に低い。

2)〈アルカリ金属元素〉

	密度	融点
Li	0.53 g/cm³	181°C
Na	0.97 g/cm³	98°C
K	0.86 g/cm³	64°C

3)〈アルカリ土類金属元素〉

	密度	融点
Be	1.8 g/cm³	1282°C
Mg	1.7 g/cm³	649°C
Ca	1.6 g/cm³	839°C
Sr	2.5 g/cm³	769°C
Ba	3.6 g/cm³	729°C

空欄の解答　1．原子番号　2．族　3．周期　4．典型元素　5．遷移元素

基礎CHECK

基礎CHECKの確認問題

1. 次の文の(　)に，陽子，中性子，電子のいずれかを入れよ。
(1) 中性子の質量は，(　)の質量にほぼ等しい。
(2) 陽子と(　)は，同じ大きさで符号が反対の電荷をもつ。
(3) 原子番号は，原子核中の(　)の数に等しい。
(4) 原子核中の陽子の数と(　)の数の和を質量数という。

2. 次の原子を構成する陽子，中性子，電子の数を記せ。
(1) $^{12}_{6}C$　(2) $^{13}_{6}C$　(3) $^{35}_{17}Cl$　(4) $^{40}_{20}Ca$　(5) $^{56}_{26}Fe$

3. 原子核中の陽子の数が等しく，中性子の数が異なる原子どうしを何というか。

4. N，Cl，K の電子配置を例のように記せ。例 C…K(2)L(4)

5. 次の原子の最外殻電子の数と価電子の数をそれぞれ答えよ。
(1) H　(2) N　(3) Ne　(4) K

6. 次の原子から生じるイオンの化学式を記せ。また，そのイオンと同じ電子配置をもつ貴ガスの名称を答えよ。
(1) Cl　(2) Mg　(3) K

7. 周期表において，(1) 横の行　(2) 縦の列 をそれぞれ何というか。また，(1)，(2)はそれぞれいくつあるか。

8. 次の元素はそれぞれ周期表の何族に属するか。
(1) アルカリ金属元素　(2) アルカリ土類金属元素
(3) ハロゲン元素　(4) 貴ガス元素

1. (1)　(2)
(3)　(4)
2. (1)
(2)　(3)
(4)　(5)
3.
4. N…
Cl…
K…
5. (1)　(2)
(3)　(4)
6. (1)　，
(2)　，
(3)　，
7. (1)　，
(2)　，
8. (1)　(2)
(3)　(4)

解答 1. (1) 陽子　(2) 電子　(3) 陽子　(4) 中性子　2. (陽子，中性子，電子)　(1) 6，6，6　(2) 6，7，6　(3) 17，18，17　(4) 20，20，20　(5) 26，30，26　3. 同位体　4. N…K(2)L(5)　Cl…K(2)L(8)M(7)　K…K(2)L(8)M(8)N(1)　5. (最外殻電子，価電子)　(1) 1，1　(2) 5，5　(3) 8，0　(4) 1，1　6. (化学式，貴ガス)　(1) Cl^-，アルゴン　(2) Mg^{2+}，ネオン　(3) K^+，アルゴン　7. (1) 周期，7　(2) 族，18　8. (1) 1族　(2) 2族　(3) 17族　(4) 18族

基礎ドリル

◆イオンを表す化学式◆ 次のイオンを化学式で表せ。

(1) 水素イオン ____　(2) リチウムイオン ____　(3) ナトリウムイオン ____
(4) カリウムイオン ____　(5) 銀イオン ____　(6) 銅(Ⅰ)イオン ____
(7) マグネシウムイオン ____　(8) カルシウムイオン ____　(9) バリウムイオン ____
(10) 亜鉛イオン ____　(11) 銅(Ⅱ)イオン ____　(12) 鉄(Ⅱ)イオン ____
(13) 鉛(Ⅱ)イオン ____　(14) マンガン(Ⅱ)イオン ____　(15) アルミニウムイオン ____
(16) 鉄(Ⅲ)イオン ____　(17) クロム(Ⅲ)イオン ____　(18) フッ化物イオン ____
(19) 塩化物イオン ____　(20) 臭化物イオン ____　(21) ヨウ化物イオン ____
(22) 酸化物イオン ____　(23) 硫化物イオン ____　(24) アンモニウムイオン ____
(25) オキソニウムイオン ____　(26) 水酸化物イオン ____
(27) 酢酸イオン ____　(28) 硝酸イオン ____
(29) 硫酸イオン ____　(30) 炭酸イオン ____
(31) 炭酸水素イオン ____　(32) リン酸イオン ____

Let's Try!

16. 原子の構造 知 次の文の〔 〕に適当な語句を入れよ。

原子の中心には [a]〔　　　　〕があり，それを取り巻いて何個かの [b]〔　　　　〕が存在している。〔 a 〕は正の電気を帯びた [c]〔　　　　〕と，電気を帯びていない [d]〔　　　　〕からできている。〔 a 〕の中の〔 c 〕の数は，それぞれの元素に固有のもので，この数を [e]〔　　　　〕といい，〔 c 〕と〔 d 〕の数の和を [f]〔　　　　〕という。〔 c 〕と〔 d 〕の質量はほぼ同じであるが，〔 b 〕の質量は〔 c 〕の約1840分の1と小さいので，[g]〔　　　　〕の比が各原子の質量の比とほぼ等しくなる。原子が〔 b 〕を失うと [h]〔　　　　〕に，〔 b 〕を受け取ると [i]〔　　　　〕になる。

例題 4 原子とイオンの構造

➡ 17, 19, 21 解説動画

(1) 塩素原子 $^{35}_{17}Cl$ について，35，17 はそれぞれ何を表しているか。
(2) 塩素原子 $^{37}_{17}Cl$ について，陽子，中性子，電子の数を答えよ。
(3) (1)と(2)の塩素原子の関係を何というか。また，陽子，中性子，電子のうち，(1)と(2)の塩素原子において数が異なるものはどれか。
(4) (1)の原子の電子配置を，例のように記せ。例 窒素原子　K(2)L(5)
(5) (2)の原子はどのようなイオンになるか。化学式で記せ。
(6) カリウム原子 $^{39}_{19}K$ がイオンになったとき，(5)のイオンと同じ数になっているのは，陽子，中性子，電子のどれか。すべてあげ，その数とともに答えよ。
(7) $_{19}K$ の中でも，$^{40}_{19}K$ の原子核はやや不安定で，放射線を放出して異なる原子核に変わる。このような性質をもつ原子を何というか。

指針 (1)～(3) 陽子の数で元素が決まる。陽子の数を**原子番号**といい，元素記号の左下に記す。陽子と中性子の数の和を**質量数**といい，元素記号の左上に記す。

> 原子番号＝陽子の数＝電子の数
> 質量数＝陽子の数＋中性子の数

(4)～(6) 電子はふつう，内側の電子殻から順に配置されていく。収容できる電子の最大数は，K殻2個，L殻8個，M殻18個…である。価電子の数が少ないとそれを失って陽イオンに，価電子の数が多いと電子を受け取って陰イオンになる。

解答 (1) 35：質量数，17：原子番号
(2) 陽子：17，
中性子：(37－17＝)20，
電子：17
(3) 同位体，中性子
(4) K(2)L(8)M(7)
(5) Cl^-
(6) 中性子：20，電子：18
(7) 放射性同位体

17. 同位体と分子 考 次の文の〔 〕に適当な語句，数値を入れよ。

天然の酸素原子には ^{16}O，^{17}O，^{18}O の3種類の [a]〔　　　　〕があり，中性子の数がそれぞれ [b]〔　　　　〕，[c]〔　　　　〕，[d]〔　　　　〕と異なる。また，水素原子には ^{1}H と ^{2}H の2種類がある。これらの酸素原子と水素原子から構成される水分子のうち，最も質量が小さいものの質量数の総和は [e]〔　　　　〕，最も質量の大きいものの質量数の総和は [f]〔　　　　〕である。

また，炭素原子には原子核が不安定な ^{14}C がある。これは宇宙線により一定の速度で生成し続け，おもに [g]〔　　　　〕として大気中を循環するため，地球上の植物に含まれる ^{14}C の存在比は一定に保たれる。植物が枯れると新たな ^{14}C を取り込まなくなるので，その存在比は約5730年で半分になる。この存在比が半分になる時間を [h]〔　　　　〕といい，遺物の年代測定に用いられる。

▶ 例題 4

18. 原　子 知　原子に関する次の記述のうち，正しいものを1つ選べ。

(ア) 原子の大きさは，原子核の大きさとほぼ等しい。
(イ) 自然界に中性子を含まない原子は存在しない。
(ウ) 同じ元素の原子でも，陽子の数が異なるものがある。
(エ) 原子核のまわりの電子の数が陽子の数と異なる粒子を，イオンとよぶ。
(オ) 放射性同位体は，放射線を放出しても別の元素の原子に変化することはない。

＿＿＿＿

19. 電子配置 知

(1) 収容できる電子の最大数が8個である電子殻の名称を記せ。 ＿＿＿＿

(2) 次の原子の電子配置を，例にならって記せ。例 Li：K(2)L(1)

(a) He：＿＿＿＿　(b) C　：＿＿＿＿
(c) O　：＿＿＿＿　(d) Na：＿＿＿＿
(e) Cl　：＿＿＿＿　(f) Ca：＿＿＿＿

▷例題4

20. 貴ガス 知　貴ガスに関する次の記述のうち，誤りを含むものを1つ選べ。

(ア) 貴ガス元素は，周期表18族の元素である。
(イ) 貴ガスは単原子分子で，空気中に少量含まれている。
(ウ) 貴ガス元素の原子は，最外殻電子の数がどれも8個である。
(エ) 貴ガス元素の原子はイオンになりにくく，他の原子と結びつきにくい。
(オ) 貴ガスは，不活性ガスである。
(カ) 貴ガス元素の原子は，価電子の数がどれも0個である。

＿＿＿＿

21. イオンの生成 知　次の文の［　］に適当な数値，語句，化学式を入れよ。

カルシウム原子Caの価電子は a［　　］個で，価電子を全部放出して b［　　］価の c［　　］イオンになる。このイオンの化学式は d［　　　　］で，電子配置は e［　　　　　］原子と同じである。

塩素原子Clの価電子は f［　　］個で，電子を g［　　］個受け取って h［　　］価の i［　　］イオンになる。このイオンの化学式は j［　　　　］で，電子配置は k［　　　　　］原子と同じである。

▷例題4

22. 電子配置 知　次の図は，原子の電子配置を同心円状に表したものである。(●は原子核，●は電子)

(a)
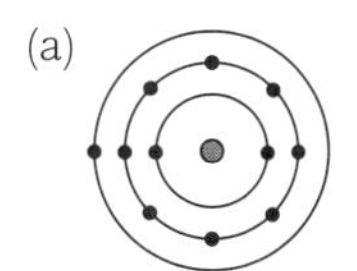
(b)
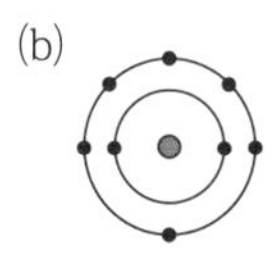
(c)
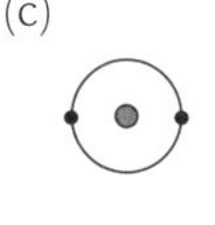
(d)
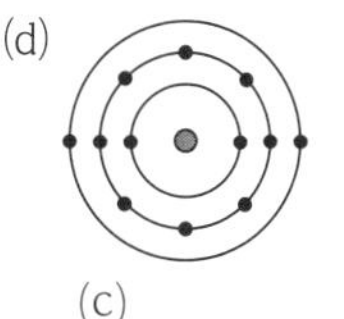
(e)
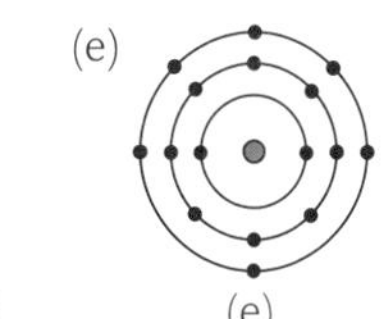

(1) それぞれの原子の元素記号を記せ。 (a)＿＿ (b)＿＿ (c)＿＿ (d)＿＿ (e)＿＿

(2) それぞれの原子の価電子の数を記せ。 (a)＿＿ (b)＿＿ (c)＿＿ (d)＿＿ (e)＿＿

(3) 化学的性質の似ている原子はどれとどれか。 ＿＿＿＿と＿＿＿＿

(4) 陽イオンになりやすいものをすべて選べ。 ＿＿＿＿

(5) 2価の陰イオンになるものをすべて選べ。 ＿＿＿＿

(6) 電子配置が安定で，ふつう化合物をつくらないものはどれか。 ＿＿＿＿

の解説動画

23. イオンの電子配置 知

(1) 電子配置がNe原子と同じであるイオンを，下の(ア)~(ク)からすべて選べ。

(2) 電子配置がAr原子と同じであるイオンを，下の(ア)~(ク)からすべて選べ。

(ア) Al^{3+} (イ) Ca^{2+} (ウ) Cl^{-} (エ) F^{-} (オ) K^{+} (カ) Li^{+} (キ) Mg^{2+} (ク) Na^{+}

24. イオンの電子の数 考 次のイオンに含まれる電子の総数は何個か。

(a) Mg^{2+}　(b) H^{+}　(c) ${}_{26}Fe^{2+}$

(d) ${}_{35}Br^{-}$　(e) OH^{-}　(f) NH_4^{+}

25. 原子とイオン 知 次の文の〔 〕に適当な語句，数値を入れよ。

原子から電子1個を取りさって，1個の a〔　〕にするのに必要なエネルギーを b〔　〕という。価電子が c〔　〕個の1族元素の原子や，価電子が d〔　〕個の2族元素の原子では〔 b 〕の値は e〔　〕く，〔 a 〕になり f〔　〕い。

一方，価電子が7個の g〔　〕族元素の原子や，価電子が h〔　〕個の貴ガス元素の原子では〔 b 〕の値は i〔　〕く，〔 a 〕になり j〔　〕い。

原子が電子1個を受け取って，1個の k〔　〕になるときに放出されるエネルギーを l〔　〕という。価電子が7個の〔 g 〕族元素の原子の〔 l 〕の値は m〔　〕く，電子1個を受け取ると n〔　〕族元素の原子と同じ電子配置になるので，〔 k 〕になり o〔　〕い。

例題 5 原子，イオンの大きさ ➡26 解説動画

次の文で誤っているものを1つ選べ。

(ア) 同じ電子配置の陽イオンどうしは，イオンの価数が大きいほど原子核の正電荷が大きいので，イオンの大きさは小さくなる。

(イ) 最も外側の電子殻が同じ原子どうしは，貴ガスを除き，原子番号が大きいほど原子の大きさも大きくなる。

(ウ) 原子が陽イオンになるときは，最も外側の電子殻から価電子が放出されるので小さくなる。

(エ) 原子が陰イオンになるときは，最も外側の電子殻に新たに電子が配置されるので大きくなる。

指針 (ア)，(イ) 同じ電子配置の単原子イオンと，(貴ガス以外で) 最も外側の電子殻が同じ (＝同じ周期の) 原子どうしは，陽子の数が多い (原子番号が大きい) ほど，原子の大きさが小さくなる。

例 (ア) $Na^{+}>Mg^{2+}>Al^{3+}$　(イ) N>O>F

(ウ)，(エ) 原子が陽イオンになるときは小さくなり，原子が陰イオンになるときは大きくなる。

例 (ウ) $Na>Na^{+}$　(エ) $F<F^{-}$

〈大きさの比較〉
- 同じ周期の原子どうし
  → 原子核の陽子の数に着目
- 同じ族の原子どうし
  → 最も外側の電子殻の種類に着目
- 原子とその単原子イオン → 電子の数に着目
- 同じ電子配置の単原子イオン
  → 陽子の数に着目

解答 イ

26. 原子・イオンの大きさ 知

(1) 次の原子のうち，最も大きい原子はどれか。

① Li　② Be　③ Na　④ Mg　⑤ Cl

(2) 次のイオンのうち，最も大きいイオンはどれか。

① S^{2-}　② Cl^-　③ K^+　④ Ca^{2+}

▶例題 5

例題 6 元素の周期表

➡ 27, 28

解説動画

図は，元素の周期表の第6周期までの概略をいくつかに区切ったものである。

(1) 元素の周期表では，元素を何の順に並べてあるか。

(2) 図の(ウ)の領域，(キ)の領域の元素について，原子の電子配置の特徴と生じるイオンの価数と種類を示せ。

(3) 次の元素群は図の(ア)～(ク)のどの領域に該当するか。該当する領域すべてをあげよ。

(a) アルカリ金属元素　(b) 貴ガス元素　(c) 非金属元素　(d) 典型元素

指針 元素の周期表は，元素を原子番号順に並べ，性質の似たものが縦の列に並ぶように組んだ表である。(イ)，(ウ)，(エ)，(オ)の領域の元素は**金属元素**，(ア)，(カ)，(キ)，(ク)の領域の元素は**非金属元素**である。

典型元素…1，2，13～18 族元素
遷移元素…3～12 族元素
アルカリ金属元素…Hを除く1族元素
アルカリ土類金属元素…2族元素
ハロゲン元素…17 族元素
貴ガス元素…18 族元素

解答 (1) 原子番号の順

(2) (ウ)：最外殻電子が2個（または価電子が2個），2価の陽イオン

(キ)：最外殻電子が7個（または価電子が7個），1価の陰イオン

(3) (a) イ

(b) ク

(c) ア，カ，キ，ク

(d) ア，イ，ウ，オ，カ，キ，ク

27. 元素の周期表とイオン 知　次の文の〔　〕に適当な語句，数値を入れよ。

元素の周期表は，元素を [a]〔　　　〕の順に並べたもので，ロシアのメンデレーエフがその原型を完成させた。縦の列を [b]〔　　〕，横の行を [c]〔　　〕という。第1周期には [d]〔　　〕種類の元素が，第2，第3周期にはそれぞれ [e]〔　　〕種類の元素が並んでいる。

典型元素では，同じ族に属する元素の原子の [f]〔　　　〕の数は同じで，原子の [g]〔　　〕的性質は似ている。[h]〔　　〕族に属する Li，Na，K などの元素はまとめて [i]〔　　　〕元素，[j]〔　　〕族に属する Be，Mg，Ca などは [k]〔　　　　〕元素，[l]〔　　〕族に属する F，Cl，Br などは [m]〔　　　〕元素，He，Ne，Ar などは [n]〔　　　〕元素とよばれる。

〔 n 〕元素の原子は [o]〔　　〕な電子配置で，ふつう陽イオンにも陰イオンにもならない。 ▶例題 6

28. 周期表と元素 知

(1) Ar, Ca, Cl, F, K, Mg, Na, Ne の8種類の元素を，最外殻電子の数の少ない順に①～④の4つの元素群に分け，最外殻電子の数を記せ。

①群　　　　，　　個　②群　　　　，　　個

③群　　　　，　　個　④群　　　　，　　個

(2) ①～④の元素群は，それぞれ周期表の何族に位置しているか。

①群　　族　②群　　族　③群　　族　④群　　族

(3) ①～④の元素群は，それぞれ固有の名称でよばれる。その名称を記せ。

①群　　　②群

③群　　　④群

(4) ①～④の元素群の示す性質を，それぞれ次から選べ。

(ア) 1価の陽イオンになって化合物をつくる。　(イ) 2価の陽イオンになって化合物をつくる。

(ウ) 1価の陰イオンになって化合物をつくる。　(エ) 電子配置が安定で，ふつうは化合物をつくらない。

①群　　②群　　③群　　④群

▶例題6

29. 第2周期の元素 知

周期表の第2周期の8種類の元素を，原子番号順にa, b, c, d, e, f, g, hとする。

(1) 元素b, eはそれぞれ何族の元素か。　b　　族　e　　族

(2) 価電子の数が (i) 4個 (ii) 6個 のものはどれか。　(i)　　(ii)

(3) (i) 1価の陽イオン (ii) 2価の陰イオン になりやすいのはどれか。　(i)　　(ii)

(4) イオン化エネルギーが (i) 最大のもの (ii) 最小のもの はどれか。　(i)　　(ii)

(5) 電子親和力が最大のものはどれか。

30. 周期表と元素 知

次の記述のうち，誤りを含むものはどれか。

(ア) 周期表の1族，2族および13～18族の元素を典型元素という。

(イ) 原子番号20までの元素は，すべて典型元素である。

(ウ) 貴ガス以外の典型元素は，価電子の数と族番号の1の位の数が一致している。

(エ) 13～17族の元素は，すべて非金属元素である。

(オ) 周期表の第3周期に属する元素の原子の最も外側の電子殻はM殻である。

31. 元素の周期律 考

次の図(1)～(3)は，横軸に原子番号を，縦軸にある量を表したグラフである。各グラフの縦軸が表す量は何か。適するものを(ア)～(ウ)からそれぞれ選べ。

(1)

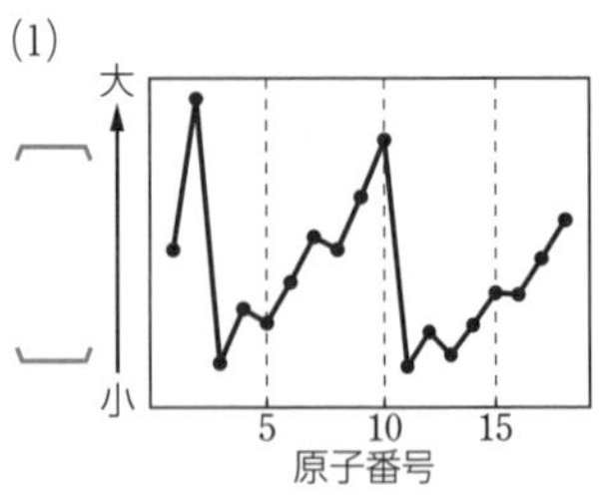

(2)

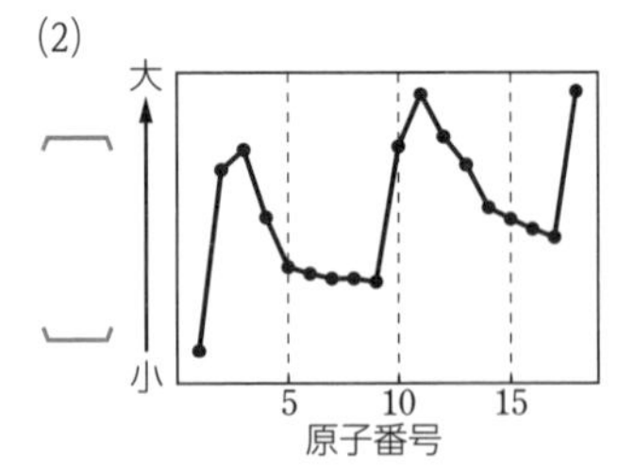

(3)

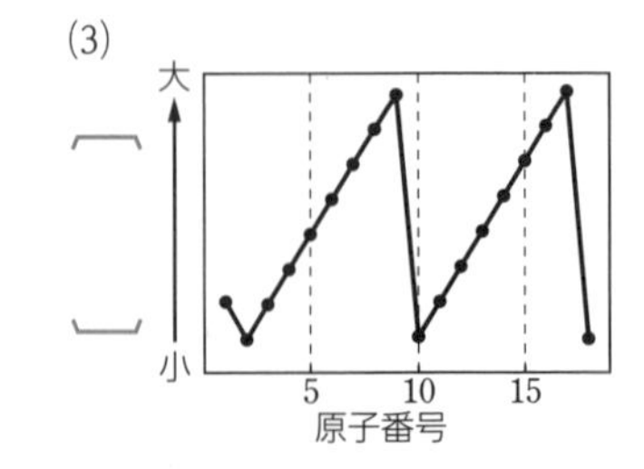

(ア) イオン化エネルギー　(イ) 価電子の数　(ウ) 原子半径

精選した標準問題で学習のポイントを CHECK

32. 原子の構造と性質 知　次の記述のうち，正しいものをすべて選べ。

(ア) 原子の原子核の質量は，その原子全体の質量とほぼ等しい。
(イ) 原子の原子核の大きさは，その原子全体の大きさとほぼ等しい。
(ウ) 電子と原子核は互いに引きあい，電子は原子核に接するように回っている。
(エ) イオン化エネルギーの大きい原子は，陽イオンになりやすい。
(オ) 電子親和力の大きい原子は，陰イオンになりやすい。

▷16, 18, 25

33. 原子の構造と性質 知　次の(ア)〜(オ)の原子番号をもつ原子について答えよ。

(ア) 2　(イ) 6　(ウ) 9　(エ) 14　(オ) 19

(1) (ア)，(イ)，(ウ)の原子の価電子の数を書け。　(ア)＿＿　(イ)＿＿　(ウ)＿＿
(2) (エ)の原子の電子配置を例にならって示せ。例 Li：K(2)L(1)
(3) 最も陰イオンになりやすい原子はどれか。
(4) (オ)には，中性子の数が 20 の原子と 22 の原子が存在する。
　(a) 中性子の数が 20 の原子を，元素記号に質量数と原子番号を添えて表せ。
　(b) これらの原子のことを互いに何というか。

▷例題4, 17, 22

34. 原子・イオンの大きさの比較 考　原子やイオンの大きさの比較として正しいものを次の(ア)〜(エ)のうちからすべて選べ。

(ア) $Na<Na^{+}$　(イ) $Cl<Cl^{-}$　(ウ) $K^{+}<Ca^{2+}$　(エ) $Na<Cl$

▷例題5, 26

35. 周期表と元素 知　表は元素の周期表の一部である。(1)〜(7)に該当する元素を a 〜 n からすべて選べ。

周期＼族	1	2	3	4	5	6	7	8	9	10	11	12	13	14	15	16	17	18
1	a																	b
2														c		d		e
3	f												g		h	i	j	k
4	l	m									n							

(1) アルカリ金属元素　(2) アルカリ土類金属元素
(3) 遷移元素　(4) 金属元素
(5) 2 価の陽イオンになりやすい。　(6) 2 価の陰イオンになりやすい。
(7) a 〜 n のうち，イオン化エネルギーが最も小さい。

▷例題6, 27, 28

学習のポイント　リード A に戻って最終 CHECK

32. (ア)〜(ウ) 原子と原子核の構造，大きさ・質量の比 ▷1
(エ)，(オ) イオン化エネルギー・電子親和力の大小とイオンへのなりやすさ ▷2
33. (1)〜(3) 原子の電子配置と価電子・閉殻　(4) 原子の表し方 ▷1
34. 原子とイオンの大きさ ▷2
35. 元素の分類（アルカリ金属，アルカリ土類金属，ハロゲン，貴ガス）とその性質，典型元素と遷移元素の性質の違いと周期表上の位置 ▷3

の解説動画

第3章 粒子の結合

リード A

1 イオン結合とイオン結晶

① **イオン結合** 陽イオンと陰イオンが［1 ］(**クーロン力**) で引きあってできる結合。

例

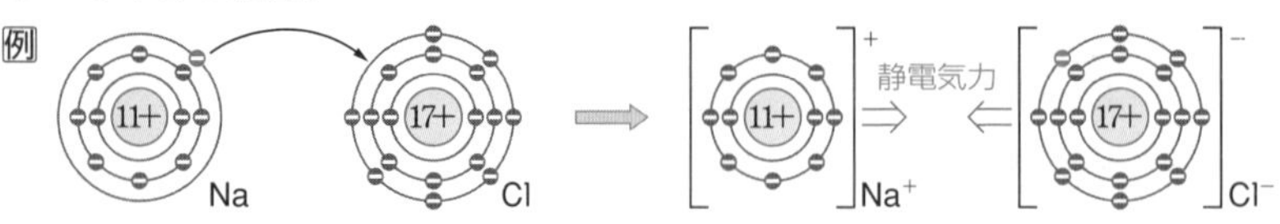

② **イオン結晶** 陽イオンと陰イオンがイオン結合をしてできた結晶。[1)]

③ **電離** 物質がイオンに分かれること。水に溶けたときに電離する物質を［2 ］，電離しない物質を［3 ］という。イオン結晶は電気を通さないが，水に溶かしたり融解させたりすると，電離して電気を通すようになる。

④ **組成式** 成分元素の原子の数を，**最も簡単な整数比** で表した式。イオン結晶や金属結晶，共有結合の結晶などの構成する原子の数が決まっていない物質を表すときに用いる。

イオンからなる物質の組成式は次のように書く。

(a) 陽イオンを先に，陰イオンを後にし，右下にイオンの数を書く。

(b) 多原子イオンが複数含まれる場合，(　) をつけてその右下にイオンの数を書く。[2)]

陽イオンの (価数)×(個数)＝陰イオンの (価数)×(個数)

1) 例

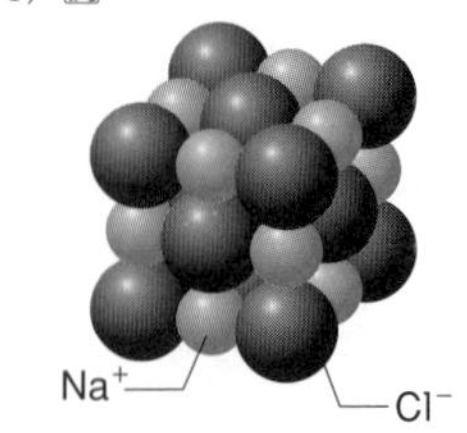

〈NaCl の結晶〉

2) 例 塩化カルシウム
：$CaCl_2$,
水酸化アルミニウム
：$Al(OH)_3$

2 共有結合と分子

① **分子** いくつかの原子が結びついてできた粒子。

② ［4 ］ 原子どうしが互いに不対電子を出しあい，共有してできる結合。

例

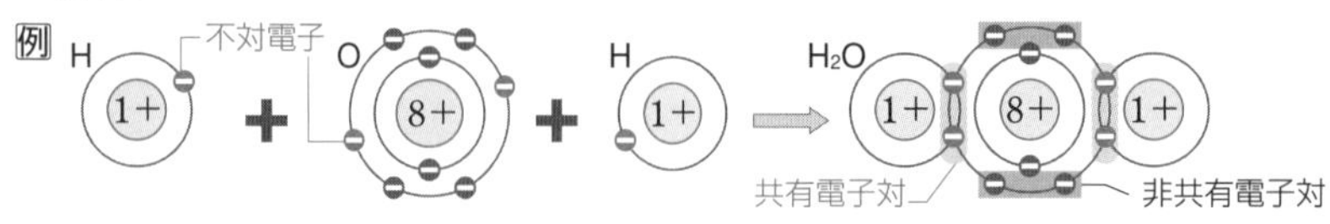

③ **分子を表す化学式** 元素記号を使って物質の組成や構造を表した式を総称して化学式という。分子式は組成式と書き方が似ているが意味が異なるので注意する。

分子式：分子を構成する原子の元素記号とそれぞれの **原子の数** を書いた式。決まった数の原子が結合してできた「分子」からなる物質を表す。

［5 ］：最外殻電子を「・」で示し，元素記号のまわりに書いた式

［6 ］：原子間の 1 組の共有電子対を 1 本の線 (価標) で表した式[3)]

④ ［7 ］ 一方の原子の非共有電子対を 2 原子で共有してできる共有結合。

例

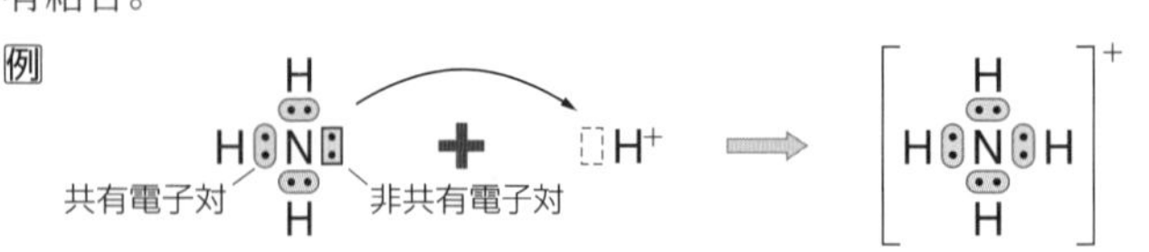

3) 構造式において，1 つの原子から出ている線の本数を**原子価**という。例えば，C 原子の原子価は 4 価，N 原子の原子価は 3 価である。

空欄の解答 1. 静電気力 2. 電解質 3. 非電解質 4. 共有結合 5. 電子式 6. 構造式 7. 配位結合

⑤ **錯**(さく)**イオン**　非共有電子対をもった分子や陰イオンと金属イオンが配位結合をつくってできる複雑な組成のイオン。このとき，配位している分子や陰イオンを[1　　　]という。

配位子	名称
Cl^-	クロリド
OH^-	ヒドロキシド
CN^-	シアニド
H_2O	アクア
NH_3	アンミン

配位子の数を表す数詞	
1	モノ
2	ジ
3	トリ
4	テトラ
5	ペンタ
6	ヘキサ

3 分子の極性

a 電気陰性度

原子が共有電子対を引きつける強さの程度を表す数値。貴ガスを除き，周期表の右上の元素ほど[2　　　]く(陰性が強い)，左下の元素ほど[3　　　]い(陽性が強い)。

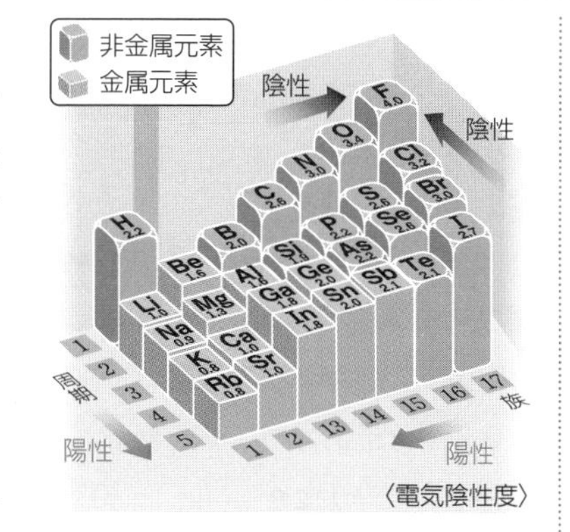

〈電気陰性度〉

b 極性

① **結合の極性**　共有結合をしている原子間に電荷のかたよりがあるとき，結合に**極性**があるという。2原子間の[4　　　]の差が大きいと，結合の極性も大きくなり，イオン結合に近い性質を示すようになる。

② **分子の極性**　全体として極性のある分子を[5　　　]，全体として極性がない分子を[6　　　]という。[1)] 2個の原子からなる分子では，結合の極性が分子の極性になる。3個以上の原子からなる分子の極性の有無は，その構造・形によって決まる。

③ **分子間力**　分子間にはたらく比較的弱い力をまとめて**分子間力**という。分子間力が強いほど，沸点・融点が[7　　　]い。

1) 極性分子からなる物質は，同じく極性分子からなる液体に溶けやすい。例えば，塩化水素やアンモニアは水に溶けやすい。一方，無極性分子からなる水素やメタンは，水にほぼ溶けない。

c 分子の例

名称	水素	二酸化炭素	メタン	塩化水素	水	アンモニア
分子式	H_2	CO_2	CH_4	HCl	H_2O	NH_3
電子式	H:H	:O::C::O: (各Oに非共有電子対2組)	H:C:H (上下にH)	H:Cl: (非共有電子対3組)	H:O:H (非共有電子対2組)	H:N:H (下にH，非共有電子対1組)
構造式	H−H (単結合)	O=C=O (二重結合)	H−C−H (上下にH)	H−Cl	H−O−H	H−N−H (下にH)
形状	直線	直線	正四面体	直線	折れ線	三角錐
結合の極性	なし	あり				
分子の極性	なし			あり		

空欄の解答　1. 配位子　2. 大き　3. 小さ　4. 電気陰性度　5. 極性分子　6. 無極性分子　7. 高

4 共有結合の物質

a 分子結晶と共有結合の結晶

① **分子結晶** 分子が[1]によって引きあってできた結晶。1)

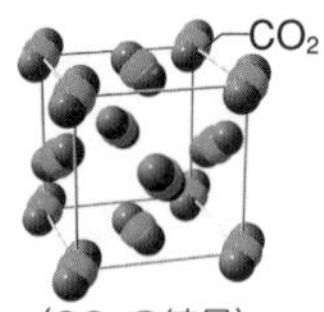

〈CO_2の結晶〉

② **共有結合の結晶** きわめて多数の非金属元素の原子が共有結合でつながった結晶。分子式で表すことはできないため，組成式で表す。2)

1) 例 二酸化炭素 CO_2（ドライアイス），ヨウ素 I_2

2) 例 ダイヤモンド C，黒鉛 C，二酸化ケイ素 SiO_2

b 高分子化合物

① **高分子化合物** 数百～数千個以上の非常に多くの原子でできている化合物。多くの小さな分子（[2]という）が共有結合によってつながった構造（**重合体** または **ポリマー** という）をしている。3)

② [3] 分子内の二重結合の1本が開いて別の分子と共有結合をつくる反応が次々と起こり，高分子化合物になる反応。

③ [4] 分子間で水のような簡単な分子がとれて別の分子と共有結合をつくる反応が次々と起こり，高分子化合物になる反応。

3) 例 ポリエチレン：原料（単量体）はエチレン
ポリエチレンテレフタラート：原料は，エチレングリコールとテレフタル酸

5 金属結合と金属

① **金属結合** [5]によってできる金属原子どうしの結合。

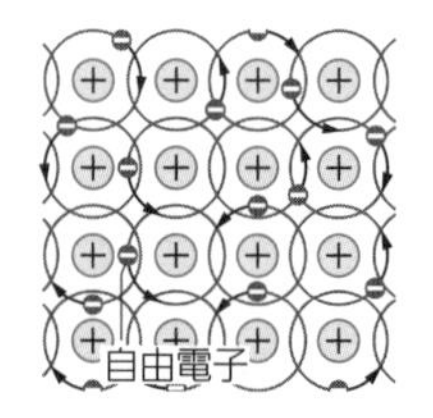

② **自由電子** すべての金属原子に共有されている価電子。自由電子により，金属は[6]や[7]を伝える。[8]性・[9]性 に富む。4)

③ **合金** 金属に他の元素の単体を混ぜたもの。合金にすると，腐食の防止などのさまざまな特性を得ることができる。

合金	成分	合金	成分
ステンレス鋼	Fe-Cr-Ni-C	ジュラルミン	Al-Cu-Mg-Mn
ニクロム	Ni-Cr	水素吸蔵合金	La-Ni ほか
青銅（ブロンズ）	Cu-Sn	形状記憶合金	Ni-Ti
黄銅（真ちゅう）	Cu-Zn	はんだ	Sn-Ag-Cu ほか

4) 導体：電気を通す物質
絶縁体：電気を通さない物質
半導体：導体と絶縁体の中間的な性質をもつ物質

空欄の解答 1．分子間力 2．単量体（モノマー） 3．付加重合 4．縮合重合 5．自由電子 6．熱（電気） 7．電気（熱） 8．展（延） 9．延（展）

6 結晶とその性質

a 結晶の性質

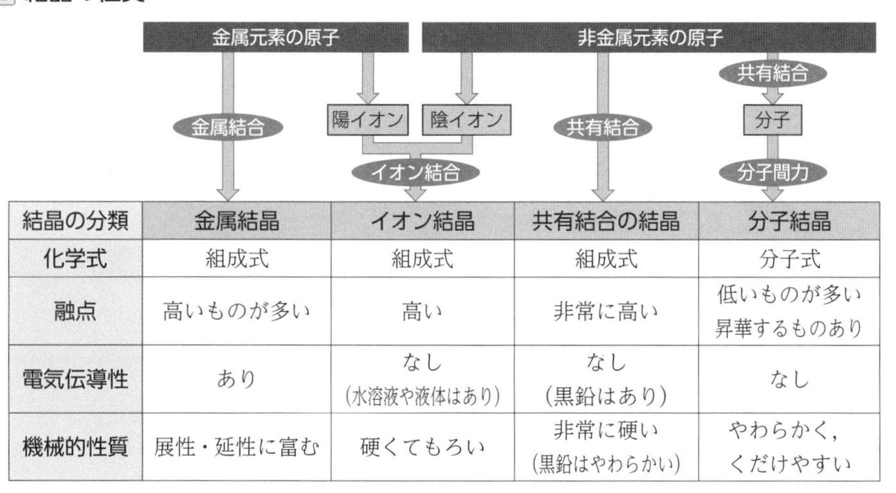

結晶の分類	金属結晶	イオン結晶	共有結合の結晶	分子結晶
化学式	組成式	組成式	組成式	分子式
融点	高いものが多い	高い	非常に高い	低いものが多い 昇華するものあり
電気伝導性	あり	なし (水溶液や液体はあり)	なし (黒鉛はあり)	なし
機械的性質	展性・延性に富む	硬くてもろい	非常に硬い (黒鉛はやわらかい)	やわらかく， くだけやすい

b 結晶と物質の例

結晶	名称	化学式	融点〔℃〕	所在・性質など	用途
金属結晶	銅	Cu	1083	熱や電気をよく通す。 加工しやすい。	導線， 調理器具
	鉄	Fe	1535	硬くて強い。	建造物， 合金材料
	アルミニウム	Al	660	熱や電気をよく通す。 軽くて加工しやすい。	家庭用品， 合金材料
イオン結晶	塩化ナトリウム	NaCl	801	食塩の主成分。 生物の生命維持に重要。	調味料， 炭酸ナトリウム
	水酸化ナトリウム	NaOH	318	塩化ナトリウムからつくられる。	化学薬品
	炭酸カルシウム	$CaCO_3$	900 (分解)	石灰石，大理石，貝殻の成分。	セメント， ガラス
共有結合の結晶	ダイヤモンド	C	3550	無色のきわめて硬い結晶。	宝石， 研磨材
	黒鉛	C	3530	共有結合の結晶としては例外で，やわらかく，電気を通す。	鉛筆の芯， 電極
	ケイ素	Si	1410	硬くてもろい。半導体。	集積回路， 太陽電池
	二酸化ケイ素	SiO_2	1726	石英や水晶として天然に存在。	ガラス
分子結晶	二酸化炭素	CO_2	−79 (昇華)	無色・無臭の気体。 固体はドライアイス。	炭酸飲料， 消火剤
	エタノール	C_2H_5OH	−115	特有の臭いをもつ無色の液体。	溶剤， 消毒剤
	グルコース	$C_6H_{12}O_6$	146	白色粉末。 動物，植物に含まれる。	甘味料， 医薬品

基礎CHECK

基礎CHECKの確認問題

1. 次の結合や力はそれぞれ何とよばれるか。
 (1) 陽イオンと陰イオンが，静電気力で引きあってできる結合。
 (2) 2つの原子が不対電子を共有してできる結合。
 (3) 自由電子によってできる原子どうしの結合。
 (4) 分子間にはたらく弱い引力。
2. 共有結合について次の問いに答えよ。
 (1) 2つの原子に共有されている電子の対を何というか。
 (2) 共有結合している原子において，共有結合に関係していない最も外側の電子殻の電子の対を何というか。
 (3) 結合する前の原子の，対になっていない電子を何というか。
3. (1) 非共有電子対を，他の原子と共有してできる結合を何というか。
 (2) (1)の結合を含むものを選べ。
 (ア) NaCl (イ) H_3O^+ (ウ) HCl (エ) SiO_2
4. 水分子を表す，次のそれぞれの化学式を何というか。
 (1) H_2O
 (2) H−O−H
 (3) $\mathrm{H}:\ddot{\underset{\cdot\cdot}{\mathrm{O}}}:\mathrm{H}$
5. 原子が共有電子対を引きつける強さの程度を表す数値を何というか。
6. 結合している2原子間の電荷のかたよりを何というか。
7. 次の分子を極性分子と無極性分子に分類せよ。
 (ア) O_2 (イ) HCl (ウ) H_2O (エ) CO_2 (オ) NH_3
8. 高分子化合物をつくるもとになる小さな分子のことを何というか。
9. 次の結晶は，(ア)，(イ)のどちらの化学式で表されるか。
 (1) イオン結晶 (2) 分子結晶 (3) 金属結晶 (4) 共有結合の結晶
 (ア) 組成式 (イ) 分子式
10. 次の性質をもつ結晶を，(ア)〜(エ)から1つずつ選べ。
 (1) 展性・延性に富む。
 (2) 一般に，融点が非常に高く，硬い。
 (3) 固体では電気を通さないが，液体では電気を通す。
 (4) 融点が低いものが多く，昇華するものもある。
 (ア) イオン結晶 (イ) 分子結晶 (ウ) 金属結晶
 (エ) 共有結合の結晶

1. (1) ______
 (2) ______
 (3) ______
 (4) ______
2. (1) ______
 (2) ______
 (3) ______
3. (1) ______
 (2) ______
4. (1) ______
 (2) ______
 (3) ______
5. ______
6. ______
7. 極性分子：______
 無極性分子：______
8. ______
9. (1) ______
 (2) ______
 (3) ______
 (4) ______
10. (1) ______
 (2) ______
 (3) ______
 (4) ______

解答 1. (1) イオン結合 (2) 共有結合 (3) 金属結合 (4) 分子間力 2. (1) 共有電子対 (2) 非共有電子対(孤立電子対) (3) 不対電子 3. (1) 配位結合 (2) イ 4. (1) 分子式 (2) 構造式 (3) 電子式 5. 電気陰性度 6. (結合の) 極性 7. 極性分子：イ，ウ，オ 無極性分子：ア，エ 8. 単量体(モノマー) 9. (1) ア (2) イ (3) ア (4) ア 10. (1) ウ (2) エ (3) ア (4) イ

基礎ドリル

1. 組成式 次のイオンからなる物質を組成式で表せ。

(1) 塩化ナトリウム ＿＿＿＿ (2) 塩化アンモニウム ＿＿＿＿ (3) 塩化銅(Ⅱ) ＿＿＿＿
(4) 塩化鉄(Ⅲ) ＿＿＿＿ (5) 水酸化ナトリウム ＿＿＿＿ (6) 水酸化カルシウム ＿＿＿＿
(7) 水酸化バリウム ＿＿＿＿ (8) 水酸化銅(Ⅱ) ＿＿＿＿ (9) 水酸化鉄(Ⅱ) ＿＿＿＿
(10) 硝酸銀 ＿＿＿＿ (11) 炭酸水素ナトリウム ＿＿＿＿ (12) 酸化銀 ＿＿＿＿
(13) 酸化カルシウム ＿＿＿＿ (14) 酸化銅(Ⅱ) ＿＿＿＿ (15) 酸化アルミニウム ＿＿＿＿
(16) 硫化銀 ＿＿＿＿ (17) 硫化銅(Ⅱ) ＿＿＿＿ (18) 硫化亜鉛 ＿＿＿＿
(19) 硫化鉄(Ⅱ) ＿＿＿＿ (20) 硫酸カルシウム ＿＿＿＿ (21) 硫酸銅(Ⅱ) ＿＿＿＿
(22) 炭酸ナトリウム ＿＿＿＿ (23) 炭酸カルシウム ＿＿＿＿ (24) リン酸カルシウム ＿＿＿＿

2. 分子式 次の分子を分子式で表せ。

(1) 水素 ＿＿＿＿ (2) ヘリウム ＿＿＿＿ (3) 窒素 ＿＿＿＿
(4) 酸素 ＿＿＿＿ (5) フッ素 ＿＿＿＿ (6) 塩素 ＿＿＿＿
(7) アルゴン ＿＿＿＿ (8) 臭素 ＿＿＿＿ (9) ヨウ素 ＿＿＿＿
(10) オゾン ＿＿＿＿ (11) メタン ＿＿＿＿ (12) アンモニア ＿＿＿＿
(13) フッ化水素 ＿＿＿＿ (14) 硫化水素 ＿＿＿＿ (15) 塩化水素 ＿＿＿＿
(16) 過酸化水素 ＿＿＿＿ (17) 一酸化炭素 ＿＿＿＿ (18) 二酸化炭素 ＿＿＿＿
(19) 二酸化窒素 ＿＿＿＿ (20) 二酸化硫黄 ＿＿＿＿ (21) 三酸化硫黄 ＿＿＿＿
(22) 硫酸 ＿＿＿＿ (23) 硝酸 ＿＿＿＿ (24) リン酸 ＿＿＿＿

3. 原子価 次の原子について(1)～(3)に答えよ。

(ア) 水素 H (イ) 炭素 C (ウ) 酸素 O
(エ) フッ素 F (オ) 硫黄 S (カ) 塩素 Cl

(1) (ア)～(カ)の原子の電子式を書け。
(2) (ア)～(カ)の原子の不対電子の数を答えよ。
(3) 例にならって，(ア)～(カ)の原子価を答えよ。
例 窒素N 3価

	(ア)	(イ)	(ウ)	(エ)	(オ)	(カ)
(1)						
(2)						
(3)						

4. 電子式と構造式 次の分子の電子式と構造式を書け。

(1) 水素		(2) メタン		(3) アンモニア		(4) 塩化水素		(5) 二酸化炭素	
電子式	構造式	電子式	構造式	電子式	構造式	電子式	構造式	電子式	構造式

5. 化学式 次の結晶を化学式で表せ。

(1) ダイヤモンド ＿＿＿＿ (2) 黒鉛 ＿＿＿＿ (3) 二酸化ケイ素 ＿＿＿＿
(4) 鉄 ＿＿＿＿ (5) 銅 ＿＿＿＿ (6) アルミニウム ＿＿＿＿
(7) ヨウ素 ＿＿＿＿ (8) 二酸化炭素 ＿＿＿＿

第3章

Let's Try!

36. イオン結晶 知 次の文の〔 〕に適当な語句，数値，元素名，化学式を入れよ。

ナトリウム原子Naは，価電子を1個放出して a〔　　　　〕原子と同じ安定な電子配置の Na^+ になりやすい。また，塩素原子Clは電子を1個受け取って b〔　　　　〕原子と同じ安定な電子配置の Cl^- になりやすい。Na^+ と Cl^- は c〔　　　　〕力により引きあって結合する。このようにしてできる結合を d〔　　　　〕結合という。塩化ナトリウムの結晶では，Na^+ と Cl^- が交互に規則正しく配列し，〔 d 〕結晶をつくっている。このとき，Na^+ と Cl^- の数の比は e〔　　〕：f〔　　〕になっているので，結晶はNaClという g〔　　　〕式で表される。一般に X^{a+} と Y^- からなる化合物は，X^{a+} と Y^- が h〔　　〕：i〔　　〕の数の比で結合し，j〔　　　〕という〔 g 〕式で表される。

37. イオンからなる物質 知 次のイオンからなる物質の組成式と名称を記せ。

	組成式	名称
(1) Na^+ と OH^-		
(2) Mg^{2+} と Cl^-		
(3) Al^{3+} と SO_4^{2-}		
(4) NH_4^+ と CO_3^{2-}		
(5) Ca^{2+} と O^{2-}		
(6) Fe^{3+} と NO_3^-		
(7) Ag^+ と F^-		
(8) Cu^{2+} と SO_4^{2-}		
(9) Na^+ と CH_3COO^-		

38. イオンからなる物質の性質 知 次の文の〔 〕に適当な語句を入れよ。

イオンからなる物質は，粒子間にはたらく a〔　　　　〕結合の結合力が強いため，一般に硬く，融点が b〔　　　〕。結晶の状態では電気を c〔　　　　〕が，融解して液体にするとイオンが動けるようになるので，電気を d〔　　　　〕。また，水に溶かすと陽イオンと陰イオンがばらばらになって自由に動けるようになるので，電気を e〔　　　　〕。

物質がイオンに分かれることを f〔　　　〕といい，水に溶けたときに〔 f 〕する物質を g〔　　　　〕，水に溶けても〔 f 〕しない物質を h〔　　　　〕という。〔 h 〕の水溶液は，電気を通さない。

39. 分子の生成 知　次の文の〔　〕に適当な語句，数値，元素名，記号，化学式を入れよ。

水素分子H_2では，2個の水素原子Hが[a]〔　　　〕電子を共有することによって結合している。このようにしてできる結合を[b]〔　　　〕結合という。水素分子では，1個の水素原子のまわりには[c]〔　　　〕原子と同じ数の電子が存在している。

酸素原子には最も外側の電子殻の[d]〔　　　〕殻に6個の価電子があるが，そのうち4個は2組の電子対をつくっていて結合には用いられない。残りの2個の価電子は対になっていないので[e]〔　　　〕とよばれる。この2個の〔 e 〕が2個の水素原子の〔 e 〕とそれぞれ電子対をつくり，水分子H_2Oが生じる。このとき，2原子間で共有されている電子対を[f]〔　　　〕といい，共有されていない電子対を[g]〔　　　〕という。水分子では，酸素原子のまわりには[h]〔　　　〕原子と同じ数の電子が存在している。

窒素原子には[i]〔　　　〕個の価電子があるが，そのうち〔 e 〕は[j]〔　　　〕個で，水素原子[k]〔　　　〕個と結合してアンモニア分子[l]〔　　　〕をつくる。H_2，H_2O，〔 l 〕のように，分子中の原子の種類とその数を表した式を[m]〔　　　〕という。

例題 7　結合の種類と分子の構造　➡ 40, 41　解説動画

(1) 次の分子を構造式で表せ。
(ア) H_2O　(イ) CH_4　(ウ) NH_3　(エ) CO_2　(オ) H_2O_2　(カ) N_2　(キ) HCl

(2) (1)の(ア)～(キ)のうち，(i) 二重結合をもつ分子　(ii) 三重結合をもつ分子　をあげよ。

(3) (1)の(ア)～(キ)には，非共有電子対はそれぞれ何組ずつあるか。

指針 原子の電子式を書くと，次のようになる。
H・　・C・　・N・　・O・　:Cl・
これをもとに，分子の電子式を考えると，
(ア) H:O:H　(イ) H:C:H（上下にH）　(ウ) H:N:H（下にH）　(エ) O::C::O
(オ) H:O:O:H　(カ) :N⋮⋮N:　(キ) H:Cl:
分子の電子式をもとに，構造式や非共有電子対の数を考える。

解答 (1) (ア) H-O-H　(イ) H-C-H（上下にH）　(ウ) H-N-H（下にH）
(エ) O=C=O　(オ) H-O-O-H　(カ) N≡N　(キ) H-Cl
(2) (i) エ　(ii) カ
(3) (ア) 2組　(イ) 0　(ウ) 1組　(エ) 4組
(オ) 4組　(カ) 2組　(キ) 3組

40. 分子の構造 知　次の文の〔　〕に適当な式，語句を入れよ。

分子の構造は，水分子では H:O:H，アンモニア分子では[a]〔　　　〕のように，最外殻電子のみを・で示した式で表すことができる。このような式を[b]〔　　　〕という。

また，水分子を H-O-H，アンモニア分子を[c]〔　　　〕のように，非共有電子対は省略して1組の共有電子対を線1本で表す式も多く用いられる。このような式を[d]〔　　　〕という。〔 d 〕で各原子から出ている共有電子対を表す線の数を原子価ということがある。原子価は共有結合をつくる前の原子の不対電子の数に等しい。

二酸化炭素分子CO_2中にある2組の共有電子対による共有結合を[e]〔　　　〕結合，窒素分子N_2中にある3組の共有電子対による共有結合を[f]〔　　　〕結合という。

▷例題7

41. 分子の構造 考 次の(a)〜(g)の各物質について，下の問いに答えよ。

(a) H_2　(b) HCl　(c) CH_4　(d) CO_2　(e) C_2H_4　(f) CH_4O　(g) C_2H_2

(1) 電子式と構造式をそれぞれ記せ。

(a)

(b)

(c)

(d)

(e)

(f)

(g)

(2) (i) 二重結合をもつものを(a)〜(g)からすべて選べ。

(ii) 三重結合をもつものを(a)〜(g)からすべて選べ。

(3) 共有電子対が合わせて5組であるものを(a)〜(g)からすべて選べ。

(4) 非共有電子対をもたないものを(a)〜(g)からすべて選べ。

▶例題7

42. 配位結合 知 次の文の［ ］に適当な語句，数値，記号，化学式を入れよ。

ふつう共有結合は，2個の原子が a［　　］を出しあって共有することで生じるが，一方の原子が1組の電子対を供給し，それを2個の原子が共有する結合のしかたもあり，これを b［　　］結合という。例えば，水素イオンと水分子から化学式 c［　　］の d［　　］イオンが生じる場合，水分子の酸素原子がもつ1組の e［　　］が水素イオンの f［　　］殻の電子2個分の空所に入り，水素原子と酸素原子で共有して結合する。また，水素イオンとアンモニア分子から g［　　］イオンが生じるときは，アンモニアの h［　　］原子の［ e ］が使用される。

このような結合は，金属イオンと分子や陰イオンの結合にも見られる。例えば，銅(Ⅱ)イオンの電子殻の空所へアンモニア分子が i［　　］個結合して，テトラアンミン銅(Ⅱ)イオンが生じる。このような金属イオンと，分子や陰イオンが［ b ］結合をつくることで生じたイオンを j［　　］という。

43. オキソニウムイオン 知 オキソニウムイオン H_3O^+ に関する次の記述の中から，誤りを含むものを選べ。

(ア) 水分子 H_2O に水素イオン H^+ が結合すると，オキソニウムイオンができる。
(イ) オキソニウムイオンは1組の非共有電子対をもつ。
(ウ) オキソニウムイオンと水分子は同数の電子をもつ。
(エ) オキソニウムイオンの3つのO-H結合のうち1つは配位結合で，他の2つに比べて弱い結合である。

例題 8 分子の極性

➡ 44～46

解説動画

次の5種類の分子について，問いに答えよ。

(a) 塩化水素　(b) 水　(c) アンモニア　(d) メタン　(e) 二酸化炭素

(1) X原子が正電荷，Y原子が負電荷をもつとき，X−Yの結合の極性をX→Yと表すとして，(a)～(e)の分子中の結合の極性を表せ。ただし，電気陰性度の大きさは O>Cl>N>C>H の順である。

(2) (a)～(e)の分子の形は，それぞれ次のどれか。

(ア) 直線形　(イ) 折れ線形　(ウ) 正三角形　(エ) 三角錐形　(オ) 正方形
(カ) 正四面体形　(キ) 四角錐形

(3) (a)～(e)から，極性分子をすべてあげよ。

指針 ①異種の原子が結合すると，共有電子対は電気陰性度の大きいほうに引かれるので，電気陰性度の大きいほうの原子が負，小さいほうの原子が正に帯電する。
②結合に極性があっても，分子の形の影響で結合の極性が打ち消されて，分子全体として極性がない場合がある。

解答 (1) (a) H→Cl　(b) H→O　(c) H→N
(d) H→C　(e) C→O
(2) (a) ア　(b) イ　(c) エ　(d) カ　(e) ア
(3) a, b, c

44. 電気陰性度 知　次の文の〔　〕に適当な語句，元素名を入れよ。

(1) 電気陰性度は，貴ガス元素を除き周期表の a〔　　　〕にある元素ほど大きい。

(2) 電気陰性度が最も大きい元素は b〔　　　〕である。

(3) 電気陰性度が大きい元素は c〔　　　〕性が強く，電気陰性度が小さい元素は d〔　　　〕性が強い。

▷例題 8

45. 分子の極性 知　次の文の〔　〕に適当な語句を入れよ。

水素原子より酸素原子のほうが a〔　　　〕がかなり b〔　　　〕いため，水分子では共有電子対が c〔　　　〕原子のほうに引きつけられ，水素-酸素結合には電荷のかたよりが生じている。このような電荷のかたよりを，結合の d〔　　　〕という。水分子の形は e〔　　　〕形であるから，分子全体として電荷のかたよりが残り，f〔　　　〕分子となる。一方，二酸化炭素分子では，炭素-酸素結合には電荷のかたよりが存在するが，分子の形が g〔　　　〕形であるため，分子全体としては電荷のかたよりがなく，h〔　　　〕分子となる。

▷例題 8

46. 分子の形と極性 考　次の(a)～(e)の分子について，下の問いに答えよ。

(a) メタン CH_4　(b) アンモニア NH_3　(c) 塩化水素 HCl　(d) 水 H_2O　(e) 二酸化炭素 CO_2

(1) (a)～(e)の分子の立体構造を，(ア)～(オ)から選べ。

(ア) 直線形　(イ) 折れ線形　(ウ) 三角錐形　(エ) 正方形　(オ) 正四面体形

(a)＿＿＿　(b)＿＿＿　(c)＿＿＿　(d)＿＿＿　(e)＿＿＿

(2) (a)～(e)の分子のうち，極性分子はどれか。

＿＿＿＿＿＿

▷例題 8

の解説動画

47. 分子結晶と共有結合の結晶 知　次の文の〔　〕に適当な語句，化学式を入れよ。

分子が規則正しく配列した結晶を a〔　　　　　　〕という。分子では，原子の結合は分子内で完結していて，分子間に共有結合は生じない。しかし，分子どうしが近づくと分子どうしの影響で分子間に弱い引力が生じる。これを b〔　　　　　　〕といい，この力により分子は集合して液体や固体になる。しかし，この力は弱いため，結晶を温めると容易に分子の配列は崩れ，液体になる。すなわち結晶の融点は c〔　　　〕い。

一方，きわめて多数の非金属元素の原子が次々と共有結合で結合してできる結晶を d〔　　　　　　〕という。例としては，ダイヤモンドC，黒鉛 e〔　　　〕，ケイ素 f〔　　　〕，二酸化ケイ素 g〔　　　　〕などがあり，これらは h〔　　　〕式で表される。〔 d 〕の融点はきわめて i〔　　　〕い。また，ケイ素は導体と絶縁体の中間の性質を示すので j〔　　　　〕とよばれる。

48. 炭素の単体 知　炭素の2種類の同素体の構造を図に表した。

(1) それぞれの同素体の名称を記せ。

(A)＿＿＿＿＿＿　(B)＿＿＿＿＿＿

(2) (a)，(b)の炭素原子間の結合の種類と，(c)にはたらく力の名称をそれぞれ記せ。

(a)＿＿＿＿＿＿　(b)＿＿＿＿＿＿

(c)＿＿＿＿＿＿

(3) (A)，(B)のような結晶を何というか。＿＿＿＿＿＿

(4) 結晶がきわめて硬いのは，(A)，(B)のどちらか。＿＿＿

(5) 結晶が電気を通すのは，(A)，(B)のどちらか。＿＿＿

49. 高分子化合物 知　次の文の〔　〕に適当な語句，物質名を入れよ。

非常に多くの原子が結合した大きな分子からなる化合物を a〔　　　　〕化合物といい，1種類または数種類の小さな分子が多数結合した構造をしている。例えば，ポリバケツや包装用フィルムに用いられる b〔　　　　　　〕は，エチレン分子の炭素原子間の c〔　　　　〕結合の1本が開き，他のエチレン分子と共有結合をつくって多数結合したもので，このような反応を d〔　　　　　〕という。また，飲料水の容器や衣服に使われる e〔　　　　　　　　　　〕は，テレフタル酸からOH，エチレングリコールからHが水分子 H_2O の形でとれながら多数結合したもので，このような反応を f〔　　　　　〕という。

50. 金属 知　次の文の〔　〕に適当な語句を入れよ。

金属結晶では，金属原子が規則正しく配列し，原子から離れて自由に運動している価電子，すなわち a〔　　　〕電子によって結合している。このような結合を b〔　　　　〕結合という。金属には金属光沢があり，c〔　　　〕性・延性に富み，電気や d〔　　　〕をよく通す。金属のように電気をよく通すものを e〔　　　　〕という。一方，電気をほとんど通さないものは f〔　　　　〕という。

融解した金属に他の元素の単体を混合して凝固させたものを g〔　　　〕といい，金属の単体にはない特性をもった材料として利用されている。

例題 9 原子の結合

➡ 51, 52

解説動画

原子(a)～(f)の電子配置を下図に示した。(●は原子核，●は電子)

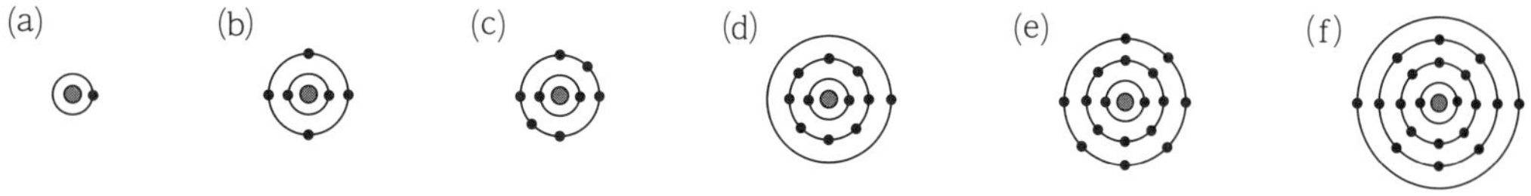

(a) (b) (c) (d) (e) (f)

次の原子どうしは，それぞれ何結合で結びつくか。

(A) (a)と(b)　(B) (a)と(e)　(C) (b)と(c)　(D) (b)と(e)　(E) (c)と(f)　(F) (d)と(e)　(G) (b)どうし　(H) (d)どうし

指針 電子の数より元素がわかる。

(a) H　(b) C　(c) O　(d) Na　(e) Cl　(f) Ca

非金属元素の原子どうし………共有結合
非金属元素の原子と金属元素の原子…イオン結合
金属元素の原子どうし…………金属結合

解答 (A) 共有結合　(B) 共有結合
(C) 共有結合　(D) 共有結合
(E) イオン結合　(F) イオン結合
(G) 共有結合　(H) 金属結合

51. 結合の種類 知

(ア)～(コ)の原子の組合せを(1)～(3)に分類せよ。

(1) 共有結合をつくる　(2) イオン結合をつくる　(3) (1)，(2)のどちらでもない

(ア) Al と O　(イ) Br と Ca　(ウ) C と H　(エ) C と O　(オ) Cl と Cl
(カ) Cl と Na　(キ) F と K　(ク) Fe と Fe　(ケ) He と Ne　(コ) Cu と Zn

(1) ＿＿＿＿　(2) ＿＿＿＿　(3) ＿＿＿＿

▶ 例題 9

52. 原子と化合物 考

次の電子配置をもつ７種類の原子Ａ～Ｇについて答えよ。(●は原子核，●は電子)

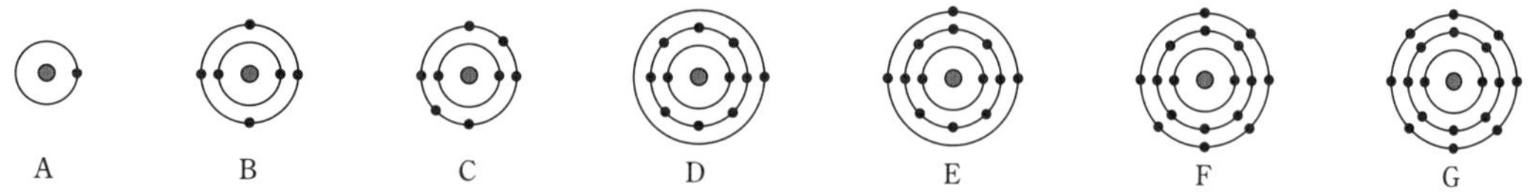

A　B　C　D　E　F　G

(1) 原子Ａ～Ｇの名称と元素記号を記せ。

	名称：	元素記号：
A		
B		
C		
D		
E		
F		
G		

(2) ① ＡとＢ　② ＡとＦ　③ ＢとＦ　④ ＣとＥ　⑤ ＤとＦ　からなる化合物のうち，最も簡単なものの名称と化学式を記せ。また，そのうち分子からなる物質はどれか。

	名称：	化学式：
①		
②		
③		
④		
⑤		

分子からなる物質：＿＿＿＿

(3) Ｇは結合をつくらずに１つの原子が分子のようにふるまう。このような分子を何というか。

＿＿＿＿

▶ 例題 9，基礎ドリル 2 の解説動画

例題 10 結晶の種類と性質

➡ 53, 54, 56 解説動画

(1)〜(4)の物質の特性を最もよく表している記述をA群から，また，それらと最も関係の深い事項をB群からそれぞれ選び，記号で記せ。

(1) ダイヤモンド　(2) 鉄　(3) 塩化ナトリウム　(4) 酸素

［A群］(a) 沸点，融点ともにきわめて低い。
(b) 固体では電気を通さないが，水に溶かすと電気を通すようになる。
(c) 固体でも電気・熱をよく通す。
(d) きわめて硬く，融点が非常に高い。

［B群］(ア) イオン結晶　(イ) 分子間力　(ウ) 自由電子　(エ) 共有結合の結晶

指針
金属元素の原子 ⟶ 陽イオン
非金属元素の原子 → 陰イオン ―イオン結合→ イオン結晶（融点は高い　水溶液は電気を通す）
金属元素の原子 ―金属結合→ 金属結晶（融点は一般に高い　固体でも電気を通す）
非金属元素の原子 ―共有結合→ 共有結合の結晶（融点は非常に高い）
非金属元素の原子 ―共有結合→ 分子 ―分子間力→ 分子結晶（融点は低い）

解答 (1) d，エ　(2) c，ウ　(3) b，ア　(4) a，イ

53. 結晶の種類 知

(1) 次の(a)〜(h)の物質の化学式を書き，結晶の種類を，下の(ア)〜(エ)から選べ。

(a) 二酸化炭素 ＿＿＿＿，＿＿＿＿　(b) 塩化カリウム ＿＿＿＿，＿＿＿＿
(c) 亜鉛 ＿＿＿＿，＿＿＿＿　(d) 二酸化ケイ素 ＿＿＿＿，＿＿＿＿
(e) 硫黄 ＿＿＿＿，＿＿＿＿　(f) 酸化カルシウム ＿＿＿＿，＿＿＿＿
(g) ヨウ素 ＿＿＿＿，＿＿＿＿　(h) 銅 ＿＿＿＿，＿＿＿＿

(ア) イオン結晶　(イ) 分子結晶　(ウ) 共有結合の結晶　(エ) 金属結晶

(2) (1)の(a)〜(d)それぞれの結晶について，結晶の構成粒子間の結合の種類，またははたらく力の名称を記せ。

(a) ＿＿＿＿　(b) ＿＿＿＿　(c) ＿＿＿＿　(d) ＿＿＿＿

(3) (1)の(e)〜(h)の物質の結晶のうち，多数の原子間を移動する電子があるのはどれか。

▷ 例題 10

54. 結晶の性質 知

下の(1)〜(5)の記述に当てはまるものを，次の(ア)〜(エ)から選べ。同じものをくり返し選んでもよい。

(ア) 共有結合の結晶　(イ) 分子結晶　(ウ) イオン結晶　(エ) 金属結晶

(1) 固体のままでも，融解しても電気を通す。 ＿＿＿＿
(2) 固体のままでは電気を通さないが，融解したり，水に溶かすと電気を通す。 ＿＿＿＿
(3) きわめて硬く，融点がきわめて高いものが多い。 ＿＿＿＿
(4) やわらかく融点が低いものが多い。加熱すると昇華するものもある。 ＿＿＿＿
(5) 外力を加えて薄く広げたり，引き延ばしたりすることができる。 ＿＿＿＿

▷ 例題 10

55. 化学式 知 次の物質の結晶を化学式で表すとき，適当な化学式の種類と，その化学式を記せ。

	化学式の種類	化学式
(1) 水酸化ナトリウム		
(2) 硝酸アンモニウム		
(3) 黒鉛		
(4) 臭素		
(5) 酸化アルミニウム		
(6) 金		

56. 結晶の性質 知 結晶の示す性質は，結晶を構成している粒子や，それらの間の結合の違いによって推測することができる。次の表の空欄について，それぞれ相当する語句欄から最も適当な語句を選べ。
ただし，同じものをくり返し選んでもよい。

	イオン結晶	共有結合の結晶	金属結晶	分子結晶	語句欄
構成粒子の種類	①[ ]	②[ ]	③[ ]	④[ ]	(a) 原子 (b) 分子 (c) イオン
粒子間の結合	⑤[ ]	⑥[ ]	⑦[ ]	⑧[ ]	(d) イオン結合 (e) 共有結合 (f) 金属結合 (g) 分子間力
機械的性質	⑨[ ]	⑩[ ]	⑪[ ]	⑫[ ]	(h) 非常に硬い (i) 展性・延性がある (j) やわらかい (k) 硬い，もろい
熱的性質	⑬[ ]	⑭[ ]	⑮[ ]	⑯[ ]	(l) 融点が高い (m) 融点が低い (n) 融点はさまざまで，熱をよく通す
電気的性質	⑰[ ]	⑱[ ]	⑲[ ]	⑳[ ]	(o) 絶縁体 (p) 電気をよく通す (q) 絶縁体（液体にすると電気をよく通す）
典型的な例	㉑[ ] ㉒[ ]	㉓[ ] ㉔[ ]	㉕[ ] ㉖[ ]	㉗[ ] ㉘[ ]	(r) マグネシウム (s) 炭酸カルシウム (t) ケイ素 (u) 塩化ナトリウム (v) ヨウ素 (w) カリウム (x) ダイヤモンド (y) ナフタレン

▶例題 10

精選した標準問題で学習のポイントを CHECK

57. 分子の構造と極性 知 次の(ア)~(カ)の分子について，電子式と構造式を書け。また，(1)~(3)の条件に当てはまるものを記号ですべて答えよ。ただし，答えは1つとは限らない。同じ記号を何度用いてもよい。

	(ア) CH_4	(イ) CO_2	(ウ) N_2	(エ) NH_3	(オ) H_2O	(カ) HF
電子式						
構造式						

(1) (a) 二重結合をもつ分子 ________

(b) 三重結合をもつ分子 ________

(2) (a) 無極性分子のうち非共有電子対が最も多い分子 ________

(b) 無極性分子のうち非共有電子対をもたない分子 ________

(3) (a) 正四面体形の分子 ________ (b) 三角錐形の分子 ________

(c) 直線形の分子 ________ (d) 折れ線形の分子 ________

▶ 例題 8, 46

58. 可能な分子式 考 原子価を水素は1価，酸素は2価，窒素は3価，炭素は4価として，次の分子式が可能であるかどうか判定し，可能な場合は○，不可能な場合は×をそれぞれ書け。

(1) C_3H_4 ________ (2) C_2H_6O ________ (3) C_3H_7O ________

(4) N_2H_4 ________ (5) CH_7N ________

▶ 基礎ドリル 3

59. アンモニウムイオン 知　アンモニウムイオン NH_4^+ の記述として正しいものを1つ選べ。

(ア) アンモニア NH_3 と水素イオン H^+ のイオン結合でできている。
(イ) 立体的な形がメタン CH_4 とは異なる。
(ウ) それぞれの原子の電子配置は，貴ガス元素の原子の電子配置と同じである。
(エ) 4つのN-H結合のうちの1つは，配位結合として他の結合と区別できる。
(オ) 電子の総数は11個である。

▷42, 43

60. 結晶と化学結合 知　結晶に関する次の記述のうち，誤っているものを1つ選べ。

(ア) 塩化ナトリウムの結晶では，ナトリウムは Na^+，塩素は Cl^- となり，静電気力で結びついている。
(イ) 黒鉛（グラファイト）の結晶では，それぞれの炭素原子が4つの等しい共有結合を形成している。
(ウ) 鉄の結晶では，自由電子が鉄原子を互いに結びつける役割を果たしている。
(エ) ヨウ素の結晶では，ヨウ素分子が分子間力によって規則的に配列している。
(オ) 石英（二酸化ケイ素）の結晶では，それぞれのケイ素原子が4個の酸素原子と共有結合している。

▷例題10, 53, 54, 56

学習のポイント　リードAに戻って最終CHECK

57. (1) 原子の電子式と共有結合の生成 ▷2
(2) 分子の極性と結合の極性　(3) 分子の形状 ▷3
58. 原子価（＝価標の数）と共有結合の形成 ▷2
59. 配位結合を含む分子 ▷2
60. 化学結合の種類と結晶の性質 ▷1, 2, 4〜6

の解説動画

編末問題

61. 石油の分離 知 製油所では，石油（原油）から，その成分であるナフサ（粗製ガソリン），灯油，軽油が分離される。この際に利用される，混合物から成分を分離する操作に関する記述として最も適当なものを，次の①～④のうちから1つ選べ。

① 混合物を加熱し，成分の沸点の差を利用して，成分ごとに分離する操作

② 混合物を加熱し，固体から直接気体になった成分を冷却して分離する操作

③ 溶媒に対する溶けやすさの差を利用して，混合物から特定の物質を溶媒に溶かし出して分離する操作

④ 温度によって物質の溶解度が異なることを利用して，混合物の溶液から純粋な物質を析出させて分離する操作

〔共通テスト追試験〕 ▶2, 3, 13, 14

62. 周期表と元素 考 周期表の1～18族・第1～第5周期までの概略を図に示した。図中の太枠で囲んだ領域ア～クについて次の問いに答えよ。

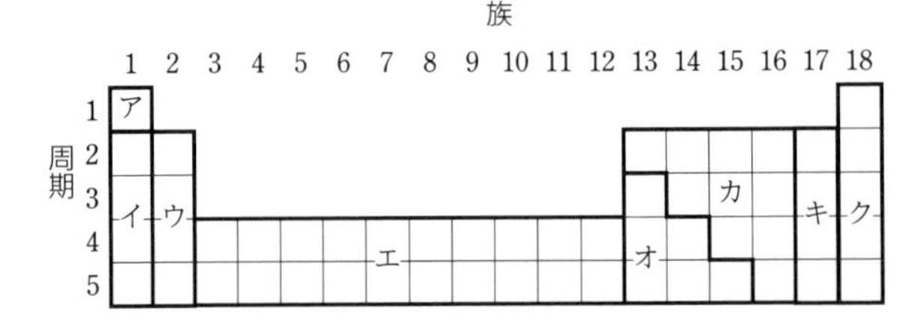

(1) 図のア～クに関する記述として誤りを含むものを，次の①～⑨のうちから2つ選べ。

① エの元素は，すべて遷移元素である。

② カ，キ，クの元素は，すべて非金属元素である。

③ オの元素は，すべて金属元素である。

④ キの元素の単体には，常温・常圧で液体のものが含まれる。

⑤ クの元素の原子の最も外側の電子殻はすべて閉殻である。

⑥ ア，イの元素は，アルカリ金属元素とよばれる。

⑦ ウの元素は，アルカリ土類金属元素とよばれる。

⑧ 第2周期の元素の最も外側の電子殻はすべてL殻である。

⑨ 第3周期の元素の最も外側の電子殻はすべてM殻である。

(2) 典型元素は，周期表で縦に並ぶ元素どうしの性質が似ている。この理由を15字以内で説明せよ。

〔センター試験 改〕 ▶例題6, 27, 30, 35

63. 電子配置と結合 知　図のア～オは，原子あるいはイオンの電子配置の模式図である。次の問いに答えよ。

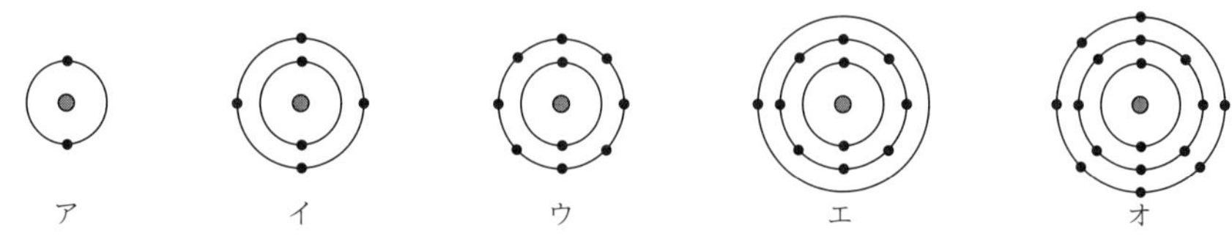

原子あるいはイオンの電子配置の模式図（● は原子核，• は電子）

(1) アの電子配置をもつ1価の陽イオンと，ウの電子配置をもつ1価の陰イオンからなる化合物として最も適当なものを，次の①～⑥のうちから1つ選べ。

① LiF　② LiCl　③ LiBr　④ NaF　⑤ NaCl　⑥ NaBr

(2) ア～オの電子配置をもつ原子の性質に関する記述として誤りを含むものを，次の①～⑤のうちから1つ選べ。

① アの電子配置をもつ原子は，他の原子と結合をつくりにくい。
② イの電子配置をもつ原子は，他の原子と結合をつくる際，単結合だけでなく二重結合や三重結合もつくることができる。
③ ウの電子配置をもつ原子は，常温・常圧で気体として存在する。
④ エの電子配置をもつ原子は，オの電子配置をもつ原子と比べてイオン化エネルギーが大きい。
⑤ オの電子配置をもつ原子は，水素原子と共有結合をつくることができる。

〔共通テスト追試験〕 ▶22, 28, 例題9, 52

64. 結晶の性質 知　スクロース（ショ糖）$C_{12}H_{22}O_{11}$，二酸化ケイ素 SiO_2，塩化アンモニウム NH_4Cl，アルミニウム Al に関する次の記述のうち誤りを含むものをすべて選べ。

① スクロース，二酸化ケイ素，塩化アンモニウムはいずれも金属元素を含まない。
② スクロースのみが分子結晶であるから，融点はスクロースが最も低いと考えられる。
③ 二酸化ケイ素は Si 原子1個と O 原子2個からなる三原子分子である。
④ スクロースと塩化アンモニウムは水によく溶けるが，その水溶液はいずれも電気を通さない。
⑤ アルミニウムと塩化アンモニウムは結晶の状態で電気をよく通す。

▶例題10, 54, 56

編末チャレンジ問題　ここまでに身につけた力で問題にチャレンジ！

65. 電子式と分子式 考　次の(1)～(6)は，原子番号1から10までの原子から構成される分子の電子式に相当する。各分子の分子式を記せ。ただし，○は元素記号を表すものとする。

(1) ○:○:（中央の○の上下に非共有電子対）　(2) ○::○::○（両端の○の上下に非共有電子対）　(3) ○:○⋮⋮○:

(4) ○:○:○:○（中央2つの○の上下に非共有電子対）　(5) ○:○:○（中央の○の上に非共有電子対，下に共有電子対で○が結合）　(6) :○:○:（各○の上下に非共有電子対）

〔慶應大 改〕 ▶例題7, 40, 41

第4章 物質量と化学反応式

リード A

1 原子量・分子量・式量

a 原子の相対質量

$^{12}_{6}C$ 原子 1 個の質量を［1　　］とし，それを基準に他の原子の質量を相対的に表した値。

b 原子量・分子量・式量

原子量	同位体の **相対質量** とその同位体の割合（**存在比**）から求められる，元素ごとの相対質量の平均値 例 炭素は $^{12}_{6}C$（相対質量 12）を 98.93％，$^{13}_{6}C$（相対質量 13.003）を 1.07％含むので， $原子量=12\times\frac{98.93}{100}+13.003\times\frac{1.07}{100}\fallingdotseq 12.01$
分子量	分子式に含まれる元素の原子量の総和 例 H_2O　$1.0\times2+16\times1=18$
式量	イオンの化学式や組成式に含まれる元素の原子量の総和 例 SO_4^{2-}　$32\times1+16\times4=96$（電子はきわめて軽いので無視できる）

2 物質量〔mol〕

a 物質量とアボガドロ定数

① ［2　　　　］ 6.02×10^{23} 個の粒子の集団を単位として表した物質の量。単位記号 mol。[1)]

② ［3　　　　　　］
物質 1 mol 当たりの粒子の数。
6.02×10^{23}/mol。

$$物質量〔mol〕=\frac{粒子の数}{6.02\times10^{23}/mol}$$

b 物質量と他の物理量の関係

① ［4　　　　］ 物質を構成する粒子 1 mol 当たりの質量。原子量・分子量・式量の数値に g/mol をつけて表される。[2)]

$$物質量〔mol〕=\frac{質量〔g〕}{モル質量〔g/mol〕}$$

② **モル体積**　物質を構成する粒子 1 mol 当たりの体積。気体のモル体積は，気体の種類によらず標準状態（0℃，1.013×10^5 Pa[3)]）で［5　　　］L/mol。

$$物質量〔mol〕=\frac{気体の体積〔L〕}{22.4\,L/mol}$$

例

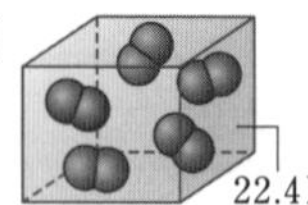

〈N_2 1mol〉

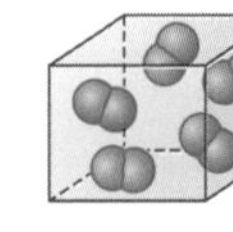

〈O_2 1mol〉

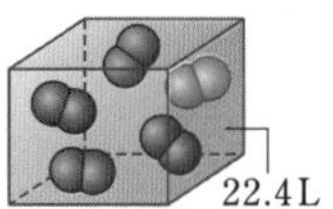

〈混合気体 1mol〉

（気体の種類によらず，標準状態での体積は 22.4L）

③ **気体の密度**　標準状態の気体 1 L 当たりの質量で表されることが多い。

$$気体の密度〔g/L〕=\frac{モル質量〔g/mol〕}{22.4\,L/mol}$$

例 窒素 N_2（分子量 28.0）の標準状態での密度は，

$$\frac{28.0\,g/mol}{22.4\,L/mol}=1.25\,g/L$$

1) 例 酸素原子O 1 mol：O 原子 6.02×10^{23} 個の集団。
酸素分子 O_2 1 mol：O_2 分子 6.02×10^{23} 個（O 原子 6.02×10^{23} 個 ×2）の集団。

2) 例 酸素原子Oのモル質量：16 g/mol
酸素分子 O_2 のモル質量：32 g/mol

3) 本書では 0℃，1.013×10^5 Pa の状態を標準状態とよぶ。

空欄の解答　1. 12　2. 物質量　3. アボガドロ定数　4. モル質量　5. 22.4

3 溶液の濃度

a 溶液

① **溶液**　他の物質を溶かす液体を［1　　　］，溶媒に溶けた物質を［2　　　］，溶質が溶媒に溶けることで生じる均一な液体を［3　　　］という。

② **飽和溶液**　一定量の溶媒に溶質を溶かしていくと，ある量以上は溶質が溶けずに残るようになる。このときの溶液を **飽和溶液** という。

③ 飽和溶液中に溶けている溶質の量を，その溶媒に対する溶質の **溶解度** という。溶解度は，溶媒 100 g に溶ける溶質の最大質量〔g〕で表すことが多い。1)

1) 固体の溶解度は，一般に温度が高いほど大きくなる。

$$\frac{\text{溶質の質量〔g〕}}{\text{飽和溶液の質量〔g〕}}=\frac{S}{100\ \text{g}+S}\qquad \frac{\text{析出量〔g〕}}{\text{飽和溶液の質量〔g〕}}=\frac{S_2-S_1}{100\ \text{g}+S_2}\qquad S,\ S_1,\ S_2：\text{溶解度}\ (S_2>S_1)$$

b 濃度

① ［4　　　　　］**濃度**　溶液の質量に対する溶質の質量の割合をパーセント〔%〕で表した濃度

$$\text{質量パーセント濃度〔%〕}=\frac{\text{溶質の質量〔g〕}}{\text{溶液の質量〔g〕}}\times100$$

② ［5　　　］**濃度**　溶液 1 L 中に溶けている溶質の量を物質量で表した濃度

$$\text{モル濃度〔mol/L〕}=\frac{\text{溶質の物質量〔mol〕}}{\text{溶液の体積〔L〕}}$$

例 1.0 mol/L の塩化ナトリウム水溶液の調製

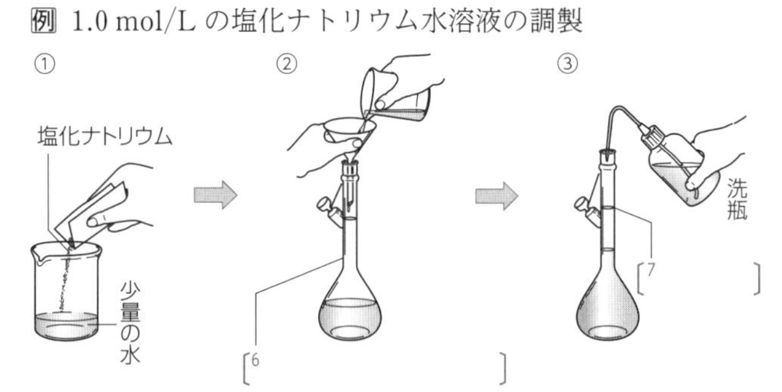

① NaCl 0.10 mol (5.85 g) を少量の水に溶かす。
② 100 mL のメスフラスコに移す。ビーカー内部を少量の水で洗い，その洗液もメスフラスコに入れる。
③ 水を標線まで加えて，ちょうど 100 mL の溶液とする。栓をしてよく振り混ぜ，均一な溶液にする。

$$\frac{0.10\ \text{mol}}{0.10\ \text{L}}=1.0\ \text{mol/L}$$

4 化学反応式

a 化学反応式

化学式を使って化学反応を表した式。左辺に **反応物**，右辺に **生成物** の化学式を書き，両辺を ⟶ で結ぶ。化学式に **係数** をつけ，両辺の各原子の数を等しくする。

① **係数のつけ方**　(a) 目算法　(b) 未定係数法 がある。

例 $a\,CH_4 + b\,O_2 \longrightarrow c\,CO_2 + d\,H_2O$

(a) $a=1$ とする。C の数から $c=1$，H の数から $d=2$。O の数から $b=2$。

(b) C の数から $a=c$，H の数から $4a=2d$，O の数から $2b=2c+d$。

$a=1$ とおくと，$c=1$，$d=2$，$b=2$ となる。

したがって，化学反応式は　$CH_4 + 2O_2 \longrightarrow CO_2 + 2H_2O$　となる。

② **イオン反応式**　反応に関係しないイオンを省略した反応式。各原子の数だけでなく，電荷も両辺で等しい。2)

2) 例 $2Ag^+ + Cu \longrightarrow 2Ag + Cu^{2+}$

空欄の解答　1. 溶媒　2. 溶質　3. 溶液　4. 質量パーセント　5. モル　6. メスフラスコ　7. 標線

b 化学反応式の量的関係

化学反応式の係数の比は分子などの粒子の数の比を表すから，**係数の比＝物質量の比** になる。このことを利用すれば，化学反応における体積や質量の関係について知ることができる。

反応式の係数の比＝分子（粒子）の数の比＝物質量の比＝気体の体積の比（同温・同圧）

化学反応式	CH_4	＋	$2O_2$	⟶	CO_2	＋	$2H_2O$
物質	メタン		酸素		二酸化炭素		水
反応式の係数	1		2		1		2
物質量	1 mol		[1] mol		[2] mol		[3] mol
気体の体積（同温・同圧）	22.4 L*（1体積）		[4] L*（2体積）		[5] L*（1体積）		（液体）
			簡単な整数比が成りたつ（気体反応の法則）				（*は標準状態の場合）
質量	16 g/mol × 1 mol ＝16 g		[6] g/mol × [7] mol ＝[8] g		[9] g/mol × [10] mol ＝[11] g		18 g/mol × 2 mol ＝36 g
	反応の前後で物質の質量の総和は変わらない（質量保存の法則） 16 g＋64 g＝44 g＋36 g						

例 CH_4 4.0 g（0.25 mol）と O_2 24 g（0.75 mol）の反応では，CH_4 と O_2 が物質量の比 1：2 で反応するから，O_2 が過剰。⇒ CH_4 の物質量をもとに CO_2，H_2O の生成量を計算する。[1)]

1）反応物の量に過不足のある場合，全部反応する（不足する）ほうの物質をもとに生成物の量を計算する。

5 化学の基礎法則

法則名（発表年）	法則	発見者
[12]（1774年）	物質が反応しても，その前後で物質の質量の総和は変わらない。	ラボアジエ（フランス）
[13]（1799年）	物質の成分元素の質量の比（質量組成）は常に一定である。 例 水 H_2O では水素と酸素の質量の比は常に 1：8	プルースト（フランス）
[14]（1803年）	2元素（A，B）からなる化合物が複数あるとき，一定量のAと結合しているBの質量は，簡単な整数比となる。 例 NO と NO_2 では，N 1.4 g と結合している O は 1.6 g と 3.2 g。1.6：3.2＝1：2	ドルトン（イギリス）
[15]（1808年）	気体どうしが反応したり，反応によって気体が生成したりするとき，それらの気体の体積は簡単な整数比となる。 例 N_2 と O_2 から NO が生成するとき，N_2，O_2，NO の体積の比は 1：1：2	ゲーリュサック（フランス）
アボガドロの法則（1811年）	同温・同圧のもとで同じ体積の気体には，気体の種類によらず，同じ数の分子が含まれている。	アボガドロ（イタリア）

空欄の解答 1. 2　2. 1　3. 2　4. 44.8　5. 22.4　6. 32　7. 2　8. 64　9. 44　10. 1　11. 44
12. 質量保存の法則　13. 定比例の法則　14. 倍数比例の法則　15. 気体反応の法則

基礎CHECK

基礎CHECK の確認問題

1. 同位体の相対質量と自然界における存在比から求められる，各元素を構成する原子の相対質量の平均値を何というか。
2. 自然界の塩素には，相対質量35.0の $^{35}_{17}Cl$ 原子が75.0％，相対質量37.0の $^{37}_{17}Cl$ 原子が25.0％含まれているものとして，塩素の原子量を求める式の空欄を埋めよ。
   $35.0\times(\ a\ )+37.0\times(\ b\ )=(\ c\ )$
3. molを単位記号に用いて表した物質の量を何というか。
4. 物質を構成する粒子1mol当たりの質量を何というか。
5. (1) 標準状態とは，どういう温度，圧力の状態のことか。
   (2) 気体分子1molが標準状態で占める体積は何Lか。
6. 濃度 c〔mol/L〕の水溶液 V〔L〕中に含まれる溶質の物質量はいくらか。文字式で表せ。
7. アンモニアは窒素と水素から合成される。H=1.0, N=14
   (1) $N_2+aH_2 \longrightarrow bNH_3$ の係数 a, b を求めよ。
   (2) 窒素1molから得られるアンモニアは何molか。
   (3) 窒素1.0Lから得られるアンモニアは何Lか。

1. ______
2. (a) ______
   (b) ______
   (c) ______
3. ______
4. ______
5. (1) 温度 ______ °C
   圧力 ______ Pa
   (2) ______ L
6. ______〔mol〕
7. (1) a= ______, b= ______
   (2) ______ mol
   (3) ______ L

解答 1. 原子量　2. (a) $\frac{75.0}{100}$ (b) $\frac{25.0}{100}$ (c) 35.5　3. 物質量　4. モル質量　5. (1) 0°C, 1.013×10^5Pa (2) 22.4L　6. cV　7. (1) $a=3$, $b=2$ (2) 2mol (3) 2.0L

基礎ドリル

1. 分子量 次の分子の分子量を求めよ。

(1) 水 H_2O ______
(2) 塩化水素 HCl ______
(3) 二酸化硫黄 SO_2 ______
(4) アンモニア NH_3 ______
(5) プロパン C_3H_8 ______
(6) 酢酸 CH_3COOH ______

2. 式量 次のイオンや物質の式量を求めよ。

(1) ナトリウムイオン Na^+ ______
(2) 臭化物イオン Br^- ______
(3) アンモニウムイオン NH_4^+ ______
(4) 硫酸イオン SO_4^{2-} ______
(5) 水酸化カリウム KOH ______
(6) リン酸カルシウム $Ca_3(PO_4)_2$ ______
(7) マグネシウム Mg ______
(8) ダイヤモンド C ______
(9) 二酸化ケイ素 SiO_2 ______

第4章

原子量● H=1.0, He=4.0, C=12, N=14, O=16, Na=23, Mg=24, Al=27, S=32, Cl=35.5, Ar=40

物質量の計算

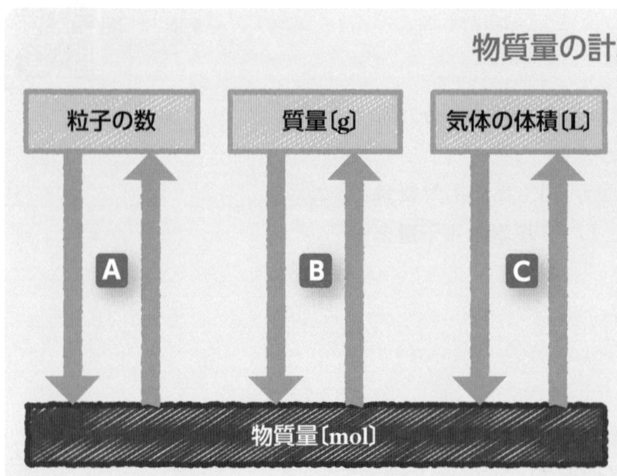

A 粒子の数$=6.0\times10^{23}$/mol× 物質量〔mol〕

$$物質量〔mol〕=\frac{粒子の数}{6.0\times10^{23}/mol}$$

B 質量〔g〕=モル質量〔g/mol〕× 物質量〔mol〕

$$物質量〔mol〕=\frac{質量〔g〕}{モル質量〔g/mol〕}$$

C 気体の体積〔L〕=22.4 L/mol× 物質量〔mol〕

$$物質量〔mol〕=\frac{気体の体積〔L〕}{22.4\,L/mol}$$

A 粒子の数と物質量

例題 炭素C 2.0 mol に含まれる炭素原子Cは何個か。

解答 粒子の数$=6.0\times10^{23}$/mol×物質量〔mol〕より,

$6.0\times10^{23}/mol\times2.0\,mol=\mathbf{1.2\times10^{24}}$ **(個)**

(1) ナトリウム Na 0.25 mol に含まれるナトリウム原子は何個か。

個

(2) アンモニア NH_3 1.5 mol に含まれるアンモニア分子は何個か。

個

(3) 塩化カルシウム $CaCl_2$ 3.0 mol に含まれるカルシウムイオン Ca^{2+} は何個か。また,塩化物イオン Cl^- は何個か。

Ca^{2+}: 個, Cl^-: 個

例題 銅原子 Cu 3.0×10^{24} 個は何 mol か。

解答 $物質量〔mol〕=\frac{粒子の数}{6.0\times10^{23}/mol}$ より,

$$\frac{3.0\times10^{24}}{6.0\times10^{23}/mol}=\mathbf{5.0\,mol}$$

(4) 水素原子 H 9.0×10^{23} 個は何 mol か。

mol

(5) 水分子 H_2O 3.0×10^{22} 個は何 mol か。

mol

(6) 亜鉛イオン Zn^{2+} 6.0×10^{24} 個は何 mol か。

mol

原子量● K＝39，Ca＝40，Fe＝56，Cu＝64，Zn＝65，Ag＝108
定数● アボガドロ定数 $N_A=6.0\times10^{23}$/mol

B 物質の質量と物質量

例題 マグネシウム Mg 0.40 mol は何 g か。

解答 質量〔g〕＝モル質量〔g/mol〕×物質量〔mol〕より，

24 g/mol×0.40 mol＝**9.6 g**

(1) ダイヤモンド C 0.20 mol は何 g か。

______ g

(2) 硫化水素 H_2S 2.5 mol は何 g か。

______ g

(3) 酸化銀 Ag_2O 0.25 mol は何 g か。

______ g

例題 ダイヤモンド C 0.12 g は何 mol か。

解答 物質量〔mol〕＝$\dfrac{質量〔g〕}{モル質量〔g/mol〕}$ より，

$\dfrac{0.12\,g}{12\,g/mol}$＝**0.010 mol**

(4) マグネシウム Mg 7.2 g は何 mol か。

______ mol

(5) 炭酸カルシウム $CaCO_3$ 1.0 g は何 mol か。

______ mol

(6) 二酸化炭素 CO_2 2.2 g は何 mol か。

______ mol

C 気体の体積と物質量

例題 酸素 O_2 3.00 mol は標準状態で何 L か。

解答 気体の体積〔L〕＝22.4 L/mol×物質量〔mol〕より，

22.4 L/mol×3.00 mol＝**67.2 L**

(1) オゾン O_3 3.00 mol は標準状態で何 L か。

______ L

(2) 硫化水素 H_2S 0.500 mol は標準状態で何 L か。

______ L

(3) ヘリウム He 0.200 mol は標準状態で何 L か。

______ L

例題 標準状態で 67.2 L の塩化水素 HCl は何 mol か。

解答 物質量〔mol〕＝$\dfrac{気体の体積〔L〕}{22.4\,L/mol}$ より，

$\dfrac{67.2\,L}{22.4\,L/mol}$＝**3.00 mol**

(4) 標準状態で 2.24 L の水素 H_2 は何 mol か。

______ mol

(5) 標準状態で 89.6 L のアンモニア NH_3 は何 mol か。

______ mol

(6) 標準状態で 5.60 L の塩素 Cl_2 は何 mol か。

______ mol

原子量● H=1.0, He=4.0, C=12, N=14, O=16, Na=23, Mg=24, Al=27, S=32, Cl=35.5, Ar=40

リード B

D 粒子の数と物質の質量

例題 水素分子 H_2 1.5×10^{23} 個は何 g か。

解答 粒子の数 ⟷ 質量 の計算では，まず物質量を求めるとよい。

物質量は，$\dfrac{1.5\times10^{23}}{6.0\times10^{23}/\text{mol}}=0.25\,\text{mol}$

H_2 のモル質量は 2.0 g/mol なので，

質量は，$2.0\,\text{g/mol}\times0.25\,\text{mol}=\mathbf{0.50\,g}$

(1) 銀原子 Ag 3.0×10^{24} 個は何 g か。

g

(2) 水分子 H_2O 1.5×10^{22} 個は何 g か。

g

(3) カルシウムイオン Ca^{2+} 6.0×10^{24} 個は何 g か。

g

例題 ダイヤモンド C 1.2 g に含まれる炭素原子 C は何個か。

解答 物質量は，$\dfrac{1.2\,\text{g}}{12\,\text{g/mol}}=0.10\,\text{mol}$

粒子の数は，

$6.0\times10^{23}/\text{mol}\times0.10\,\text{mol}=\mathbf{6.0\times10^{22}}$ **(個)**

(4) 鉄 Fe 2.8 g に含まれる鉄原子は何個か。

個

(5) アンモニア NH_3 8.5 g に含まれるアンモニア分子は何個か。

個

(6) 炭酸ナトリウム Na_2CO_3 5.3 g に含まれるナトリウムイオン Na^+ は何個か。

個

E 気体の体積と物質の質量

例題 標準状態で 5.60 L の酸素 O_2 は何 g か。

解答 気体の体積 ⟷ 物質の質量 の計算では，まず物質量を求めるとよい。

物質量は，$\dfrac{5.60\,\text{L}}{22.4\,\text{L/mol}}=0.250\,\text{mol}$

質量は，32 g/mol×0.250 mol=**8.0 g**

(1) 標準状態で 33.6 L のオゾン O_3 は何 g か。

g

(2) 標準状態で 5.60 L の硫化水素 H_2S は何 g か。

g

(3) 標準状態で 4.48 L のアンモニア NH_3 は何 g か。

g

例題 水素 H_2 5.0 g は標準状態で何 L になるか。

解答 物質量は，$\dfrac{5.0\,\text{g}}{2.0\,\text{g/mol}}=2.5\,\text{mol}$

気体の体積は，22.4 L/mol×2.5 mol=**56 L**

(4) ヘリウム He 10 g は標準状態で何 L か。

L

(5) 酸素 O_2 8.0 g は標準状態で何 L か。

L

(6) 二酸化窒素 NO_2 11.5 g は標準状態で何 L か。

L

原子量 H=1.0, He=4.0, C=12, N=14, O=16, Na=23, Mg=24, Al=27, S=32, Cl=35.5, Ar=40

リード B

F 粒子の数と気体の体積

例題 酸素分子 O_2 3.0×10^{24} 個は標準状態で何Lか。

解答 粒子の数 ⇄ 気体の体積 の計算では，まず物質量を求めるとよい。

物質量は，$\dfrac{3.0\times10^{24}}{6.0\times10^{23}/\text{mol}}=5.0\,\text{mol}$

気体の体積は，$22.4\,\text{L/mol}\times5.0\,\text{mol}=112\,\text{L}$

$\fallingdotseq$ **1.1×10^2 L**

(1) オゾン分子 O_3 1.5×10^{24} 個は標準状態で何Lか。

L

(2) 硫化水素分子 H_2S 4.5×10^{23} 個は標準状態で何Lか。

L

(3) ヘリウム分子 He 9.0×10^{23} 個は標準状態で何Lか。

L

例題 標準状態で 11.2 L の水素 H_2 に含まれている水素分子は何個か。

解答 物質量は，$\dfrac{11.2\,\text{L}}{22.4\,\text{L/mol}}=0.500\,\text{mol}$

粒子の数は，

$6.0\times10^{23}/\text{mol}\times0.500\,\text{mol}=$ **3.0×10^{23} (個)**

(4) 標準状態で 67.2 L の塩素 Cl_2 に含まれている塩素分子は何個か。

個

(5) 標準状態で 4.48 L のアンモニア NH_3 に含まれているアンモニア分子は何個か。

個

(6) 標準状態で 5.60 L の二酸化炭素 CO_2 に含まれている二酸化炭素分子は何個か。

個

G モル濃度

例題 水酸化ナトリウム NaOH 1.0mol を水に溶かして 500mL にした溶液は何 mol/L か。

解答 モル濃度は，溶質の物質量を溶液の体積で割って求める。溶液の体積の単位はLである。

$500\,\text{mL}=\dfrac{500}{1000}\,\text{L}=0.500\,\text{L}$ より，

$\dfrac{1.0\,\text{mol}}{0.500\,\text{L}}=\mathbf{2.0\,mol/L}$

(1) 硝酸銀 $AgNO_3$ 0.10 mol を水に溶かして 200 mL にした溶液は何 mol/L か。

mol/L

(2) 塩化亜鉛 $ZnCl_2$ 68 g を水に溶かして 250 mL にした溶液は何 mol/L か。

mol/L

(3) 標準状態の塩化水素 HCl 2.24 L を水に溶かして 2.0 L にした溶液は何 mol/L か。

mol/L

Let's Try!

例題 11 相対質量と原子量

➡ 66～68

解説動画

(1) A原子1個の質量は 9.3×10^{-23} g, ^{12}C 原子1個の質量は 2.0×10^{-23} g である。^{12}C 原子の質量を 12 とすると，A原子の相対質量はいくらになるか。

(2) 塩素の同位体 ^{35}Cl（相対質量 35.0）と ^{37}Cl（相対質量 37.0）の存在比がちょうど 3：1 であるとして，塩素の原子量を求めよ。

指針 (1) A原子1個の質量と ^{12}C 原子1個の質量の比を考える。

^{12}C 原子1個の質量：A原子1個の質量＝12：A原子の相対質量

(2) 原子量（同位体の相対質量の平均値）
＝（同位体の相対質量×存在比）の和

解答 (1) $12\times\dfrac{9.3\times10^{-23}\,\text{g}}{2.0\times10^{-23}\,\text{g}}=55.8\fallingdotseq\mathbf{56}$ 答

(2) $\underset{^{35}\text{Cl の相対質量}}{35.0}\times\underset{^{35}\text{Cl の存在比}}{\dfrac{3}{4}}+\underset{^{37}\text{Cl の相対質量}}{37.0}\times\underset{^{37}\text{Cl の存在比}}{\dfrac{1}{4}}=\underset{\text{Cl の原子量}}{\mathbf{35.5}}$ 答

66. 原子の質量 知　次の文の［　］に適当な数値，語句を入れよ。［b］は小数第3位まで答えよ。

原子の質量はきわめて小さい。^{1}H 原子1個の質量は 1.674×10^{-24} g であり，これをそのまま用いるのは不便である。そこで，^{12}C 原子1個の質量を a［　　　］と定め，これを基準とした各原子の相対質量を用いる。^{12}C 原子1個の質量は 1.993×10^{-23} g であるから，^{1}H 原子の相対質量は b［　　　　］となる。

多くの元素には2種類以上の c［　　　］が存在するため，それぞれの［ c ］の相対質量とその存在比を正確に求め，その元素を構成する原子の平均の相対質量が計算されている。この値をその元素の d［　　　］という。

▷ 例題11

原子量● H=1.0, He=4.0, C=12, N=14, O=16, Na=23, Mg=24, Al=27, S=32, Cl=35.5, Ar=40

67. 原子量 知 臭素の同位体組成は，^{79}Br（相対質量 79）51 % と ^{81}Br（相対質量 81）49 % である。臭素の原子量を求めよ。

______

▶例題11

68. 存在比 知 天然のホウ素は，^{10}B（相対質量 10.0）と ^{11}B（相対質量 11.0）の 2 種類の同位体からなり，原子量は 10.8 である。^{10}B の存在比を求めよ。

______ %

▶例題11

69. 分子量・式量と質量の割合 知 次の物質の分子量または式量を求めよ。また，各物質において（ ）内の元素が占める質量の割合は何%か。割合の値は，四捨五入して整数値で答えよ。

(1) 水 H_2O（水素）

______ , ______ %

(2) 二酸化炭素 CO_2（炭素）

______ , ______ %

(3) エタノール C_2H_5OH（炭素）

______ , ______ %

(4) 硝酸銀 $AgNO_3$（銀）

______ , ______ %

(5) 酸化鉄（Ⅲ）Fe_2O_3（鉄）

______ , ______ %

(6) 硫酸アンモニウム $(NH_4)_2SO_4$（窒素）

______ , ______ %

70. 物質の量 知　次の文の〔　〕に適当な数値，語句を入れよ。

物質の量を表すにはモル(mol)という単位を用いる。1 mol の物質は，a〔　　　　　　〕個の粒子から構成されている。また，1 mol 当たりの粒子の数〔 a 〕/mol を b〔　　　　　　〕という。

物質を構成する粒子1 mol当たりの質量を c〔　　　　　〕といい，単位粒子が原子，分子の場合は，それぞれ d〔　　　　〕，e〔　　　　〕に単位 g/mol をつけたものである。

例えば，銀1 mol は f〔　　　　　　〕個の銀原子からなり，その質量は108 g である。また，メタン CH_4 分子1 mol すなわち g〔　　　　　　〕個の分子の質量は h〔　　　〕g である。物質が気体の場合，1 mol の体積は気体の種類によらず標準状態でほぼ i〔　　　　〕L である。

71. 原子の質量と原子量 考

(1) カルシウム Ca 原子の平均の質量は，^{12}C 原子の質量の3.3倍である。Ca の原子量を求めよ。

(2) 銅 Cu の結晶では，その体積 4.8×10^{-23} cm³ の中に4個の割合で Cu 原子が含まれている。また，銅の結晶の密度は 8.9 g/cm³ である。Cu 原子1個の質量および Cu の原子量を計算せよ。

Cu 原子1個の質量：　　　　g　Cu の原子量：

▷例題11, 66

72. NaCl の物質量と粒子の数 知　塩化ナトリウム NaCl について，次の問いに答えよ。

(1) 塩化ナトリウム 1.0 mol に含まれる Na^+，Cl^- はそれぞれ何 mol か。

Na^+：　　　mol　Cl^-：　　　mol

(2) 塩化ナトリウム 1.0 mol に含まれる Na^+，Cl^- はそれぞれ何 g か。有効数字2桁で答えよ。

Na^+：　　　g　Cl^-：　　　g

(3) 塩化ナトリウム 11.7 g に含まれる Na^+，Cl^- はそれぞれ何個か。有効数字2桁で答えよ。

Na^+：　　　個　Cl^-：　　　個

の解説動画

原子量● H=1.0, He=4.0, C=12, N=14, O=16, Na=23, Mg=24, Al=27, S=32, Cl=35.5, Ar=40

73. 物質量と質量 知

(1) 原子1個の質量の平均値が 6.6×10^{-23} g であるとき，この元素の原子量はいくらか。

(2) 次の物質を 1.0 g とるとき，含まれる原子の数が最も多いのはどれか。

(ア) ナトリウム　(イ) カルシウム　(ウ) アルミニウム　(エ) ヘリウム　(オ) 鉄

(3) 分子1個の質量の平均値が 7.0×10^{-23} g であるとき，この分子の分子量はいくらか。

(4) 水とスクロース（ショ糖）$C_{12}H_{22}O_{11}$ を同質量ずつとると，水分子の数はスクロース分子の数の何倍になるか。

倍

例題 12 気体の分子量と密度

➡ 74, 75

解説動画

次の(1)～(3)の気体の分子量を求めよ。

(1) ある気体 2.40 g の体積は，標準状態で 1.12 L であった。この気体の分子量はいくらか。

(2) 標準状態での密度が 0.900 g/L である気体の分子量はいくらか。

(3) 標準状態での密度が水素（分子量 2.00）の 8.00 倍である気体の分子量はいくらか。

指針 ・物質 1 mol 当たりの質量を **モル質量**，物質 1 mol 当たりの体積を **モル体積** という。

$$\text{気体の密度}〔\mathrm{g/L}〕=\frac{\text{モル質量}〔\mathrm{g/mol}〕}{\text{モル体積}〔\mathrm{L/mol}〕}$$

・気体の種類によらず，気体のモル体積は標準状態で 22.4 L/mol。

・分子量は，モル質量から単位 g/mol をとった値である。

・同温・同圧の気体 A，B のモル体積は同じなので，次の関係がある。

A の密度：B の密度

$$=\left(\frac{\text{A のモル質量}}{\text{A のモル体積}}:\frac{\text{B のモル質量}}{\text{B のモル体積}}\right)$$

A のモル体積＝B のモル体積

＝A のモル質量：B のモル質量
（分子量）　（分子量）

解答 (1) 標準状態での気体のモル体積は 22.4 L/mol なので，ある気体 1.12 L の物質量は，

$$\frac{1.12\ \mathrm{L}}{22.4\ \mathrm{L/mol}}=0.0500\ \mathrm{mol}$$

したがって，この気体のモル質量は，

$$\frac{2.40\ \mathrm{g}}{0.0500\ \mathrm{mol}}=48.0\ \mathrm{g/mol}$$

よって，分子量は **48.0** 答

(2) この気体のモル質量は，

$$0.900\ \mathrm{g/L}\times22.4\ \mathrm{L/mol}=20.16\ \mathrm{g/mol}\fallingdotseq20.2\ \mathrm{g/mol}$$

よって，分子量は **20.2** 答

(3) 水素の密度 $=\frac{2.00\ \mathrm{g/mol}}{22.4\ \mathrm{L/mol}}$ であるので，この気体の密度は，

$$\frac{2.00\ \mathrm{g/mol}}{22.4\ \mathrm{L/mol}}\times8.00=\frac{16.0}{22.4}\ \mathrm{g/L}$$

したがって，この気体のモル質量は，

$$\frac{16.0}{22.4}\ \mathrm{g/L}\times22.4\ \mathrm{L/mol}=16.0\ \mathrm{g/mol}$$

よって，分子量は **16.0** 答

別解 同温・同圧では **密度の比＝分子量の比** となるから，

$2.00\times8.00=16.0$　　よって，分子量は **16.0** 答

74. 気体の分子量と密度 知 下の(1)～(3)の気体は，それぞれ次の(ア)～(オ)のうちのどれか。

(ア) C_4H_{10}　(イ) CO_2　(ウ) SO_2　(エ) Cl_2　(オ) HCl

(1) ある気体 0.355 g の体積は，標準状態で 112 mL であった。

(2) ある気体の密度は，標準状態で 2.59 g/L であった。

(3) ある気体の密度は，同温・同圧で酸素の密度の 2.0 倍であった。

▷例題 12

75. 空気の質量 知 空気を窒素（分子量 28.0）と酸素（分子量 32.0）の体積比 4：1 の混合気体とすると，標準状態で 22.4 L の空気の質量はいくらか。また，空気より軽い気体を次からすべて選べ。

(ア) 二酸化炭素　(イ) アンモニア　(ウ) メタン　(エ) 塩素　(オ) 二酸化硫黄

g，

▷例題 12

76. 溶液の調製 知 1.0 mol/L の塩化ナトリウム水溶液のつくり方として正しいものはどれか。

(ア) 1.0 mol の塩化ナトリウムをビーカー内で適量の水に溶かし，1 L のメスフラスコに移す。さらに水を標線まで加え，栓をして混ぜる。

(イ) 1 L のメスフラスコに水を標線まで加えたのち，1.0 mol の塩化ナトリウムを入れ，栓をして振り混ぜ，完全に溶かす。

(ウ) 適量の水の入ったメスシリンダーに 1.0 mol の塩化ナトリウムを少しずつ加え，その都度完全に溶かす。すべて加えたあと，水を加えて 1.0 L に合わせる。

(エ) メスシリンダーではかり取った 1.0 L の水をビーカーに移し，そこに 1.0 mol の塩化ナトリウムを加えて完全に溶かす。

原子量● H=1.0, He=4.0, C=12, N=14, O=16, Na=23, Mg=24, Al=27, S=32, Cl=35.5, Ar=40

リード C

例題 13 溶液の濃度

➡ 77, 78

解説動画

質量パーセント濃度 36.5 %，密度 1.2 g/cm³ の濃塩酸のモル濃度は何 mol/L か。HCl=36.5

指針 密度より，一定体積の溶液の質量がわかる。質量パーセント濃度から溶質の質量がわかり，溶質のモル質量から物質量がわかる。
質量パーセント濃度からモル質量を求めるときは，溶液 1L=1000cm³ 当たりで考えるとよい。

解答 濃塩酸 1 L=1000 cm³ の質量は，

$\underset{\text{密度}}{1.2\ \text{g/cm}^3} \times \underset{\text{体積}}{1000\ \text{cm}^3} = \underset{\text{質量}}{1200\ \text{g}}$

濃塩酸 1 L 中の HCl の質量は，

$1200\ \text{g} \times \underset{\text{質量パーセント濃度 36.5 \%}}{\dfrac{36.5}{100}} = 438\ \text{g}$

濃塩酸 1 L 中の HCl の物質量は，

$\dfrac{438\ \text{g}}{\underset{\text{HClのモル質量}}{36.5\ \text{g/mol}}} = 12\ \text{mol}$

つまり，濃塩酸 1 L 中に HCl が 12 mol 含まれているので，そのモル濃度は，**12 mol/L** 答

77. 溶液の濃度 知

(1) 質量パーセント濃度が 2.0 % の塩化亜鉛水溶液を 200 g つくるためには，塩化亜鉛と水はそれぞれ何 g 必要か。

塩化亜鉛：＿＿＿＿ g　水：＿＿＿＿ g

(2) 水酸化ナトリウム 0.10 mol を水 16 g に溶かした溶液の質量パーセント濃度はいくらか。

＿＿＿＿ %

(3) 0.40 mol/L の塩化ナトリウム水溶液 25 mL 中の塩化ナトリウムは何 mol か。

＿＿＿＿ mol

(4) 12 mol/L の濃塩酸を水で薄めて，濃度が 2.0 mol/L の希塩酸を 500 mL つくりたい。濃塩酸は何 mL 必要か。

＿＿＿＿ mL

▷ 例題 13

78. 濃度 知

質量パーセント濃度が 40 %，密度は 1.3 g/cm³ の希硫酸がある。

(1) この希硫酸 1.0 L の質量は何 g か。

＿＿＿＿ g

(2) この希硫酸 1.0 L 中には，硫酸 H_2SO_4 が何 g 含まれているか。

＿＿＿＿ g

(3) この希硫酸のモル濃度はいくらか。

＿＿＿＿ mol/L

▷ 例題 13

例題 14 溶解度

➡ 79

解説動画

硝酸カリウム KNO_3 の水 100 g 当たりの溶解度と温度との関係をグラフに示した。次の(1)～(3)の各問いに答えよ。

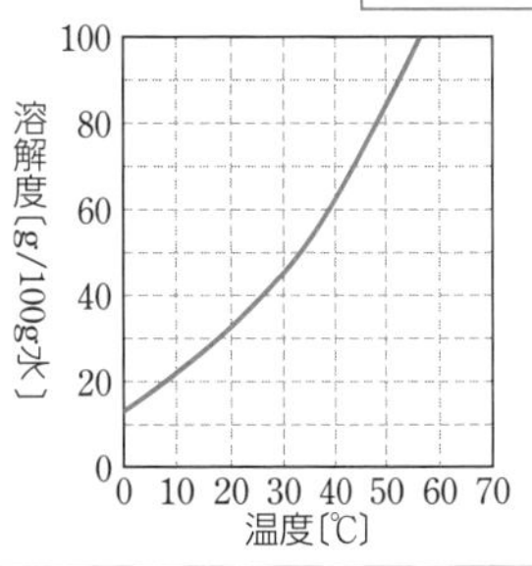

(1) 50 °C の水 400 g に KNO_3 は何 g まで溶けるか。

(2) 30 °C の水 50 g に KNO_3 を 11 g 溶かした水溶液を冷やしていくと，何 °C で結晶が析出し始めるか。

(3) 60 °C の水 100 g に KNO_3 を 80 g 溶かした水溶液を 20 °C に冷却すると，結晶は何 g 析出するか。

指針 溶解度はふつう，溶媒 100 g に溶かすことができる溶質の質量〔g〕で表す。すなわち，溶媒 100 g で飽和溶液をつくると，その質量は (100＋溶解度の値)〔g〕となる。

解答 (1) グラフより，50 °C の水 100 g に KNO_3 は 85 g 溶ける。よって，水 400 g に溶ける質量は，

$$85\ \text{g}\times\frac{400\ \text{g}}{100\ \text{g}}=\mathbf{3.4\times10^2\ g}$$ 答

(2) 水 50 g に KNO_3 を 11 g 溶かした水溶液は，水 100 g に KNO_3 を 22 g 溶かした水溶液と濃度が同じである。この水溶液を冷却すると 10 °C で飽和溶液になり，これ以上温度を下げると結晶が析出する。　答 **10 °C**

(3) KNO_3 は，20 °C の水 100 g に 32 g しか溶けないから，析出する結晶の質量は，

$$80\ \text{g}-32\ \text{g}=\mathbf{48\ g}$$ 答

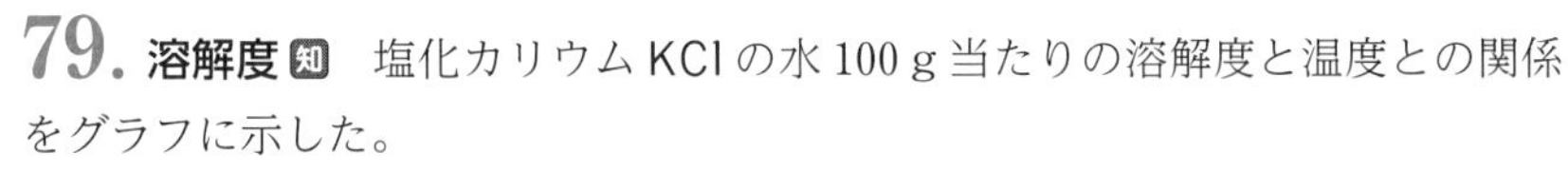

79. 溶解度 知 塩化カリウム KCl の水 100 g 当たりの溶解度と温度との関係をグラフに示した。

(1) 40 °C の水 150 g に KCl は何 g まで溶けるか。

＿＿＿＿＿ g

(2) 60 °C の水 50 g に KCl を 20 g 溶かした水溶液を冷やしていくと，何 °C で結晶が析出し始めるか。

＿＿＿＿＿ °C

(3) 80 °C の水 100 g に KCl を 45 g 溶かした水溶液を 10 °C に冷却すると，結晶は何 g 析出するか。

＿＿＿＿＿ g

80. 結晶の析出量 考 結晶の析出量に関する次の問いに答えよ。ただし，硝酸カリウムの水に対する溶解度は，20 °C で 32 g/100 g 水，60 °C で 110 g/100 g 水，80 °C で 170 g/100 g 水であるとする。

(1) 60 °C の飽和溶液 100 g 中に溶けている硝酸カリウムは何 g か。有効数字 2 桁で答えよ。

＿＿＿＿＿ g

(2) 60 °C の飽和溶液 100 g を 20 °C に冷却すると，結晶は何 g 析出するか。

＿＿＿＿＿ g

(3) 80 °C の飽和溶液 100 g を 40 °C に冷却すると，40 g の結晶が析出した。硝酸カリウムは，40 °C の水 100 g に最大で何 g 溶けるか。

＿＿＿＿＿ g

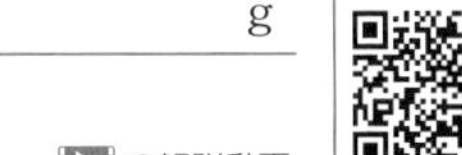

原子量● H=1.0, He=4.0, C=12, N=14, O=16, Na=23, Mg=24, Al=27, S=32, Cl=35.5, Ar=40

リード C

例題 15 化学反応式

➡ 81, 82

解説動画

次の反応を化学反応式で表せ。

(1) エタン C_2H_6 が完全燃焼すると，二酸化炭素と水が生じる。

(2) 水酸化カルシウム $Ca(OH)_2$ に塩化アンモニウム NH_4Cl を加えて加熱すると，塩化カルシウム $CaCl_2$ とアンモニアと水が生じる。

指針 それぞれの物質を化学式で表し，反応の前後で各原子の数が同じになるように係数を求める。係数は最も簡単な整数比とする（係数 1 は省略）。

解答 (1) 係数を a, b, …とおいて表すと，

$$aC_2H_6 + bO_2 \longrightarrow cCO_2 + dH_2O$$

$a=1$ とする。C の数から $c=2$, H の数から $d=3$ となる。右辺の $2CO_2$ と $3H_2O$ の中の O の数は合計 7 個であるから，b は $\frac{7}{2}$ となる。したがって，最も簡単な整数比に直すと，$a:b:c:d=2:7:4:6$ となる。

$$2C_2H_6 + 7O_2 \longrightarrow 4CO_2 + 6H_2O$$ 答

(2) $aCa(OH)_2 + bNH_4Cl$

$$\longrightarrow cCaCl_2 + dNH_3 + eH_2O$$

$a=1$ とする。Ca の数から $c=1$, O の数から $e=2$ となる。さらに Cl の数から $b=2$ となり，N の数から $d=2$ となる。したがって，$a:b:c:d:e=1:2:1:2:2$ となる。

$$Ca(OH)_2 + 2NH_4Cl \longrightarrow CaCl_2 + 2NH_3 + 2H_2O$$ 答

81. 化学反応式の係数 知

次の化学反応式の係数（a, b, c, d）を求めよ。

(1) $C_3H_8 + aO_2 \longrightarrow bCO_2 + cH_2O$

a：＿＿　b：＿＿　c：＿＿

(2) $Ca + aH_2O \longrightarrow bCa(OH)_2 + cH_2$

a：＿＿　b：＿＿　c：＿＿

(3) $aNH_3 + bO_2 \longrightarrow cNO + dH_2O$

a：＿＿　b：＿＿　c：＿＿　d：＿＿

(4) $aFeS_2 + bO_2 \longrightarrow cFe_2O_3 + dSO_2$

a：＿＿　b：＿＿　c：＿＿　d：＿＿

(5) $aCu + bAg^+ \longrightarrow cCu^{2+} + dAg$

a：＿＿　b：＿＿　c：＿＿　d：＿＿

(6) $aAl + bH^+ \longrightarrow cAl^{3+} + dH_2$

a：＿＿　b：＿＿　c：＿＿　d：＿＿

(7) $aNO_2 + bH_2O \longrightarrow cHNO_3 + dNO$

a：＿＿　b：＿＿　c：＿＿　d：＿＿

▶ 例題 15

82. 化学反応式 知　次の化学変化を表す化学反応式を書け。

(1) 水酸化カルシウム $Ca(OH)_2$ 水溶液に二酸化炭素 CO_2 を通すと，炭酸カルシウムと水が生じる。

(2) 炭酸カルシウム $CaCO_3$ に塩酸 HCl を加えると，塩化カルシウムと二酸化炭素と水が生じる。

(3) 酸化マンガン（Ⅳ）MnO_2 と塩酸 HCl が反応すると，塩化マンガン（Ⅱ）と塩素と水が生じる。

(4) 過酸化水素 H_2O_2 と硫化水素 H_2S が反応すると，硫黄と水が生じる。

▷例題15

83. 燃焼の化学反応式 知　火力発電では，石油や(A)天然ガスなどの燃焼で生じるエネルギーを発電に利用しているため，多量の二酸化炭素が発生する。(B)このとき，有害な一酸化窒素がわずかに発生するが，日本では触媒の存在下でアンモニアおよび酸素と反応させ，無害な窒素に変えて排出している。

(1) 下線部(A)の主成分はメタン CH_4 である。メタンの燃焼反応を化学反応式で示せ。

(2) 下線部(B)の反応は次の化学反応式で表される。係数 a ～ c を求めよ。

$$a\mathrm{NO} + b\mathrm{NH_3} + \mathrm{O_2} \longrightarrow 4\mathrm{N_2} + c\mathrm{H_2O}$$

a：　　b：　　c：

原子量● H=1.0, He=4.0, C=12, N=14, O=16, Na=23, Mg=24, Al=27, S=32, Cl=35.5, Ar=40

リード C

例題 16 化学反応の量的な関係

➡ 84, 85

解説動画

マグネシウム 4.8 g を燃焼させると，酸化マグネシウムが生じる。O=16，Mg=24 とする。

(1) マグネシウムの燃焼を化学反応式で表せ。

(2) マグネシウム 4.8 g を完全に燃焼させるのに必要な酸素は何 mol か。

(3) (2)で生じた酸化マグネシウムは何 g か。

(4) マグネシウム 4.8 g と酸素 2.4 g の反応で生じる酸化マグネシウムは何 g か。

指針 反応量・生成量を求める場合は，化学反応式を書き，その係数を用いる。

> 反応式の係数の比＝分子（粒子）の数の比
> ＝物質量の比
> ＝気体の体積の比（同温・同圧）

解答 (1) $2Mg + O_2 \longrightarrow 2MgO$

(2) Mg 4.8 g は $\dfrac{4.8\text{ g}}{24\text{ g/mol}}=0.20\text{ mol}$。化学反応式の係数より，Mg 2 mol の燃焼に必要な O_2 は 1 mol とわかるので，

$0.20\text{ mol}\times\dfrac{1}{2}=\mathbf{0.10\text{ mol}}$ 答

(3) 化学反応式の係数より，反応する Mg と生成する MgO の物質量が等しいとわかる。

$\underline{40\text{ g/mol}}\times0.20\text{ mol}=\mathbf{8.0\text{ g}}$ 答

MgO のモル質量

(4) Mg は $\dfrac{4.8\text{ g}}{24\text{ g/mol}}=0.20\text{ mol}$，

O_2 は $\dfrac{2.4\text{ g}}{32\text{ g/mol}}=0.075\text{ mol}$。

(2)より，Mg 4.8 g の燃焼に必要な O_2 は 0.10 mol なので，Mg が過剰である。そのため，O_2 0.075 mol がすべて反応し，MgO 0.15 mol が生じ，Mg が 0.05 mol 余る。

	2Mg	+ O_2	⟶ 2MgO
(反応前)	0.20 mol	0.075 mol	0 mol
(変化量)	−0.15 mol	−0.075 mol	+0.15 mol
(反応後)	0.05 mol	0 mol	0.15 mol

Mg が余る。

生じた MgO 0.15 mol の質量は，

$40\text{ g/mol}\times0.15\text{ mol}=\mathbf{6.0\text{ g}}$ 答

84. 化学反応式と物質量 知

亜鉛を塩酸に溶かしたときの反応は，次の化学反応式で表される。

$Zn + 2HCl \longrightarrow ZnCl_2 + H_2$

(1) 反応させた亜鉛は 6.5 g であった。亜鉛 6.5 g は何 mol か。

＿＿＿＿ mol

(2) 亜鉛 6.5 g とちょうど反応する塩化水素は何 mol か。また，その質量は何 g か。

＿＿＿＿ mol, ＿＿＿＿ g

(3) 亜鉛 6.5 g を完全に溶かすのに必要な 2.0 mol/L 塩酸の体積は何 mL か。整数で答えよ。

＿＿＿＿ mL

(4) この反応で発生した水素 H_2 は何 mol か。また，体積は標準状態で何 L か。

＿＿＿＿ mol, ＿＿＿＿ L

▶ 例題 16

85. 生成量の計算 知

(1) 黒鉛 2.7 g の完全燃焼により，二酸化炭素は何 g 生成するか。

g

(2) 標準状態の酸素 2.8 L を十分な量の水素と反応させると，水は何 g 生成するか。

g

(3) 鉄に希硫酸を加えると，硫酸鉄（Ⅱ）と水素が生成する。鉄 3.5 g に十分な量の希硫酸を加えたときに発生する水素は，標準状態で何 L か。

L

(4) 純度 90 % の石灰石（主成分は炭酸カルシウム）25 g を十分な量の希塩酸の中に入れて溶かすと，標準状態で何 L の二酸化炭素が生成するか。ただし，塩酸と反応するのは主成分のみとする。なお，純度とは混合物中の主成分の質量の割合である。

L

▷ 例題 16, 82

86. プロパノールの燃焼 知

プロパノール C_3H_8O の燃焼について，次の問いに答えよ。

(1) プロパノールを燃焼させて二酸化炭素と水が生じる反応の化学反応式を記せ。

(2) プロパノール 6.0 g の燃焼に必要な空気は標準状態で何 L か。ただし，空気は体積で 20 % の酸素を含むものとする。

L

原子量 H=1.0, He=4.0, C=12, N=14, O=16, Na=23, Mg=24, Al=27, S=32, Cl=35.5, Ar=40

87. 溶液の反応 考　0.10 mol/L の塩化マグネシウム $MgCl_2$ 水溶液 0.020 L に 0.20 mol/L の水酸化ナトリウム NaOH 水溶液 x〔L〕を加えたところ，過不足なく反応が完結し，水酸化マグネシウム y〔g〕が沈殿した。

(1) x，y を求めよ。

x： L　y： g

(2) 水酸化マグネシウムをろ過したあとのろ液に溶けている物質と，その質量を求めよ。

溶けている物質： , g

88. 気体の反応 知　ある温度・圧力で，一酸化炭素 1.0 L に酸素 2.0 L を加えて点火し，一酸化炭素を完全燃焼させたあとに，気体を燃焼前と同じ温度・圧力にすると，体積は何Lになるか。

L

89. 気体発生量 知

(1) 水酸化カルシウム $Ca(OH)_2$ (式量 74.0) と塩化アンモニウム NH_4Cl (式量 53.5) の混合物を熱するとアンモニアが発生し，水と塩化カルシウムが生じる。水酸化カルシウム 3.70 g と塩化アンモニウム 2.14 g を混合して熱すると，どちらが全部反応するか。

____

(2) (1)で生じるアンモニアは，標準状態で何 L か。

__________ L

90. 気体の反応と体積変化 知

温度と圧力を一定に保ち，1000 mL の酸素中で放電したところ，一部の酸素が反応し，オゾン O_3 が生成した。反応後の気体の全体積は 960 mL であった。反応後の気体に含まれるオゾンの体積は，同温・同圧に換算して何 mL か。

__________ mL

の解説動画

原子量● H=1.0, He=4.0, C=12, N=14, O=16, Na=23, Mg=24, Al=27, S=32, Cl=35.5, Ar=40

リード C

例題 17 反応の量的な関係

➡91 解説動画

0.327 g の亜鉛にある濃度の塩酸を少しずつ加え，加えた塩酸の体積と発生した気体の標準状態での体積を調べたところ，右のグラフが得られた。Zn=65.4

(1) a の値は何 mL か。

(2) 加えた塩酸のモル濃度を求めよ。

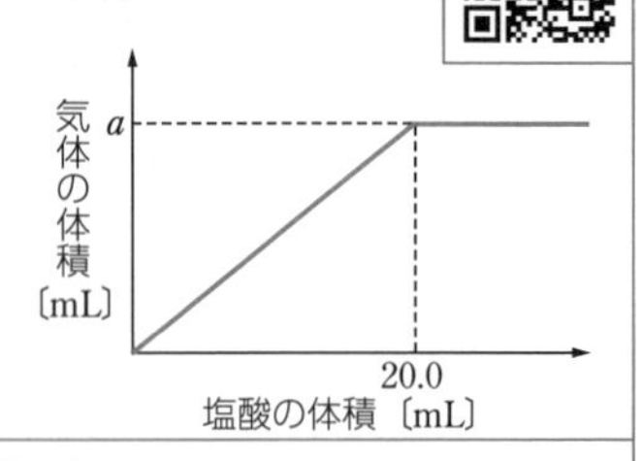

指針 過不足なく反応する物質の量の関係に注意して考える。

解答 (1) $Zn + 2HCl \longrightarrow ZnCl_2 + H_2$

化学反応式の係数より，反応する亜鉛の物質量と発生する水素の物質量が等しいことがわかる。また，塩酸 20.0 mL 以上では気体の発生が止まっているので，亜鉛 0.327 g すべてが反応したこともわかる。したがって，発生した気体の体積 a〔mL〕は，

$$22.4\ \text{L/mol} \times \frac{0.327\ \text{g}}{65.4\ \text{g/mol}} = 0.112\ \text{L} = \mathbf{112\ mL}$$ 答

亜鉛 0.327 g の物質量＝発生した水素の物質量

(2) 化学反応式の係数より，反応した塩酸中の HCl の物質量は亜鉛の物質量の 2 倍とわかる。この量の HCl を 20.0 mL＝0.0200 L 中に含む塩酸のモル濃度は，

$$\frac{\frac{0.327\ \text{g}}{65.4\ \text{g/mol}} \times 2}{0.0200\ \text{L}} = \mathbf{0.500\ mol/L}$$ 答

91. 反応の量的関係 考 マグネシウムに塩酸を加えると次式の反応が起こる。

$Mg + 2HCl \longrightarrow MgCl_2 + H_2$

マグネシウム 0.12 g と塩酸の反応について，加えた塩酸の体積〔mL〕と発生した気体の標準状態における体積〔mL〕の関係を表にまとめた。

加えた塩酸	50.0 mL	100 mL	150 mL	200 mL
発生した気体	44.8 mL	89.6 mL	112 mL	112 mL

(1) マグネシウム 0.12 g と過不足なく反応する塩酸は何 mL か。

mL

(2) 加えた塩酸のモル濃度を有効数字 2 桁で求めよ。

mol/L

▶例題17

92. 化学の基礎法則 知 次のうち，法則の説明として正しいものを選べ。

(ア) 質量保存の法則…同温・同圧で同体積の気体の中には，同数の分子が含まれている。

(イ) 倍数比例の法則…化学変化に関係する物質の質量の総和は，変化の前後で変わらない。

(ウ) 定比例の法則…1つの化合物を構成する成分元素の質量パーセントは，一定である。

(エ) 気体反応の法則…2種類の元素 A，B からなる化合物が 2 種類以上あるとき，A の一定量と結合している B の質量は，これらの化合物の間では簡単な整数比となる。

(オ) アボガドロの法則…気体の関係する化学反応では，同温・同圧において反応に関わる気体の体積は，簡単な整数比となる。

CLEAR 精選した標準問題で学習のポイントをCHECK

93. 金属の酸化 考　ある金属M 4.0 g を酸化したところ，化学式MOで表される酸化物 5.0 g が生じた。

(1) 生じた酸化物の元素組成（質量%）を求めよ。

M：　　　%　O：　　　%

(2) 金属Mの原子量を求めよ。

▷69

94. 混合気体の組成 知　窒素とアルゴンの混合気体がある。この気体の密度は，標準状態で 1.43 g/L である。この混合気体中の窒素とアルゴンの物質量の比を簡単な整数比で表せ。

N_2：Ar＝　　：

▷例題12, 74, 75

95. 溶液の濃度 知　質量パーセント濃度 95 %，密度 1.84 g/cm^3 の濃硫酸がある。

(1) この濃硫酸 1.00 L の質量は何 g か。

g

(2) この濃硫酸のモル濃度は何 mol/L か。

mol/L

(3) この濃硫酸を用いて 3.0 mol/L の希硫酸 500 mL を調製したい。濃硫酸は何 mL 必要か。

mL

(4) この濃硫酸を薄めて質量パーセント濃度が 50.0 % の硫酸をつくるには，濃硫酸 100 mL を水（密度 1.00 g/cm^3）何 mL に加えればよいか。答えは小数第1位を四捨五入して，整数値で答えよ。

mL

▷例題13, 77, 78

原子量 H=1.0, He=4.0, C=12, N=14, O=16, Na=23, Mg=24, Al=27, S=32, Cl=35.5, Ar=40

96. カーバイドの純度 知 カーバイド(炭化カルシウム) CaC_2 が水と反応すると，アセチレン C_2H_2 と水酸化カルシウムが生じる。不純物を含むカーバイド 2.5 g と水との反応で，標準状態のアセチレン 0.70 L が発生した。このカーバイドの純度は何%か。

ただし，水の量は十分で，このカーバイドに含まれる不純物は水と反応しないものとする。

%

▶85

97. 金属の混合物 考 亜鉛と硫酸の反応では硫酸亜鉛 $ZnSO_4$ と水素が，アルミニウムと硫酸の反応では硫酸アルミニウム $Al_2(SO_4)_3$ と水素がそれぞれ生成する。

(1) 次の物質を十分な量の希硫酸と反応させたときに発生する水素は，標準状態でそれぞれ何Lか。

(a) 亜鉛 1.3 g (b) アルミニウム 1.8 g

(a) L (b) L

(2) 亜鉛とアルミニウムの混合物 1.57 g を十分な量の希硫酸と反応させたところ，0.035 mol の水素が発生した。最初の混合物 1.57 g 中の亜鉛の質量は何 g か。

g

▶89

98. 溶液の混合と沈殿の生成量 知　硝酸銀 $AgNO_3$ 水溶液と塩酸を混合すると，次式のように反応し，塩化銀 AgCl が沈殿する。

$AgNO_3 + HCl \longrightarrow HNO_3 + AgCl$

硝酸銀 1.7g が溶けた水溶液 50mL に 1.0mol/L 塩酸を加えていくとき，加える塩酸の体積〔mL〕と生じる沈殿の質量〔g〕との関係を表すグラフとして最も適当なものを右図の(ア)～(オ)から選べ。

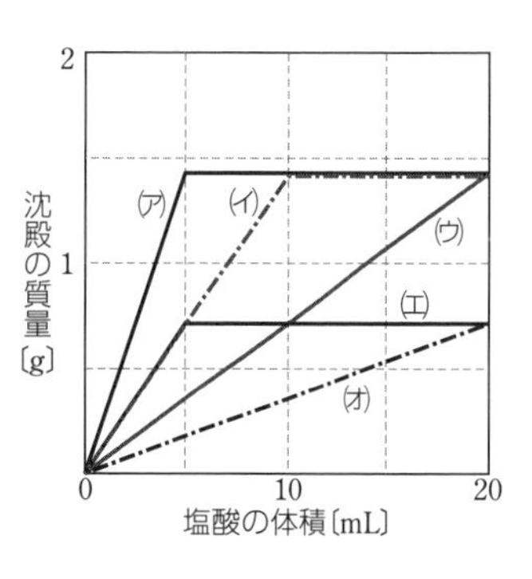

〔センター追試験〕 ▶例題17, 91

99. 気体生成量 考

(1) 標準状態で 1.0L のプロパン C_3H_8 と 8.0L の酸素の混合気体に点火して，完全に反応させたときに生成する二酸化炭素は標準状態で何Lか。

L

(2) 窒素 3.0L と水素 5.0L を混合して触媒を加えたところ，一部反応してアンモニアが生じ，混合気体の体積は反応前と同温・同圧で 7.0L になった。反応後の気体に含まれる窒素，水素，アンモニアは反応前と同温・同圧でそれぞれ何Lか。

窒素：　L　水素：　L　アンモニア：　L

▶88, 90

100. 化学の基礎法則 知　それぞれの内容に関連する化学の基礎法則の名称を記せ。

(1) 酸化鉄（Ⅱ）と酸化鉄（Ⅲ）で，一定量の鉄と結合している酸素の質量は 2：3 になっている。

(2) 水に含まれる酸素の質量％は常に 89％ である。

(3) 同温・同圧で 3.0L の酸素と 3.0L の水素に含まれる分子の数はどちらも同じである。

▶92

学習のポイント　リード A に戻って最終 CHECK

93. 原子量・分子量・式量と化合物の組成比の計算 ▶1
94. 気体の密度と標準状態のモル質量の関係 ▶2
95. モル濃度と質量パーセント濃度の計算 ▶3
96, 97, 98. 化学反応式の量的関係，係数の比＝物質量の比 ▶4
99. 化学反応式の量的関係，係数の比＝気体の体積の比 ▶4
100. 化学の基礎法則とその応用 ▶5

の解説動画

第5章 酸と塩基の反応

1 酸と塩基

a 酸・塩基の定義

① アレニウスの定義

酸	水に溶かすと [1] を生じる物質[1]	例 $HCl \longrightarrow H^+ + Cl^-$
塩基	水に溶かすと [2] を生じる物質	例 $NaOH \longrightarrow Na^+ + OH^-$

② ブレンステッド・ローリーの定義

酸	相手に [3] を与える物質	例 $HCl + NH_3$ (H^+: HCl→NH₃) 酸　塩基 $\longrightarrow NH_4^+ + Cl^-$
塩基	相手から [4] を受け取る物質	

b 酸・塩基の分類

① **酸・塩基の価数**　酸の分子1個から生じる H^+ の数を [5]，塩基の組成式に相当する粒子1個から生じる OH^- の数（または塩基の分子1個が受け取る H^+ の数）を [6] という。[2]

② **酸・塩基の強弱**　水溶液中でほぼすべて電離する（電離度が1に近い）酸・塩基を [7] 酸・[8] 塩基，ごく一部しか電離しない（電離度が小さい）酸・塩基を [9] 酸・[10] 塩基 という。[3]

③ **電離度**　水溶液中で電離している割合。同じ物質でも，濃度や温度によって異なる。

$$電離度\ \alpha = \frac{電離した酸（塩基）の物質量}{溶かした酸（塩基）の物質量}\quad (0 < \alpha \leqq 1)$$

1) H^+ は水溶液中では H_3O^+（オキソニウムイオン）として存在する。

2) 例 CH_3COOH は，4個のHのうちの1個だけが H^+ になる。⇒ 1価の酸

3) 酸や塩基の強弱は，それらの価数の大小とは無関係である。

④ **酸・塩基の分類**

	強酸	弱酸	強塩基	弱塩基
1価	塩化水素（塩酸） $HCl \longrightarrow H^+ + Cl^-$ 硝酸 $HNO_3 \longrightarrow H^+ + NO_3^-$	酢酸 CH_3COOH $\rightleftarrows H^+ + CH_3COO^-$	水酸化ナトリウム $NaOH \longrightarrow Na^+ + OH^-$ 水酸化カリウム $KOH \longrightarrow K^+ + OH^-$	アンモニア $NH_3 + H_2O$ $\rightleftarrows NH_4^+ + OH^-$
2価	硫酸 $H_2SO_4 \longrightarrow 2H^+ + SO_4^{2-}$	シュウ酸 $H_2C_2O_4 \rightleftarrows 2H^+ + C_2O_4^{2-}$ $(COOH)_2$　　$(COO)_2^{2-}$	水酸化カルシウム $Ca(OH)_2 \longrightarrow Ca^{2+} + 2OH^-$	水酸化銅（Ⅱ） $Cu(OH)_2 + 2H^+$ $\longrightarrow Cu^{2+} + 2H_2O$
3価		リン酸 $H_3PO_4 \rightleftarrows 3H^+ + PO_4^{3-}$		

補足「$\rightleftarrows$」は，すべてが右辺に変化するのではなく，両辺の物質が混在することを示す。
2価以上の酸・塩基は段階的に電離する。
例 $H_2SO_4 \longrightarrow H^+ + HSO_4^-$，$HSO_4^- \rightleftarrows H^+ + SO_4^{2-}$
H_3PO_4 は弱酸の中でも比較的電離度が大きく，中程度の強さの酸といわれる。
$Cu(OH)_2$ は水に溶けにくいが，酸と反応するため，弱塩基に分類される。

空欄の解答　1．水素イオン（H^+）　2．水酸化物イオン（OH^-）　3．水素イオン（H^+）　4．水素イオン（H^+）
5．酸の価数　6．塩基の価数　7．強　8．強　9．弱　10．弱

⑤ **酸化物**　酸のはたらきをする酸化物を［1　　　］といい，［2　　　］元素の酸化物に多い。塩基のはたらきをする酸化物を［3　　　］といい，［4　　　］元素の酸化物に多い。

分類	例	水との反応
酸性酸化物	CO_2	CO_2+H_2O ($\rightleftarrows$ H_2CO_3)[1] $\rightleftarrows$ $H^++HCO_3^-$
	SO_2	SO_2+H_2O ($\rightleftarrows$ H_2SO_3)[1] $\rightleftarrows$ $H^++HSO_3^-$ $\rightleftarrows$ $2H^++SO_3^{2-}$
塩基性酸化物	Na_2O	$Na_2O+H_2O \longrightarrow 2NaOH \longrightarrow 2Na^++2OH^-$
	CaO	$CaO+H_2O \longrightarrow Ca(OH)_2 \longrightarrow Ca^{2+}+2OH^-$

1) H_2CO_3 や H_2SO_3 は不安定なため，水溶液中に存在する割合が非常に小さい。

2 水素イオン濃度と pH

a 水の電離

水はわずかに電離している。 $H_2O \rightleftarrows H^+ + OH^-$

純水の場合，水素イオン濃度 $[H^+]$ と水酸化物イオン濃度 $[OH^-]$ は等しい。

$[H^+]=[OH^-]=$［5　　　］mol/L　(25 °C)

b 水素イオン濃度と水酸化物イオン濃度

① **水素イオン濃度 $[H^+]$**　水素イオン H^+ のモル濃度〔mol/L〕

例 モル濃度 c〔mol/L〕，電離度 α の a 価の酸：$[H^+]=ac\alpha$〔mol/L〕

② **水酸化物イオン濃度 $[OH^-]$**　水酸化物イオン OH^- のモル濃度〔mol/L〕

例 モル濃度 c'〔mol/L〕，電離度 α' の b 価の塩基：$[OH^-]=bc'\alpha'$〔mol/L〕

補足 この問題集では，特に断りのないとき，強酸・強塩基は完全に電離しているものとする。

c pH

① **pH**（ピーエイチ）　水素イオン濃度 $[H^+]$ の大小を示す数値（水素イオン指数）。

$[H^+]$ と pH は次式の関係にある。

$[H^+]=1.0\times10^{-n}$ mol/L のとき，pH$=n$

例 0.1 mol/L の塩酸では，$[H^+]=ac\alpha=1$(価数)$\times$0.1 mol/L(濃度)$\times$1(電離度)$=1\times10^{-1}$ mol/L より，

pH=1

② **水溶液の性質と pH の関係 (25 °C)**

［6　　　］：$[H^+]>1.0\times10^{-7}$ mol/L$>[OH^-]$，pH$<$7

中　性　：$[H^+]=1.0\times10^{-7}$ mol/L$=[OH^-]$，pH$=$7

［7　　　］：$[H^+]<1.0\times10^{-7}$ mol/L$<[OH^-]$，pH$>$7

性質	(強)			酸性			(弱)	中性	(弱)			塩基性			(強)
pH	0	1	2	3	4	5	6	7	8	9	10	11	12	13	14
$[H^+]$	$10^0=1$	10^{-1}	10^{-2}	10^{-3}	10^{-4}	10^{-5}	10^{-6}	10^{-7}	10^{-8}	10^{-9}	10^{-10}	10^{-11}	10^{-12}	10^{-13}	10^{-14}
$[OH^-]$	10^{-14}	10^{-13}	10^{-12}	10^{-11}	10^{-10}	10^{-9}	10^{-8}	10^{-7}	10^{-6}	10^{-5}	10^{-4}	10^{-3}	10^{-2}	10^{-1}	1

空欄の解答　1. 酸性酸化物　2. 非金属　3. 塩基性酸化物　4. 金属　5. 1.0×10^{-7}　6. 酸性　7. 塩基性

3 中和反応と塩

a 中和反応

「酸から生じる H^+」と「塩基から生じる OH^-」が反応し，〔1　　　〕が生じる反応。[1] 同時に，酸の陰イオンと塩基の陽イオンからなる **塩** が生じる。

b 塩の分類

分類[2]	組成	例
酸性塩	酸に由来するHが残っている塩	$NaHCO_3$，$NaHSO_4$
塩基性塩	塩基に由来するOHが残っている塩	$MgCl(OH)$
正塩	酸に由来するHも塩基に由来するOHも残っていない塩	$NaCl$，K_2SO_4，$MgCl_2$

c 塩の水溶液[3]

正塩の構成	水溶液の性質	例
強酸と強塩基	〔2　　　〕	$NaCl$，KNO_3，K_2SO_4
強酸と弱塩基	〔3　　　〕	NH_4Cl，$CuSO_4$
弱酸と強塩基	〔4　　　〕	CH_3COONa，Na_2CO_3

d 弱酸・弱塩基の遊離

弱酸の塩と強酸を反応させると，弱酸が遊離する。

例 $\underset{\text{弱酸の塩}}{CH_3COONa} + \underset{\text{強酸}}{HCl} \longrightarrow \underset{\text{強酸の塩}}{NaCl} + \underset{\text{弱酸}}{CH_3COOH}$

弱塩基の塩と強塩基を反応させると，弱塩基が遊離する。

例 $\underset{\text{弱塩基の塩}}{NH_4Cl} + \underset{\text{強塩基}}{NaOH} \longrightarrow \underset{\text{強塩基の塩}}{NaCl} + \underset{\text{弱塩基}}{NH_3} + H_2O$

1) 例 $H_2SO_4 + 2NaOH \longrightarrow Na_2SO_4 + 2H_2O$

2) これらの名称は塩の組成によるもので，水溶液の性質(酸性・中性・塩基性)とは無関係である。

3) 強酸と強塩基の酸性塩の水溶液…酸性(電離して H^+ を生じるため)　例 $NaHSO_4$
弱酸と強塩基の酸性塩の水溶液…塩基性　例 $NaHCO_3$

4 中和滴定と pH

a 中和の量的関係

「酸から生じる H^+ の物質量」と「塩基から生じる OH^- (＝塩基が受け取る H^+) の物質量」が等しいとき，酸と塩基は過不足なく中和する。[4]

酸の水溶液 V〔L〕と，塩基の水溶液 V'〔L〕が中和するとき，

$$\underset{\text{酸の価数}}{a} \times \underset{\text{濃度}}{c\,[\text{mol/L}]} \times \underset{\text{体積}}{V\,[\text{L}]} = \underset{\text{塩基の価数}}{b} \times \underset{\text{濃度}}{c'\,[\text{mol/L}]} \times \underset{\text{体積}}{V'\,[\text{L}]}$$

体積の単位に注意する。$1\,\text{mL} = \frac{1}{1000}\,\text{L}$

b 中和滴定

ちょうど中和反応が終わる (**中和点**) までに要した濃度既知の酸 (または塩基) の水溶液の体積から，濃度未知の塩基 (または酸) の濃度を求める操作。

4) 中和の量的関係は，酸・塩基の強弱によらず成りたつ。

空欄の解答　1. 水(H_2O)　2. 中性　3. 酸性　4. 塩基性

① 器具

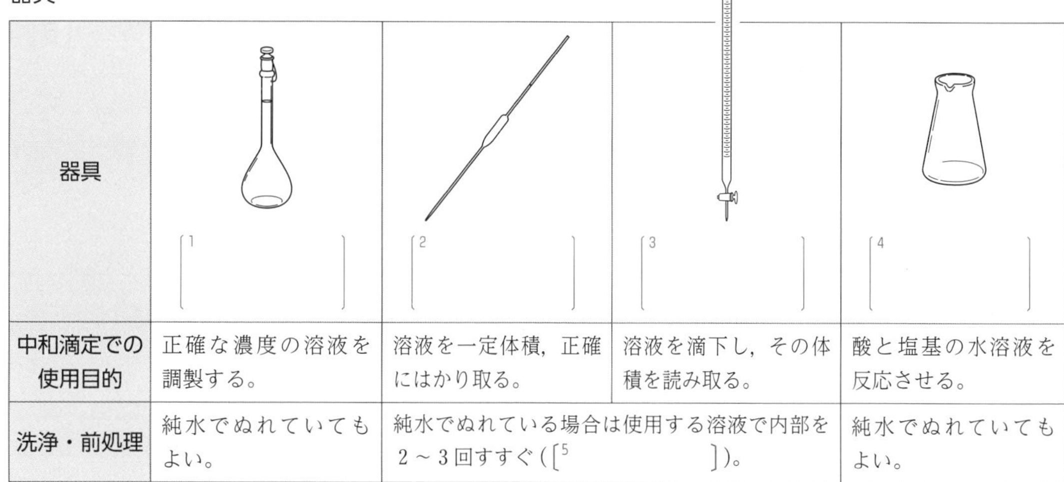

器具	[1　　]	[2　　]	[3　　]	[4　　]
中和滴定での使用目的	正確な濃度の溶液を調製する。	溶液を一定体積，正確にはかり取る。	溶液を滴下し，その体積を読み取る。	酸と塩基の水溶液を反応させる。
洗浄・前処理	純水でぬれていてもよい。	純水でぬれている場合は使用する溶液で内部を2～3回すすぐ（[5　　]）。		純水でぬれていてもよい。

② **pH 指示薬（指示薬）** pH の測定に用いられる，水溶液の pH に応じて色が変化する物質。指示薬の色が変わる pH の範囲を [6　　] という。

例

水溶液の性質	酸性	中性	塩基性	変色域
pH	1 2 3 4 5 6	7	8 9 10 11 12	
メチルオレンジ	[7　] → [8　]			pH 3.1～4.4
メチルレッド	赤 → 黄			pH 4.2～6.2
ブロモチモールブルー	黄 →		→ 青	pH 6.0～7.6
フェノールフタレイン			[9　] → [10　]	pH 8.0～9.8

c 滴定曲線

中和滴定における滴下量（横軸）と溶液の pH（縦軸）の関係を表す曲線。

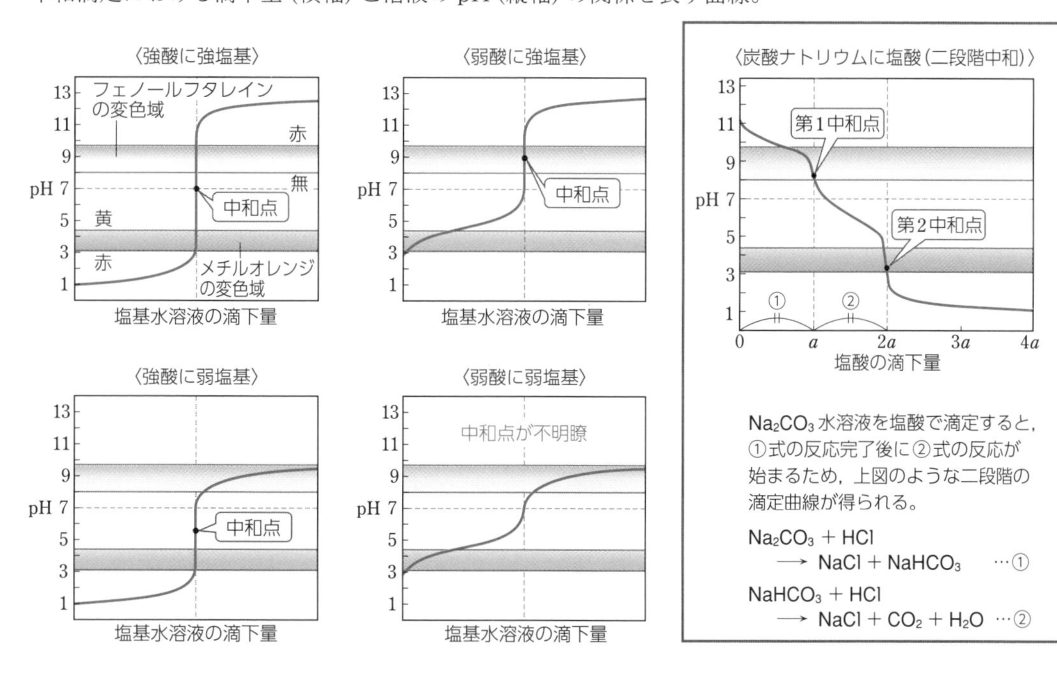

Na_2CO_3 水溶液を塩酸で滴定すると，①式の反応完了後に②式の反応が始まるため，上図のような二段階の滴定曲線が得られる。

$Na_2CO_3 + HCl \longrightarrow NaCl + NaHCO_3$ …①

$NaHCO_3 + HCl \longrightarrow NaCl + CO_2 + H_2O$ …②

空欄の解答 1. メスフラスコ　2. ホールピペット　3. ビュレット　4. コニカルビーカー　5. 共洗い　6. 変色域　7. 赤　8. 黄　9. 無　10. 赤

基礎CHECK

基礎CHECKの確認問題

1. 酸は水溶液中でどのようなイオンを生じるか。
2. 次のうち，(a) 強酸 (b) 弱酸 はどれか。
   (ア) CH_3COOH (イ) H_2SO_4 (ウ) HCl (エ) H_2S
3. 次のうち，(a) 強塩基 (b) 弱塩基 はどれか。
   (ア) $NaOH$ (イ) $Ca(OH)_2$ (ウ) NH_3
4. (1) 酸としてはたらく酸化物を何というか。
   (2) 塩基としてはたらく酸化物を何というか。
5. 0.10 mol/L の塩酸 50 mL 中に含まれる H^+ は何 mol か。
6. 酸と塩基が反応して，水が生じる反応を何というか。
7. ブレンステッド・ローリーの定義によると，下線を引いた物質は，酸・塩基のどちらとしてはたらいているか。
   (1) $NH_3 + \underline{HCl} \longrightarrow NH_4Cl$
   (2) $CH_3COOH + \underline{H_2O} \longrightarrow CH_3COO^- + H_3O^+$
8. 0.10 mol の硫酸 H_2SO_4 を中和するには，水酸化ナトリウム NaOH は何 mol 必要か。
9. 次の各指示薬について，(a)，(b)の条件における色を答えよ。
   (1) メチルオレンジ ((a) pH＝1.0，(b) pH＝7.0)
   (2) フェノールフタレイン ((a) pH＝7.0，(b) pH＝12.0)
10. 酸のHも塩基のOHも残っていない塩を何というか。
11. 次の塩について，もとの酸と塩基を化学式で答えよ。
   (1) $NaCl$ (2) KNO_3 (3) CH_3COONa (4) NH_4Cl

1. _____
2. (a) _____ (b) _____
3. (a) _____ (b) _____
4. (1) _____ (2) _____
5. _____ mol
6. _____
7. (1) _____ (2) _____
8. _____ mol
9. (1)(a) _____ (b) _____ (2)(a) _____ (b) _____
10. _____
11. (1) _____ (2) _____ (3) _____ (4) _____

解答 1. 水素イオン H^+ (オキソニウムイオン H_3O^+)　2. (a) イ，ウ (b) ア，エ　3. (a) ア，イ (b) ウ
4. (1) 酸性酸化物 (2) 塩基性酸化物　5. HCl は1価の酸より，$1 \times 0.10\,\mathrm{mol/L} \times \frac{50}{1000}\,\mathrm{L} = \mathbf{5.0 \times 10^{-3}\,mol}$　6. 中和反応(中和)
7. (1) 酸 (2) 塩基　8. 0.20 mol　9. (1)(a) 赤色 (b) 黄色 (2)(a) 無色 (b) 赤色　10. 正塩
11. (酸，塩基の順に示す) (1) HCl，$NaOH$ (2) HNO_3，KOH (3) CH_3COOH，$NaOH$ (4) HCl，NH_3

基礎ドリル

1. 酸・塩基 (ア)～(ソ)の酸・塩基について，(1)～(3)を示せ。
(1) 化学式 (2) 価数 (3) 酸・塩基の強弱〈強酸・弱酸・強塩基・弱塩基〉

(ア) 塩化水素 (イ) 硝酸 (ウ) 酢酸 (エ) 臭化水素 (オ) 硫酸
(カ) 硫化水素 (キ) シュウ酸 (ク) リン酸 (ケ) 水酸化ナトリウム (コ) 水酸化カリウム
(サ) アンモニア (シ) 水酸化カルシウム (ス) 水酸化バリウム (セ) 水酸化鉄(Ⅱ) (ソ) 水酸化銅(Ⅱ)

	(1)	(2)	(3)		(1)	(2)	(3)		(1)	(2)	(3)
(ア)				(イ)				(ウ)			
(エ)				(オ)				(カ)			
(キ)				(ク)				(ケ)			
(コ)				(サ)				(シ)			
(ス)				(セ)				(ソ)			

2. 水素イオン濃度の計算 次の酸の水溶液の水素イオン濃度 $[H^+]$ を求めよ。

例題 0.20 mol/L の塩酸（電離度 1.0）

解答 HCl は1価の強酸なので，

$[H^+] = \underset{酸の価数}{1} \times \underset{濃度}{0.20\ mol/L} \times \underset{電離度}{1.0} = \mathbf{0.20\ mol/L}$

(1) 0.25 mol/L の硝酸（電離度 1.0）

mol/L

(2) 1.0×10^{-3} mol/L の硫酸（電離度 1.0）

mol/L

(3) 0.10 mol/L の酢酸水溶液（電離度 0.016）

mol/L

3. 水酸化物イオン濃度の計算 次の塩基の水溶液の水酸化物イオン濃度 $[OH^-]$ を求めよ。

例題 0.20 mol/L の水酸化ナトリウム水溶液（電離度 1.0）

解答 NaOH は1価の強塩基なので，

$[OH^-] = \underset{塩基の価数}{1} \times \underset{濃度}{0.20\ mol/L} \times \underset{電離度}{1.0} = \mathbf{0.20\ mol/L}$

(1) 2.5 mol/L の水酸化カリウム水溶液（電離度 1.0）

mol/L

(2) 0.040 mol/L の水酸化バリウム水溶液（電離度 1.0）

mol/L

(3) 0.10 mol/L のアンモニア水（電離度 0.013）

mol/L

4. pH の計算 次の水溶液の pH を求めよ。
(4)については，p.67 c ②の表を参照せよ。

例題 $[H^+] = 0.010$ mol/L の水溶液

解答 $[H^+] = 1.0\times10^{-n}$ mol/L のとき，pH $= n$ より，

$[H^+] = 0.010\ mol/L = 1.0\times10^{-2}\ mol/L$

pH $= \mathbf{2}$

(1) $[H^+] = 0.00010$ mol/L の水溶液

(2) 0.0010 mol/L の塩酸（電離度 1.0）

(3) 0.040 mol/L の酢酸水溶液（電離度 0.025）

(4) 0.010 mol/L の水酸化ナトリウム水溶液（電離度 1.0）

5. 電離度の計算 次の水溶液の電離度を求めよ。

例題 0.010 mol/L の塩酸（pH=2）

解答 HCl は1価の酸である。pH=2 より，
$[H^+] = 1.0\times10^{-2}$ mol/L なので，電離度を α とすると，

$\underset{[H^+]}{1.0\times10^{-2}\ mol/L} = \underset{酸の価数}{1} \times \underset{濃度}{0.010\ mol/L} \times \underset{電離度}{\alpha}$

$\alpha = \mathbf{1.0}$

(1) 0.020 mol/L の1価の酸の水溶液（pH=3）

(2) 0.040 mol/L の酢酸水溶液（pH=3）

(3) 0.025 mol/L のアンモニア水（pH=11）

第5章

原子量 H=1.0, C=12, O=16, Na=23, Ca=40

例題 18 酸と塩基の定義

➡ 101, 103

解説動画

(1) 次の文の( )に適当な語句を，［ ］に化学式を入れよ。

アレニウスの定義によると，酸とは水溶液中で電離して(a)イオン［ b ］またはオキソニウムイオン［ c ］を生じる物質であり，塩基とは水溶液中で(d)イオン［ e ］を生じる物質である。

一方，ブレンステッド・ローリーの定義によると，(f)とは(g)イオン［ h ］を他の物質に与える物質であり，(i)とは(j)イオン［ k ］を他の物質から受け取る物質である。

(2) 次の反応において，酸，塩基としてはたらいているものはそれぞれ何か。

① $HCl + NaOH \longrightarrow NaCl + H_2O$　② $H_2SO_4 + 2H_2O \longrightarrow 2H_3O^+ + SO_4^{2-}$

指針 (1) アレニウスの定義は狭義で，水溶液中で示す性質(酸性か塩基性か)から定義している。一方，ブレンステッド・ローリーの定義は広義で，水溶液中に限らず，H^+ の授受が起こるときのそれぞれの役割から定義している。

(2) 反応の中での酸や塩基としての役割を判断するときは，ブレンステッド・ローリーの定義にしたがって，H^+ の授受を見いだす。

解答 (1) (a) 水素　(b) H^+　(c) H_3O^+　(d) 水酸化物　(e) OH^-　(f) 酸　(g) 水素　(h) H^+　(i) 塩基　(j) 水素　(k) H^+

(2) ① $HCl + NaOH \longrightarrow NaCl + H_2O$ （H^+）

答 酸：HCl　塩基：$NaOH$

② $H_2SO_4 + 2H_2O \longrightarrow 2H_3O^+ + SO_4^{2-}$ （H^+）

答 酸：H_2SO_4　塩基：H_2O

101. 酸・塩基の定義 考　次の文の［ ］に適当な語句を入れよ。

アレニウスの定義によると，酸とは，水溶液中で a［　　　　］を生じる物質，塩基とは水溶液中で b［　　　　］を生じる物質である。ところが，酸と塩基は水溶液中でなくとも反応することがある。例えば，塩化水素とアンモニアはそれぞれ気体どうしで反応し，固体の塩化アンモニウムになる。

$HCl + NH_3 \longrightarrow NH_4Cl$

このような反応式中に OH^- が含まれない反応についても，酸と塩基の反応として説明できるように定義を広げたのが，ブレンステッド・ローリーによる定義である。これによると，H^+ を他に与える物質が c［　　］，H^+ を他から受け取る物質が d［　　］である。したがって，この反応では HCl が e［　　］，NH_3 が f［　　］としてはたらいていることになる。

▶ 例題 18

102. 酸・塩基の電離 知　酸・塩基は水中で次の式のように電離する。［ ］に適当なイオンの化学式を入れよ。化学式は，陽イオン，陰イオンの順に書き，必要があれば，係数をつけて答えよ。

(1) $HCl \longrightarrow$ a［　　］+ b［　　］

(2) $CH_3COOH \rightleftarrows$ c［　　］+ d［　　］

(3) $H_2SO_4 \longrightarrow 2H^+ +$ e［　　］

(4) $CO_2 + H_2O \rightleftarrows H^+ +$ f［　　］

(5) $NH_3 + H_2O \rightleftarrows$ g［　　］+ h［　　］

(6) $Ba(OH)_2 \longrightarrow$ i［　　］+ j［　　］

103. 酸・塩基の判別 知　次の反応で，酸・塩基としてはたらいている物質またはイオンをそれぞれ化学式で書け。

(1) $HCl + KOH \longrightarrow KCl + H_2O$　　酸：＿＿＿＿　塩基：＿＿＿＿

(2) $2NH_3 + H_2SO_4 \longrightarrow (NH_4)_2SO_4$　　＿＿＿＿　＿＿＿＿

(3) $HCl + H_2O \longrightarrow H_3O^+ + Cl^-$　　＿＿＿＿　＿＿＿＿

(4) $NH_3 + H_2O \longrightarrow NH_4^+ + OH^-$　　＿＿＿＿　＿＿＿＿

(5) $CH_3COO^- + H_2O \longrightarrow CH_3COOH + OH^-$　　＿＿＿＿　＿＿＿＿

▷例題18

104. 酸化物 考

(1) (ア)〜(オ)の酸化物を，酸性酸化物，塩基性酸化物 に分けよ。

(ア) CO_2　(イ) CaO　(ウ) Na_2O　(エ) SO_2　(オ) Fe_2O_3

酸性酸化物：＿＿＿＿　塩基性酸化物：＿＿＿＿

(2) (a) (1)の(ア)〜(オ)の酸化物と塩酸　(b) (ア)，(エ)，(オ)と水酸化ナトリウム水溶液 が中和反応する場合には完全に中和するときの化学反応式を，反応しない場合には，「反応しない」と答えよ。

(a) (ア) CO_2 と塩酸 ＿＿＿＿

(イ) CaO と塩酸 ＿＿＿＿

(ウ) Na_2O と塩酸 ＿＿＿＿

(エ) SO_2 と塩酸 ＿＿＿＿

(オ) Fe_2O_3 と塩酸 ＿＿＿＿

(b) (ア) CO_2 と水酸化ナトリウム水溶液 ＿＿＿＿

(エ) SO_2 と水酸化ナトリウム水溶液 ＿＿＿＿

(オ) Fe_2O_3 と水酸化ナトリウム水溶液 ＿＿＿＿

105. 酸・塩基の強弱 知　次の文の〔　〕に適当な語句を入れよ。

「溶かした酸（または塩基）の物質量」に対する「電離した酸（または塩基）の物質量」の割合を [a]〔　　　〕という。

塩化水素や水酸化ナトリウムのように，水溶液中でほとんどすべて電離する（〔 a 〕が1に近い）酸や塩基をそれぞれ [b]〔　　　〕・[c]〔　　　〕という。また，酢酸やアンモニアのように，水溶液中でごく一部しか電離しない（〔 a 〕が小さい）酸や塩基をそれぞれ [d]〔　　　〕・[e]〔　　　〕という。

酸や塩基の強弱は，それらの価数の大小と関係が [f]〔　　　〕。

の解説動画

原子量 $H=1.0$, $C=12$, $O=16$, $Na=23$, $Ca=40$

106. 酸・塩基の電離 知

(1) 0.10 mol の酢酸を溶かした水溶液がある。酢酸の電離度を 0.016 とすると，この水溶液中に含まれる酢酸分子，酢酸イオン，水素イオンはそれぞれ何 mol か。

酢酸分子：　　mol　酢酸イオン：　　mol　水素イオン：　　mol

(2) 1.0 mol のアンモニアを溶かした水溶液がある。アンモニアの電離度を 0.0042 とするとき，電離により生じるイオンの名称とその物質量をそれぞれ答えよ。

(3) 0.0010 mol の水酸化カルシウムを溶かした水溶液がある。水酸化カルシウムは強塩基であり，電離度を 1.0 とすると，カルシウムイオン，水酸化物イオンはそれぞれ何 mol 生じているか。

カルシウムイオン：　　mol　水酸化物イオン：　　mol

107. $[H^+]$ と pH 知　次の文の〔　〕に適当な数値，記号を入れよ。

(1) 純水は，わずかではあるが H^+ と OH^- とに電離している。このとき，H^+ のモル濃度 $[H^+]$ と OH^- のモル濃度 $[OH^-]$ は等しく，25℃ では ^{a}〔　　〕mol/L である。$[H^+]$ が ^{b}〔　　〕mol/L のとき，pH$=n$ と表されるので，純水の pH は ^{c}〔　　〕である。

(2) 酸の水溶液では，$[H^+]$ は純水より大きいので pH ^{d}〔　　〕7 であり，0.10 mol/L の塩酸の pH は ^{e}〔　　〕となる。また，塩基の水溶液では $[OH^-]$ が純水より大きく，$[H^+]$ は純水より小さいため，pH ^{f}〔　　〕7 となる。

108. 溶液の pH 知

(1) pH$=2$ の塩酸の $[H^+]$ は，pH$=5$ の塩酸の $[H^+]$ の何倍か。

倍

(2) pH$=1$ の塩酸を水で 100 倍に薄めた溶液の pH はいくらか。

(3) pH$=13$ の水酸化ナトリウム水溶液を水で 100 倍に薄めた溶液の pH はいくらか。$[H^+]$ と $[OH^-]$ の関係については，p.67 c ②の表を参照せよ。

(4) pH$=6$ の塩酸を水で 100 倍に薄めた溶液のおよその pH はいくらか。

(5) pH$=1$ の塩酸 1.0 L に水を加えたところ，pH$=3$ の塩酸になった。この塩酸の体積は何 L か。

L

109. pHの比較 知　次の(1)，(2)について，pH が小さいのは(ア)，(イ)のいずれか。

(1) (ア) 0.001 mol/L の塩酸（電離度 1）　(イ) 0.001 mol/L の硫酸（電離度 1）

(2) (ア) 1×10^{-5} mol/L の塩酸（電離度 1）　(イ) 1×10^{-2} mol/L の酢酸水溶液（電離度 0.01）

110. 中和のしくみ 知　次の文の［　］に適当な化学式を，□に適当なイオン反応式を入れよ。

酸と塩基が反応すると，酸の[a]［　　］と塩基の[b]［　　］が反応して[c]［　　］となり，酸と塩基の性質は互いに打ち消される。例えば，塩酸と水酸化ナトリウム水溶液を混合したときの反応を，イオンを用いて表すと次のように書くことができる。

$$H^+ + Cl^- + Na^+ + OH^- \longrightarrow Na^+ + Cl^- + H_2O$$

反応の前後で[d]［　　］と[e]［　　］は，変化せずにそのまま水溶液中に存在しているので，両辺から消去すると，次式のようになる。[f]□

また，水溶液中に残った［ d ］と［ e ］は水が蒸発すると結合し，[g]［　　］として得られる。

111. 中和の化学反応式 知　次の酸と塩基が完全に中和するときの化学反応式を書け。

(1) 酢酸水溶液と水酸化ナトリウム

(2) 硫酸と水酸化カリウム

(3) 塩酸と水酸化カルシウム

(4) 塩化水素とアンモニア

112. 塩の分類 知

(1) 次の塩のうち，酸性塩，塩基性塩であるものをそれぞれすべて選べ。

(ア) NaCl　(イ) K_2SO_4　(ウ) $NaHCO_3$　(エ) $NaNO_3$　(オ) CH_3COONH_4　(カ) MgCl(OH)
(キ) $NaHSO_4$　(ク) CH_3COONa　(ケ) $(NH_4)_2SO_4$

酸性塩：　　塩基性塩：

(2) 次の(a)～(c)の塩の化学式を書き，酸性塩・塩基性塩・正塩のどれに当たるか答えよ。

(a) 塩化アンモニウム　化学式：　塩の種類：
(b) 硫酸水素ナトリウム
(c) 塩化水酸化カルシウム

113. 塩の性質 知　次の塩のうち，水溶液が酸性を示すもの，塩基性を示すもの をそれぞれすべて選べ。

(ア) $NaNO_3$　(イ) K_2SO_4　(ウ) CH_3COONa　(エ) NH_4Cl　(オ) $NaHCO_3$　(カ) $NaHSO_4$

酸性：　　塩基性：

原子量 H=1.0, C=12, O=16, Na=23, Ca=40

リード C

114. 塩の反応 知 次の文の〔 〕に適当な語句，物質名を入れよ。

一般に，弱酸の塩に強酸を加えると，a〔　　　〕酸に由来する陰イオンが b〔　　　〕酸から生じる水素イオンと結合するため，〔 a 〕酸が遊離する。

また，弱塩基の塩に強塩基を加えると，c〔　　　〕塩基に由来する陽イオンが d〔　　　〕塩基から生じる水酸化物イオンと結合するため，〔 c 〕塩基が遊離する。

すなわち酢酸ナトリウムに塩酸を加えると e〔　　　〕が生じ，塩化アンモニウムに水酸化ナトリウム水溶液を加えると f〔　　　　　　〕が生じる反応は，その例である。

115. 水溶液の混合と液性 考 同じモル濃度の水溶液AとBを，体積比1：1で混合したとき，水溶液が酸性を示した。AとBの組合せとして正しいものを選べ。

(ア) 希塩酸とアンモニア水　　(イ) 希塩酸と水酸化ナトリウム水溶液

(ウ) 酢酸水溶液とアンモニア水　　(エ) 希硫酸と水酸化カルシウム水溶液

(オ) 酢酸水溶液と水酸化カリウム水溶液

〔センター追試験〕

例題 19 中和反応

➡ 116

解説動画

0.050 mol/L の硫酸 10.0 mL を中和するのに，ある濃度の水酸化ナトリウム水溶液 12.5 mL が必要であった。この水酸化ナトリウム水溶液のモル濃度を求めよ。

指針 次の関係が成りたつとき，a 価の酸の水溶液 V〔L〕と，b 価の塩基の水溶液 V'〔L〕中の酸と塩基は過不足なく中和する。なお，$1\text{ mL}=\frac{1}{1000}\text{ L}$ となることに注意する。

解答 水酸化ナトリウム水溶液の濃度を x〔mol/L〕とすると，中和の関係式より，

$$\underbrace{2\times0.050\text{ mol/L}\times\frac{10.0}{1000}\text{ L}}_{H_2SO_4\text{ から生じる }H^+\text{ の物質量}}=\underbrace{1\times x\text{〔mol/L〕}\times\frac{12.5}{1000}\text{ L}}_{NaOH\text{ から生じる }OH^-\text{ の物質量}}$$

$x=0.080$ mol/L 答

〈中和の関係式〉

酸から生じる H^+ の物質量 ＝ 塩基から生じる OH^- の物質量

$$\underset{\text{酸の価数}}{a}\times\underset{\text{濃度}}{c\text{〔mol/L〕}}\times\underset{\text{体積}}{V\text{〔L〕}}=\underset{\text{塩基の価数}}{b}\times\underset{\text{濃度}}{c'\text{〔mol/L〕}}\times\underset{\text{体積}}{V'\text{〔L〕}}$$

116. 水溶液どうしの中和反応 知

(1) 0.25 mol/L の硫酸 20 mL を中和するのに必要な 0.20 mol/L の水酸化ナトリウム水溶液は何 mL か。

mL

(2) ある濃度の塩酸 10 mL は，0.10 mol/L の水酸化ナトリウム水溶液 12 mL とちょうど中和した。この塩酸の濃度は何 mol/L か。

mol/L

▶例題19

117. 固体や気体が関与する中和反応 知

(1) 水酸化カルシウム 3.7 g を水に溶かしたのち，2.0 mol/L の塩酸で中和するには，塩酸が何 mL 必要か。

mL

(2) 標準状態で 1.12 L のアンモニアを水に溶かして 100 mL とした。このアンモニア水 10 mL を中和するには，0.10 mol/L の塩酸が何 mL 必要か。

mL

118. NaOH の純度 知

少量の塩化ナトリウムを含む水酸化ナトリウム 5.0 g を水に溶かして 200 mL にした。このうち 10.0 mL をとり，0.50 mol/L の塩酸で中和したところ，12.0 mL が必要であった。この水酸化ナトリウムの純度は何％か。

％

119. 混合物の中和 考

(1) 0.10 mol/L の塩酸と 0.10 mol/L の硫酸を合計 35 mL とり，0.10 mol/L の水酸化ナトリウム水溶液で中和したところ，45 mL を要した。最初にとった塩酸，硫酸はそれぞれ何 mL か。

塩酸： mL　硫酸： mL

(2) 水酸化ナトリウムと水酸化カリウムの混合物が 2.32 g ある。これを水に溶かし，1.00 mol/L の塩酸で中和するのに 50.0 mL が必要であった。混合物中に水酸化ナトリウムは何 g 含まれていたか。
NaOH＝40.0，KOH＝56.0

g

第5章

原子量● H=1.0, C=12, O=16, Na=23, Ca=40

120. 中和とイオンの量 思

(1) ある濃度の酢酸水溶液 10.0 mL に 0.100 mol/L 水酸化ナトリウム水溶液を滴下したところ，15.0 mL で中和点に達した。この酢酸水溶液のモル濃度を求めよ。

mol/L

(2) (1)の滴定終了後，さらに水酸化ナトリウム水溶液を 15.0 mL 滴下した。滴下を開始してから合計 30.0 mL 滴下する間に，① Na^+ ② CH_3COO^- ③ OH^- の物質量はどのように変化するか。横軸に滴下量〔mL〕，縦軸にイオンの物質量をとってグラフで表せ。ただし，酢酸の電離度は非常に小さいため，酢酸の電離は無視できるものとする。

① Na^+

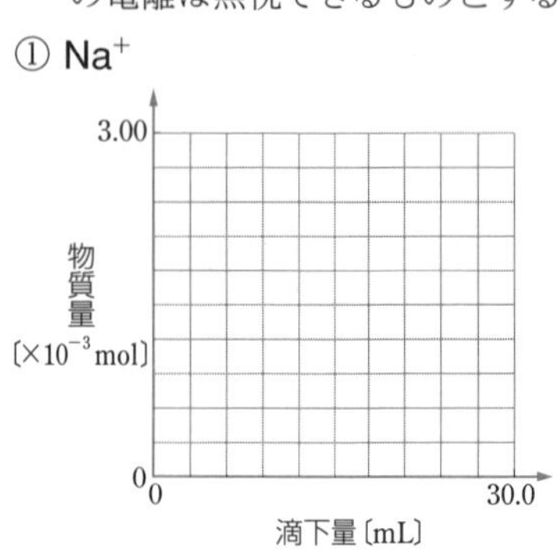

② CH_3COO^-

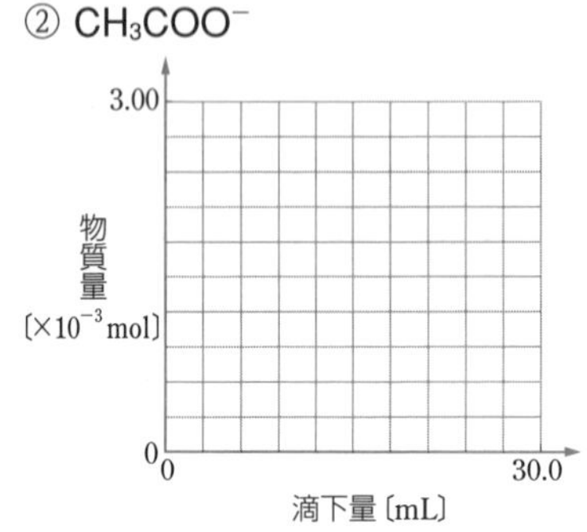

③ OH^-

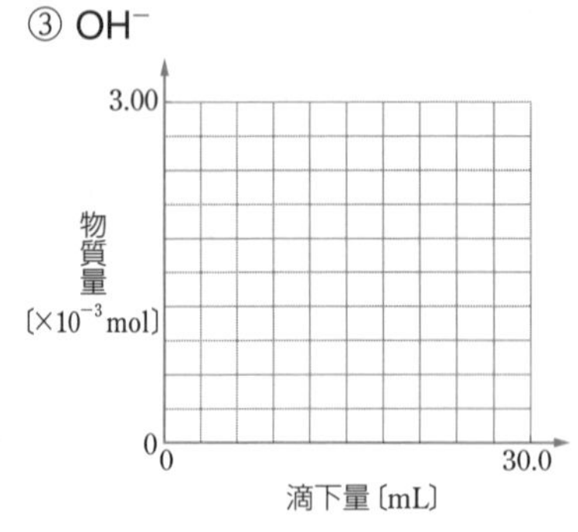

例題 20 混合溶液の pH

➡ 121

解説動画

0.125 mol/L の硫酸 100 mL と 0.150 mol/L の水酸化ナトリウム水溶液 150 mL を混ぜあわせた溶液の pH を求めよ。混合の前後で水溶液の体積の総和は変わらないものとする。

指針 まず，H_2SO_4 から生じる H^+ の物質量と，NaOH から生じる OH^- の物質量を求め，差し引きにより中和後に残る H^+ あるいは OH^- の物質量を計算する。そして，溶液全体の体積から水素イオン濃度 $[H^+]$，pH を求める。

解答 H_2SO_4 から生じる H^+

$$= \underset{\text{価数}}{2} \times \underset{\text{濃度}}{0.125\ \text{mol/L}} \times \underset{\text{体積}}{\frac{100}{1000}\ \text{L}} = 2.50 \times 10^{-2}\ \text{mol}$$

NaOH から生じる OH^-

$$= \underset{\text{価数}}{1} \times \underset{\text{濃度}}{0.150\ \text{mol/L}} \times \underset{\text{体積}}{\frac{150}{1000}\ \text{L}} = 2.25 \times 10^{-2}\ \text{mol}$$

したがって，混合溶液中には H^+ が残ることがわかり，その量は，

$$2.50 \times 10^{-2}\ \text{mol} - 2.25 \times 10^{-2}\ \text{mol} = 0.25 \times 10^{-2}\ \text{mol}$$

〔H_2SO_4〕 H^+の量 2.50×10^{-2} mol
〔NaOH〕 OH^-の量 2.25×10^{-2} mol
〔混合溶液〕 H^+の量 0.25×10^{-2} mol

また，混合溶液の体積は，
100 mL + 150 mL = 250 mL (= 0.250 L) となる。

〔H_2SO_4〕 体積 100 mL
〔NaOH〕 体積 150 mL
〔混合溶液〕 体積 250 mL

混合溶液中の水素イオン濃度 $[H^+]$ と pH は，

$$[H^+] = \frac{0.25 \times 10^{-2}\ \text{mol}}{0.250\ \text{L}} = 1.0 \times 10^{-2}\ \text{mol/L} \quad \text{pH} = \mathbf{2}$$ 答

121. 混合溶液の$[H^+]$ 知　混合の前後で水溶液の体積の総和は変わらないものとして，次の問いに答えよ。

(1) 0.30 mol/L の塩酸 1.0 L と 0.10 mol/L の水酸化ナトリウム水溶液 1.0 L の混合溶液の水素イオン濃度を求めよ。

mol/L

(2) 濃度未知の水酸化ナトリウム水溶液 20 mL と 0.050 mol/L の硫酸 100 mL の混合溶液の pH は 2.0 であった。この水酸化ナトリウム水溶液の濃度は何 mol/L か。

mol/L

▶例題 20

例題 21 中和滴定　➡ 122, 123　解説動画

シュウ酸二水和物 $(COOH)_2 \cdot 2H_2O$ の結晶 0.630 g を水に溶かして ⓐ100 mL にした。このシュウ酸水溶液を ⓑ10.0 mL とり，水酸化ナトリウム水溶液を ⓒ滴下したところ，中和点までに 20.0 mL を必要とした。H＝1.0，C＝12，O＝16 とする。

(1) 操作ⓐ，ⓑ，ⓒに用いる器具の名称を記せ。
(2) 指示薬として適当なのは，メチルオレンジ・フェノールフタレインのいずれか。
(3) 水酸化ナトリウム水溶液のモル濃度を求めよ。

指針 (1) 溶液の調製……メスフラスコ
一定体積の溶液の採取……ホールピペット
溶液の滴下……ビュレット
溶液の混合……コニカルビーカー

(3) 中和の関係式　**酸の価数×濃度×体積＝塩基の価数×濃度×体積**　より求める。

解答 (1) ⓐ メスフラスコ　ⓑ ホールピペット　ⓒ ビュレット

(2) シュウ酸は弱酸，水酸化ナトリウムは強塩基であるため，中和点の pH は弱塩基性となる。そのため，変色域が塩基性側にある指示薬が適当である。　**フェノールフタレイン** 答

(3) $(COOH)_2 \cdot 2H_2O$＝126 より，0.630 g は

$$\frac{0.630\ \text{g}}{126\ \text{g/mol}}=0.00500\ \text{mol}$$

これを溶かして 100 mL（＝0.100 L）にした溶液のモル濃度は，

$$\frac{0.00500\ \text{mol}}{0.100\ \text{L}}=0.0500\ \text{mol/L}$$

NaOH 水溶液のモル濃度を x〔mol/L〕とすると，中和の関係式 $acV=bc'V'$ より，

$$\underbrace{2\times0.0500\ \text{mol/L}\times\frac{10.0}{1000}\ \text{L}}_{(COOH)_2\text{ から生じる }H^+\text{ の物質量}}=\underbrace{1\times x\ [\text{mol/L}]\times\frac{20.0}{1000}\ \text{L}}_{\text{NaOH から生じる }OH^-\text{ の物質量}}$$

x＝**0.0500 mol/L** 答

122. 食酢の濃度 知　食酢を純水で正確に5倍に薄めた溶液をA液とする。A液を 10.0 mL とり，0.12 mol/L の水酸化ナトリウム水溶液を滴下したところ，中和点までに 12.5 mL 必要であった。

食酢の密度は 1.02 g/cm³ (g/mL) で，食酢中に含まれる酸は酢酸のみとする。

(1) A液の酢酸の濃度は何 mol/L か。

mol/L

(2) 食酢中の酢酸の質量パーセント濃度は何％か。

％

▶例題 21

の解説動画

原子量 H=1.0, C=12, O=16, Na=23, Ca=40

123. 中和滴定 知

シュウ酸二水和物 $(COOH)_2 \cdot 2H_2O$ の結晶 1.89 g を水に溶かして(a)250 mL の溶液にした。このシュウ酸水溶液10.0 mL をコニカルビーカーにとり，フェノールフタレインを数滴加え，水酸化ナトリウム水溶液を(b)滴下したところ，(c)滴定の終点までに 12.5 mL 必要であった。

(1) シュウ酸水溶液の濃度は何 mol/L か。

mol/L

(2) 下線部(a)の操作に用いる器具の名称を記せ。

(3) 操作(b)で用いる器具の目盛りの読み方としては，(ア)～(ウ)のどれが正しいか。

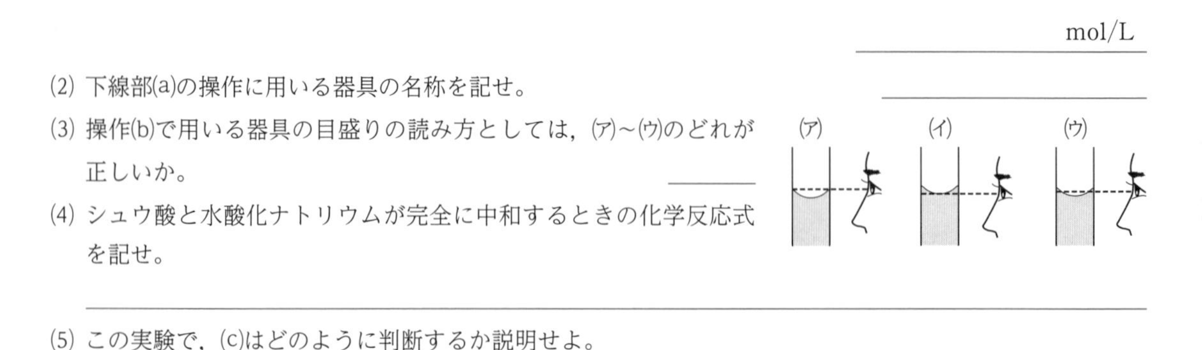

(4) シュウ酸と水酸化ナトリウムが完全に中和するときの化学反応式を記せ。

(5) この実験で，(c)はどのように判断するか説明せよ。

(6) 水酸化ナトリウム水溶液の濃度は何 mol/L か。

mol/L

▶ 例題 21

124. 滴定に用いる器具 知

(1) 酢酸水溶液Aの濃度を知るため，その 10 mL を器具(a)を用いてとり，器具(b)に入れ，器具(c)に入れた濃度既知の水酸化ナトリウム水溶液Bを滴下して中和滴定をしたい。器具(a), (b), (c)を(ア)～(カ)から選べ。また器具の名称も答えよ。

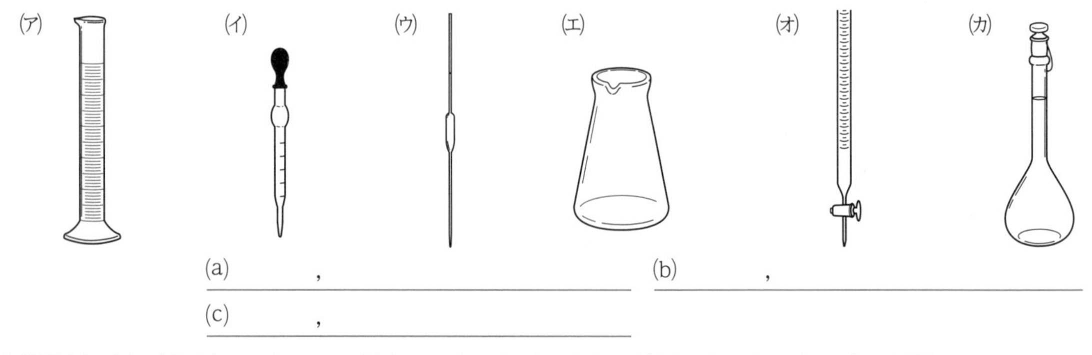

(a) ,　(b) ,

(c) ,

(2) 器具(a), (b), (c)が水でぬれている場合，それぞれどのように使用したらよいか。次より選べ。

(ア) 熱風を当ててよく乾かしてから使用する。

(イ) 少量のAで数回すすいでから，ぬれたまま使用する。

(ウ) 少量のAで数回すすいでから，熱風を当ててよく乾かしてから使用する。

(エ) 少量のBで数回すすいでから，ぬれたまま使用する。

(オ) 少量のBで数回すすいでから，熱風を当ててよく乾かしてから使用する。

(カ) 水でぬれたまま使用する。

(a)　(b)　(c)

例題 22 逆滴定

➡125　解説動画

ある濃度のアンモニア水 100 mL に 0.50 mol/L の硫酸 100 mL を加えたところ，溶液は酸性になった。この過剰の硫酸を 1.0 mol/L の水酸化ナトリウム水溶液で中和するのに 50 mL が必要であった。最初のアンモニア水の濃度は何 mol/L か。

指針 酸や塩基の種類が複数あった場合でも，個々の酸や塩基から生じる H^+，OH^- の物質量は，それぞれが単独のときと変わらない。
よって，複数の酸と塩基が過不足なく中和するとき，酸から生じる H^+ の物質量の総和＝塩基から生じる OH^- の物質量の総和 が成りたつ。

中和の反応　$H_2SO_4 + 2NH_3 \longrightarrow (NH_4)_2SO_4$
$H_2SO_4 + 2NaOH \longrightarrow Na_2SO_4 + 2H_2O$

H_2SO_4 から生じる H^+	
NH_3 から生じる OH^-	NaOH から生じる OH^-

解答 アンモニア水の濃度を x〔mol/L〕とすると，中和の関係式 $acV = bc'V'$ より，

$$\underbrace{2 \times 0.50\ \text{mol/L} \times \frac{100}{1000}\ \text{L}}_{H_2SO_4\text{ から生じる }H^+\text{ の物質量}}$$

$$= \underbrace{1 \times x\ \text{[mol/L]} \times \frac{100}{1000}\ \text{L}}_{NH_3\text{ から生じる }OH^-\text{ の物質量}} + \underbrace{1 \times 1.0\ \text{mol/L} \times \frac{50}{1000}\ \text{L}}_{NaOH\text{ から生じる }OH^-\text{ の物質量}}$$

$x = $ **0.50 mol/L** 答

125. 逆滴定 知　濃度不明の水酸化カリウム水溶液 10.0 mL に，0.10 mol/L の硫酸 20.0 mL とメチルオレンジを加えると，赤色を示した。この混合溶液に，さらに 0.25 mol/L の水酸化ナトリウム水溶液を滴下したところ，水溶液が黄色に変色するまでに 12.0 mL を要した。最初の水酸化カリウム水溶液の濃度は何 mol/L か。

　mol/L

▷例題 22

例題 23 滴定曲線

➡126　解説動画

次の図は，0.1 mol/L の酸の水溶液 a〔mL〕に 0.1 mol/L の塩基の水溶液を加えていったときの滴定曲線である。(1)～(4)の酸－塩基の組合せを，(ア)～(エ)より選べ。

(1)
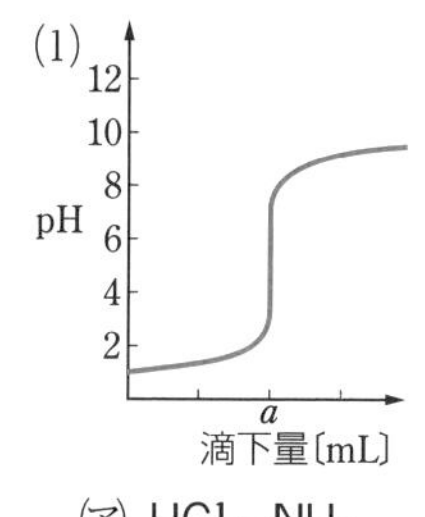

(2)
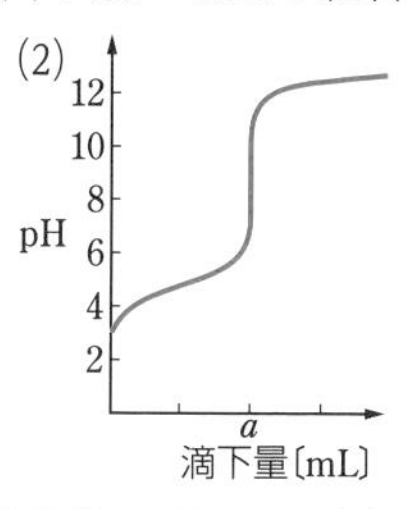

(3)
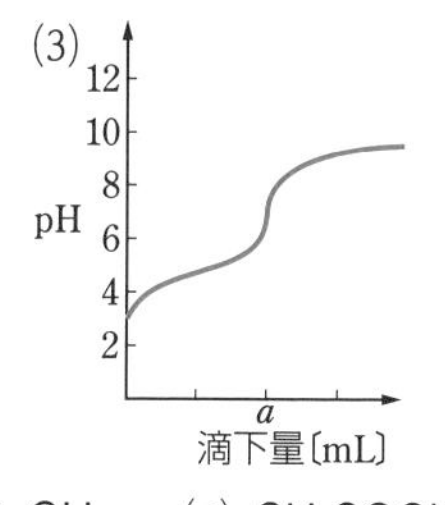

(4)
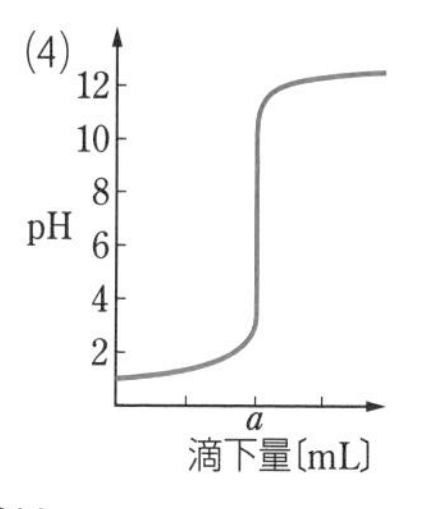

(ア) HCl－NH_3　(イ) CH_3COOH－NH_3　(ウ) HCl－NaOH　(エ) CH_3COOH－NaOH

指針 滴定曲線のおおまかな形（①塩基を加える前の水溶液の pH，②過剰に塩基を加えたときの pH，③中和点の pH，④中和点までの滴下量など）から，酸と塩基の組合せを判断する。

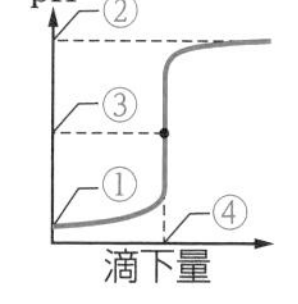

酸・塩基の強弱は，①，②で推測することもできるが，③でその組合せを判断することができる。

解答 (1) ③が酸性側で，その前後でpHが大きく変化する。
→強酸－弱塩基の組合せ　答 ア
(2) ③が塩基性側で，その前後で pH が大きく変化する。
→弱酸－強塩基の組合せ　答 エ
(3) ③がはっきりしない。
→弱酸－弱塩基の組合せ　答 イ
(4) ③が約 7 で，その前後で pH が大きく変化する。
→強酸－強塩基の組合せ　答 ウ

第5章

原子量● H=1.0, C=12, O=16, Na=23, Ca=40

126. 滴定曲線 考 次の図(A)~(E)は，0.1 mol/L の酸の水溶液 a〔mL〕に 0.1 mol/L の塩基の水溶液を加えていったときの滴定曲線である。これらの図に該当する酸と塩基の組合せを［Ⅰ］欄から，指示薬として正しいものを［Ⅱ］欄からそれぞれ選べ。

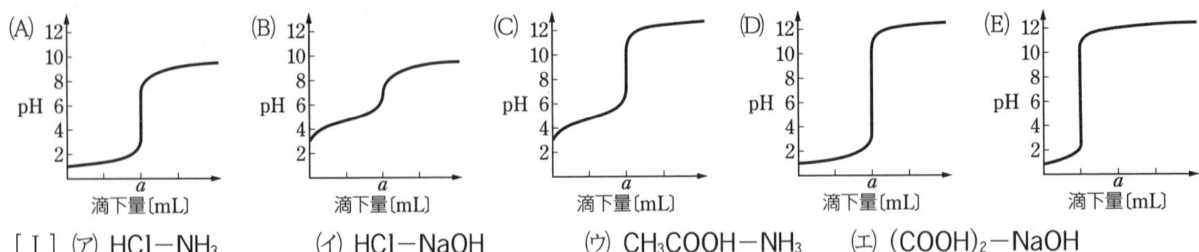

［Ⅰ］(ア) HCl－NH_3　(イ) HCl－NaOH　(ウ) CH_3COOH－NH_3　(エ) $(COOH)_2$－NaOH
　(オ) HCl－$Ba(OH)_2$　(カ) CH_3COOH－NaOH

［Ⅱ］(a) メチルオレンジ
　(b) フェノールフタレイン
　(c) メチルオレンジでもフェノールフタレインでもよい
　(d) メチルオレンジもフェノールフタレインもともに使えない

［Ⅰ］(A)＿＿＿ (B)＿＿＿ (C)＿＿＿ (D)＿＿＿ (E)＿＿＿

［Ⅱ］(A)＿＿＿ (B)＿＿＿ (C)＿＿＿ (D)＿＿＿ (E)＿＿＿

▶例題 23

†**127. pH 指示薬の色と変色域** 知 次の文の〔 〕に適当な語句，物質名を入れよ。なお〔 a 〕,〔 d 〕は，フェノールフタレイン，ブロモチモールブルー，メチルオレンジのいずれかである。

炭酸ナトリウム水溶液は強い塩基性を示す。これに塩酸を加えていくと次の2つの反応が順次起こり，図に示したような二段階の中和滴定曲線が得られる。

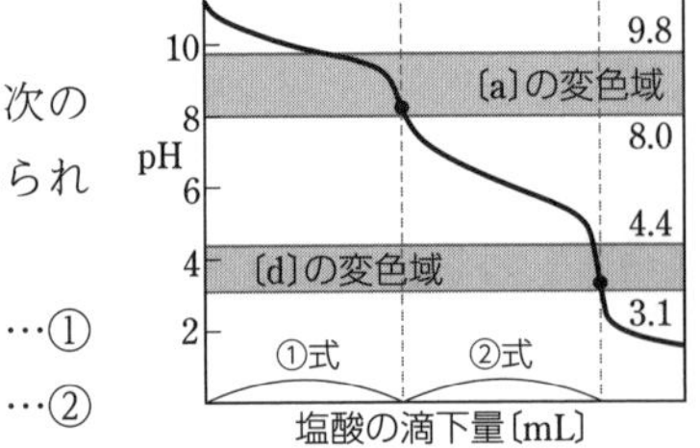

Na_2CO_3 ＋ HCl ⟶ NaCl ＋ $NaHCO_3$　…①

$NaHCO_3$ ＋ HCl ⟶ NaCl ＋ H_2O ＋ CO_2　…②

第1中和点は a〔　　　　〕を指示薬とし，溶液の色が b〔　　〕色から c〔　　〕色へ変化することにより判定する。第2中和点は d〔　　　　〕を指示薬とし，溶液の色が e〔　　〕色から f〔　　〕色に変化することで判定する。

発展　水のイオン積と pH の求め方

① **水のイオン積**　水溶液中の水素イオン濃度と水酸化物イオン濃度には，次の関係が成りたつ。

$K_w=[H^+][OH^-]=1.0\times10^{-14}\ mol^2/L^2$ (25℃)　K_w：水のイオン積

この値は，酸や塩基の水溶液でも，温度が変わらなければ同じである。

② **塩基性水溶液の pH**　水のイオン積を利用すると，$[OH^-]$ から pH を求められる。

例 $[OH^-]=1.0\times10^{-4}$ mol/L の塩基性水溶液 (25℃)

$$[H^+]=\frac{K_w}{[OH^-]}=\frac{1.0\times10^{-14}\ mol^2/L^2}{1.0\times10^{-4}\ mol/L}=1.0\times10^{-10}\ mol/L \qquad pH=10$$

例題 24　水のイオン積と $[H^+]$，$[OH^-]$

➡ 128　解説動画

25℃において，水のイオン積 K_w の値は $1.0\times10^{-14}\ mol^2/L^2$ である。
0.020 mol/L の水酸化ナトリウム水溶液の $[H^+]$ を求めよ。

指針　水のイオン積を利用すると，塩基性水溶液中の $[H^+]$ を求めることができる。

$K_w=[H^+][OH^-]=1.0\times10^{-14}\ mol^2/L^2$ (25℃)

解答　NaOH は 1 価の強塩基であるから，

$[OH^-]=1\times0.020\ mol/L\times1=0.020\ mol/L$

$[H^+][OH^-]=1.0\times10^{-14}\ mol^2/L^2$ より，

$$[H^+]=\frac{1.0\times10^{-14}\ mol^2/L^2}{0.020\ mol/L}$$

$=\mathbf{5.0\times10^{-13}\ mol/L}$ 答

128. 水のイオン積 知　水は $H_2O \rightleftarrows H^+ + OH^-$ のようにごくわずかに電離している。

(1) 25℃での $[H^+]$ と $[OH^-]$ の関係を表す式を記せ。＿＿＿＿

(2) 0.010 mol/L の水酸化カルシウム水溶液 (電離度 1.0) の $[OH^-]$ を求めよ。

＿＿＿＿ mol/L

(3) (2)の水溶液の $[H^+]$ を求めよ。

＿＿＿＿ mol/L

▷ 例題 24

129. 塩基性水溶液の pH 知　25℃で，次の塩基性水溶液の pH を求めよ。

(1) 0.010 mol/L の水酸化ナトリウム水溶液

＿＿＿＿

(2) 0.050 mol/L のアンモニア水 (電離度 0.020)

＿＿＿＿

(3) 0.20 mol/L の水酸化ナトリウム水溶液 500 mL に塩化水素 0.050 mol を吸収させた水溶液

＿＿＿＿

原子量 H=1.0, C=12, O=16, Na=23, Ca=40

リード C

精選した標準問題で学習のポイントを CHECK

130. 酸・塩基の定義と電離度 知 酸，塩基に関する記述として誤りを含むものを2つ選べ。

(ア) 水に溶かすと電離して水酸化物イオン OH^- を生じる物質は塩基である。

(イ) 水素イオン H^+ を受け取る物質は酸である。

(ウ) 水溶液中で，H^+ は水分子と結合して H_3O^+ として存在する。

(エ) 同じモル濃度の酢酸と塩酸では，塩酸のほうが水素イオン濃度は大きい。

(オ) 同じモル濃度の酢酸と塩酸では，中和するのに必要な塩基の物質量は等しい。

(カ) 酢酸水溶液を10倍に薄めても，酢酸の電離度は変化しない。

〔センター試験 改〕 ▶例題18, 101, 105

131. 中和反応の量的関係 知 0.010mol/L のシュウ酸 $(COOH)_2$ 水溶液と濃度未知の塩酸がある。これらの酸それぞれ20mLを，ある濃度の水酸化ナトリウム水溶液で滴定したところ，中和にはそれぞれ5.0mLと15.0mLを要した。

(1) 水酸化ナトリウム水溶液の濃度は何 mol/L か。

mol/L

(2) 塩酸の濃度は何 mol/L か。

mol/L

▶例題19, 116

132. pH の大小 知 次の(ア)~(ウ)の水溶液を pH の小さい順に並べよ。

(ア) 0.01 mol/L の酢酸水溶液（電離度0.04）

(イ) pH=2 の塩酸を水で10倍に薄めた水溶液

(ウ) 0.01 mol/L の塩酸10 mL と0.005 mol/L の水酸化ナトリウム水溶液10 mL の混合溶液（混合の前後で水溶液の体積の総和は変わらない。）

< <

▶例題20, 121

133. 中和滴定 0.10 mol/L の酸AおよびBをホールピペットでそれぞれ10 mL ずつコニカルビーカーにとり，それぞれ 0.10 mol/L 水酸化ナトリウム水溶液をビュレットから滴下し，滴下量と溶液の pH との関係を調べた。

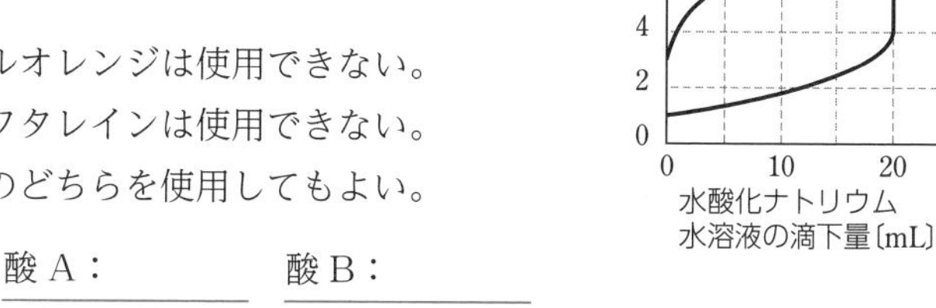

(1) 酸A，Bそれぞれの滴定に使用する指示薬の説明として正しいものを1つずつ選べ。

(ア) フェノールフタレインを使用する。メチルオレンジは使用できない。
(イ) メチルオレンジを使用する。フェノールフタレインは使用できない。
(ウ) フェノールフタレインとメチルオレンジのどちらを使用してもよい。

酸A：＿＿＿＿　酸B：＿＿＿＿

(2) 次のうち，中和滴定の操作として適当でないものを1つ選べ。

(ア) ビュレットを使用する前に，水酸化ナトリウム水溶液で共洗いした。
(イ) ホールピペットを純水で洗い，内壁がぬれたまま，酸の溶液をとった。
(ウ) コニカルビーカーを純水で洗い，内壁がぬれたまま，酸の溶液を入れた。
(エ) ビュレットの目盛りはへこんだ液面の最も低い位置の数値を読んだ。

＿＿＿＿

(3) 酸A，Bとして適当なものを，塩酸，硫酸，酢酸，シュウ酸からそれぞれ選べ。

酸A：＿＿＿＿　酸B：＿＿＿＿

〔センター試験 改〕 ▶123, 124, 例題23, 126

第5章

学習のポイント

リードAに戻って最終CHECK

130. 酸・塩基の定義，電離度と酸・塩基の強弱 ▶1
131. 中和反応の量的関係 $acV = bc'V'$ ▶4
132. 水素イオン濃度の計算 $[H^+] = ac\alpha$ と pH の定義 ▶2
133. 中和滴定に用いる器具とその使用法，滴定曲線の読み方 ▶

の解説動画

第6章 酸化還元反応

リード A

1 酸化と還元

a 酸化と還元

酸化される物質	還元される物質	例
Oを受け取る	Oを失う	$CuO + H_2 \longrightarrow Cu + H_2O$
Hを失う	Hを受け取る	$SO_2 + 2H_2S \longrightarrow 3S + 2H_2O$
電子 e^- を [1]	電子 e^- を [2]	$2Cu \longrightarrow 2Cu^{2+} + 4e^-$ $O_2 + 4e^- \longrightarrow 2O^{2-}$ } $2Cu + O_2 \longrightarrow 2CuO$
酸化数が [3] する	酸化数が [4] する	$2Cu + O_2 \longrightarrow 2CuO$ 0　0　　+2 −2

b 酸化数

物質中の原子1個の酸化の程度を表す数値。物質中の電子を各原子に割り当てたときに各原子のもつ電荷。[1)]

1) 0以外の酸化数には必ず＋，−の符号をつける。

単体中の原子	酸化数＝0	例 Na, Cu, Cl_2, O_2 0 [5] [6] [7]
単原子イオン	酸化数＝イオンの電荷	例 Na^+, Cu^{2+}, Cl^-, O^{2-} +1 +2 [8] [9]
化合物中のH原子とO原子	H原子の酸化数＝+1 O原子の酸化数＝−2 (ただし，例外もある)	例 H_2O, HCl, NH_3, CO_2 +1 −2 +1 [10] [11] 例外 H_2O_2, NaH, CaH_2 [12] [13] [14]
化合物を構成する原子	酸化数の総和＝0	例 CO_2 $(+4)\times1+(-2)\times2=\mathbf{0}$ +4 −2
多原子イオン	酸化数の総和＝多原子イオンの電荷	例 SO_4^{2-} $(+6)\times1+(-2)\times4=\mathbf{-2}$ +6 −2

2 酸化剤と還元剤

酸化剤(相手の物質を酸化する物質)

・相手の物質から電子を奪う。
(はたらきを示す反応式中では，電子が左辺にある(2-b)。)

・自身は [15] される。
(酸化数が [16] する原子を含む。)

← 電子 e^- が移動

還元剤(相手の物質を還元する物質)

・相手の物質に電子を与える。
(はたらきを示す反応式中では，電子が右辺にある(2-b)。)

・自身は [17] される。
(酸化数が [18] する原子を含む。)

a 酸化剤と還元剤の反応

① **酸化還元反応の量的関係**　酸化剤が受け取る電子 e^- の物質量＝還元剤が失う電子 e^- の物質量 のとき，過不足なく反応する。

② **酸化還元滴定**　濃度既知の酸化剤(還元剤)の水溶液を用いて，濃度未知の還元剤(酸化剤)の水溶液の濃度を求める操作。

空欄の解答　1. 失う　2. 受け取る　3. 増加　4. 減少　5. 0　6. 0　7. 0　8. −1　9. −2　10. +1　11. −2　12. −1　13. −1　14. −1　15. 還元　16. 減少　17. 酸化　18. 増加

b 酸化剤・還元剤のはたらき方の例

酸化剤		還元剤	
過マンガン酸カリウム（硫酸酸性）	MnO_4^-（赤紫色）$+8H^++5e^-$ ⟶ 〔1　　〕（無色（淡桃色））$+4H_2O$	硫化水素	H_2S ⟶ 〔9　　〕$+2H^++2e^-$
二クロム酸カリウム（硫酸酸性）	$Cr_2O_7^{2-}$（赤橙色）$+14H^++6e^-$ ⟶ 2〔2　　〕（緑色）$+7H_2O$	シュウ酸	$(COOH)_2$ ⟶ 2〔10　　〕$+2H^++2e^-$
塩素	Cl_2+2e^- ⟶ 2〔3　　〕	ヨウ化カリウム	$2I^-$（無色）⟶ 〔11　　〕（褐色）$+2e^-$
濃硝酸	$HNO_3+H^++e^-$ ⟶ 〔4　　〕$+H_2O$	塩化スズ（Ⅱ）	Sn^{2+} ⟶ 〔12　　〕$+2e^-$
希硝酸	$HNO_3+3H^++3e^-$ ⟶ 〔5　　〕$+2H_2O$	硫酸鉄（Ⅱ）	Fe^{2+} ⟶ 〔13　　〕$+e^-$
熱濃硫酸	$H_2SO_4+2H^++2e^-$ ⟶ 〔6　　〕$+2H_2O$	ナトリウム	Na ⟶ 〔14　　〕$+e^-$
過酸化水素	$H_2O_2+2H^++2e^-$ ⟶ 2〔7　　〕	過酸化水素	H_2O_2 ⟶ 〔15　　〕$+2H^++2e^-$
二酸化硫黄	$SO_2+4H^++4e^-$ ⟶ 〔8　　〕$+2H_2O$	二酸化硫黄	SO_2+2H_2O ⟶ 〔16　　〕$+4H^++2e^-$

補足 H_2O_2 や SO_2 は，反応する相手の物質によって，酸化剤としても還元剤としてもはたらく。
$KMnO_4$ は，中性または塩基性溶液中では MnO_2 に還元される。　$MnO_4^-+2H_2O+3e^-$ ⟶ MnO_2+4OH^-

3 金属の酸化還元反応

a 金属のイオン化傾向[1)]

① **金属のイオン化傾向**　単体の金属原子が水溶液中で陽イオンになろうとする性質。イオン化傾向大＝電子を失いやすい＝酸化されやすい＝還元作用が強い

② **金属のイオン化列**　金属をイオン化傾向の大きなものから順に並べたもの。

金属のイオン化列	Li	K	〔17　〕	Na	Mg[2)]	Al	〔18　〕	Fe	〔19　〕	Sn	Pb	(〔20　〕)	Cu	Hg	〔21　〕	Pt	Au
	イオン化傾向大 ⟷ イオン化傾向小																
空気との反応	常温で速やかに酸化				加熱により酸化		強熱により酸化								反応しない		
水との反応	常温で反応して水素を発生				高温の水蒸気と反応して水素を発生				反応しない								
酸との反応	**塩酸**や**希硫酸**などと反応して水素を発生（生成する $PbCl_2$ や $PbSO_4$ は水に難溶）											**硝酸**，**熱濃硫酸**と反応				**王水**に溶ける	

補足 〔22　〕，〔23　〕，〔24　〕はち密な酸化物の被膜をつくるため（**不動態**），濃硝酸とは反応しにくい。

③ **金属のさび**　金属が酸化され，酸化物・水酸化物・炭酸塩などに変化すること。

④ **めっき**　金属のさびを防ぐために表面を別の金属でおおう方法。

例 〔25　　　〕：鉄 Fe の表面にスズ Sn をめっきしたもの。[3)]
〔26　　　〕：鉄 Fe の表面に亜鉛 Zn をめっきしたもの。[3)]

1) イオン化傾向の大きな金属は，水・空気・酸などと反応しやすい。

2) Mg は熱水と反応して水素を発生する。

3) イオン化傾向 Zn＞Fe＞Sn

空欄の解答 1. Mn^{2+}　2. Cr^{3+}　3. Cl^-　4. NO_2　5. NO　6. SO_2　7. H_2O　8. S　9. S　10. CO_2　11. I_2　12. Sn^{4+}　13. Fe^{3+}　14. Na^+　15. O_2　16. SO_4^{2-}　17. Ca　18. Zn　19. Ni　20. H_2　21. Ag　22. Al　23. Fe　24. Ni　25. ブリキ　26. トタン　（22～24は順不同）

基礎 CHECK

基礎CHECKの確認問題

1. 次の場合，物質は酸化されたか，還元されたか。

(1) 酸素を受け取った　(2) 水素を受け取った

(3) 電子を受け取った　(4) 酸化数が増加した

2. (1) 単体中の原子の酸化数はいくつか。

(2) 化合物中の酸素原子，水素原子の酸化数はふつういくつか。

3. (1) 他の物質を酸化する物質を何というか。

(2) 他の物質を還元する物質を何というか。

4. (1) 酸化剤と還元剤が反応するとき，酸化剤は酸化されるか，還元されるか。

(2) 他の物質に酸素を与えるのは酸化剤・還元剤のどちらか。

(3) 他の物質に電子を与えるのは酸化剤・還元剤のどちらか。

5. I_2 の酸化作用，SO_2 の還元作用を表す次式の（　）を埋めよ。

(1) $I_2 + 2e^- \longrightarrow 2(\quad)$

(2) $SO_2 + 2H_2O \longrightarrow (\quad) + 4H^+ + 2e^-$

6. 金属をイオン化傾向の大きなものから順に並べたものを何というか。

7. 次の各組の金属で，イオン化傾向が大きいのはどちらか。

(1) Cu，Zn　(2) Fe，Pb　(3) Cu，Ag

8. Fe，Mg，Na のうち，常温で水と反応する金属はどれか。

9. Zn，Cu，Fe，Ag，Mg，Au のうち，塩酸や希硫酸には溶けないが，硝酸には溶けるものはどれか。

1. (1)
(2)
(3)
(4)

2. (1)
(2) O：　　H：

3. (1)
(2)

4. (1)
(2)
(3)

5. (1)　(2)

6.

7. (1)　(2)
(3)

8.

9.

解答 **1.** (1) 酸化された (2) 還元された (3) 還元された (4) 酸化された　**2.** (1) 0 (2) O：−2，H：+1
3. (1) 酸化剤 (2) 還元剤　**4.** (1) 還元される (2) 酸化剤 (3) 還元剤　**5.** (1) I^- (2) SO_4^{2-}　**6.** 金属のイオン化列
7. (1) Zn (2) Fe (3) Cu　**8.** Na　**9.** Cu，Ag

基礎ドリル

◆**酸化数**◆ 次の化学式の下線を引いた原子の酸化数を答えよ。

例題 (1) $\underline{C}O_3^{2-}$　(2) $H_2\underline{S}$

解答 (1) CO_3^{2-} 中のOの酸化数は −2。多原子イオンを構成する原子の酸化数の総和はそのイオンの電荷に等しいので，Cの酸化数を x とおくと，

$x\times1+(-2)\times3=-2$　　$x=+4$

(2) H_2S 中のHの酸化数は +1。化合物を構成する原子の酸化数の総和は 0 なので，Sの酸化数を x とおくと，

$(+1)\times2+x\times1=0$　　$x=-2$

(1) $\underline{H}_2$　(2) $\underline{Cu}$　(3) $\underline{Cu}^{2+}$　(4) $\underline{I}^-$　(5) $\underline{S}O_4^{2-}$

(6) $\underline{N}H_4^+$　(7) $\underline{Cr}_2O_7^{2-}$　(8) $\underline{C}O$　(9) $H_2\underline{O}$　(10) $H_2\underline{O}_2$

(11) $\underline{C}H_4$　(12) $K\underline{Cl}$　(13) $\underline{Ca}(OH)_2$　(14) $K\underline{Mn}O_4$　(15) $Na\underline{H}$

例題 25 酸化還元反応

➡ 134, 135

解説動画

酸性の過マンガン酸カリウム水溶液に二酸化硫黄を吹きこんだときの反応について，次の文の（　）に適当な酸化数，数値，語句，化学式を入れよ。

過マンガン酸イオン MnO_4^- 中の Mn の酸化数は（ a ）で，酸性溶液では MnO_4^- 1 個は相手の物質から電子（ b ）個を奪って酸化数（ c ）の Mn^{2+} になる。

$$MnO_4^- + 8H^+ + (\ b\ )e^- \longrightarrow Mn^{2+} + 4H_2O \quad \cdots①$$

一方，二酸化硫黄は，SO_2 分子 1 個が（ d ）個の電子を相手の物質に与えて SO_4^{2-} になる。このとき，SO_2 中の S の酸化数は，（ e ）から（ f ）に変化する。

$$SO_2 + 2H_2O \longrightarrow SO_4^{2-} + 4H^+ + (\ d\ )e^- \quad \cdots②$$

酸化還元反応において，（ g ）剤が失う e^- の数と（ h ）剤が受け取る e^- の数は常に等しいので，①式を（ i ）倍，②式を（ j ）倍して各辺を加えて e^- を消去すると，次のイオン反応式が得られる。

$$(\ k\ )MnO_4^- + (\ l\ )SO_2 + (\ m\ )H_2O \longrightarrow (\ n\ )Mn^{2+} + (\ o\ )SO_4^{2-} + (\ p\ )H^+ \quad \cdots③$$

③式の両辺に変化しなかったイオンの $2K^+$ を加えて整理すると，酸化剤である（ q ）と還元剤である（ r ）の反応の化学反応式が得られる。

$$2KMnO_4 + 5SO_2 + 2H_2O \longrightarrow K_2SO_4 + 2MnSO_4 + 2H_2SO_4$$

指針 **酸化剤**：e^- を他から奪い，酸化数が減少する原子を含む物質
還元剤：e^- を他に与え，酸化数が増加する原子を含む物質
酸化還元反応では，**酸化剤が受け取る e^- の物質量＝還元剤が失う e^- の物質量** となる。e^- を消去してイオン反応式を得る。…③式

解答 (a) +7　(b) 5　(c) +2　(d) 2
(e) +4　(f) +6　(g) 還元　(h) 酸化
(i) 2　(j) 5　(k) 2　(l) 5
(m) 2　(n) 2　(o) 5　(p) 4
(q) $KMnO_4$　(r) SO_2

134. 酸化と還元 考　次の文の〔　〕に適当な語句を入れよ。

酸化や還元の化学反応は，単に酸素原子や水素原子のやりとりによって説明されるだけでなく，[a]〔　　　　〕の授受によって広く定義することができる。

例えば，Cu が CuO となる反応では，Cu が酸素を受け取っているので Cu は [b]〔　　　　〕されている。このとき，$Cu \longrightarrow Cu^{2+} + 2e^-$ と変化して，Cu 原子から〔 a 〕が失われている点に着目して，〔 a 〕が失われる反応を [c]〔　　　　〕，逆に〔 a 〕を得る反応を [d]〔　　　　〕と決めることができる。この定義に従うと，$Cu + Cl_2 \longrightarrow CuCl_2$ の反応では，Cu は [e]〔　　　　〕されている。また，Cl_2 は [f]〔　　　　〕されている。

このように，〔 e 〕と〔 f 〕は同時に起こる。このような〔 a 〕の授受は，酸化数を用いて考えると判断しやすい。酸化数は〔 a 〕を得ると [g]〔　　　　〕し，失うと [h]〔　　　　〕する。つまり，酸化されると酸化数が [i]〔　　　　〕し，還元されると酸化数が [j]〔　　　　〕する。

▶例題 25

135. 酸化，還元の意味 知　次の反応の説明文の〔　〕に適当な語句を入れよ。

(1) $CuO + H_2 \longrightarrow Cu + H_2O$　　CuO はO原子を失うので [a]〔　　　〕されている。

(2) $2H_2S + O_2 \longrightarrow 2H_2O + 2S$　　H_2S は [b]〔　　　　〕を失うので [c]〔　　　〕されている。

(3) $H_2S + Cl_2 \longrightarrow 2HCl + S$　　Cl_2 は〔 b 〕を受け取るので [d]〔　　　〕されている。

(4) $2Mg + O_2 \longrightarrow 2MgO$　　O_2 は [e]〔　　　〕を受け取るので [f]〔　　　〕されている。

(5) $Mg + Cl_2 \longrightarrow MgCl_2$　　Mg は〔 e 〕を失うので [g]〔　　　〕されている。

(6) $SO_2 + 2HNO_3 \longrightarrow H_2SO_4 + 2NO_2$　　S の [h]〔　　　　〕は増加し，N の〔 h 〕は減少するので，SO_2 は [i]〔　　　〕され，HNO_3 は [j]〔　　　〕されている。

▶例題25

136. 酸化数の変化 知　次の酸化還元反応で，下線を付した原子の酸化数が反応の前後で最も大きく変化するのはどれか。

(ア) $4\underline{N}H_3 + 5O_2 \longrightarrow 4\underline{N}O + 6H_2O$

(イ) $2K\underline{Cl}O_3 \longrightarrow 2K\underline{Cl} + 3O_2$

(ウ) $2K\underline{Mn}O_4 + 5H_2O_2 + 3H_2SO_4 \longrightarrow K_2SO_4 + 2\underline{Mn}SO_4 + 5O_2 + 8H_2O$

(エ) $Cu + 2H_2\underline{S}O_4 \longrightarrow CuSO_4 + 2H_2O + \underline{S}O_2$

(オ) $SO_2 + 2H_2O + \underline{Cl}_2 \longrightarrow H_2SO_4 + 2H\underline{Cl}$

＿＿＿＿

137. 酸化還元反応 知　次の化学反応が酸化還元反応であれば，酸化剤と還元剤を答えよ。酸化還元反応でないものは×と答えよ。

(a) $MnO_2 + 4HCl \longrightarrow MnCl_2 + 2H_2O + Cl_2$

酸化剤：　　　　還元剤：

(b) $HCl + NaOH \longrightarrow NaCl + H_2O$

(c) $I_2 + SO_2 + 2H_2O \longrightarrow 2HI + H_2SO_4$

(d) $2FeCl_3 + SnCl_2 \longrightarrow 2FeCl_2 + SnCl_4$

138. 酸化力の比較 知　次の(a)～(c)の反応を参考にして，Cl_2，Br_2，I_2 を酸化力の強い順に並べよ。なお，(a)～(c)それぞれの逆向きの反応は起こらない。

(a) $2I^- + Cl_2 \longrightarrow 2Cl^- + I_2$

(b) $2I^- + Br_2 \longrightarrow 2Br^- + I_2$

(c) $2Br^- + Cl_2 \longrightarrow 2Cl^- + Br_2$

　　　＞　　　＞　　　

139. 酸化剤・還元剤のはたらきを示す反応式 知　下線を付した原子の反応前後の酸化数を（反応前の酸化数 → 反応後の酸化数）という形で書き，酸性溶液中でのそれぞれの反応を e^- を含むイオン反応式で表せ。

例 $(\underline{C}OOH)_2$ が $\underline{C}O_2$ になる反応　（+3 → +4）　$(COOH)_2 \longrightarrow 2CO_2 + 2H^+ + 2e^-$

(1) $\underline{Mn}O_4^-$ が $\underline{Mn}^{2+}$ になる反応

（　　→　　）

(2) $H\underline{N}O_3$ が $\underline{N}O_2$ になる反応

（　　→　　）

(3) $\underline{S}O_2$ が $\underline{S}O_4^{2-}$ になる反応

（　　→　　）

(4) $H_2\underline{S}O_4$ が $\underline{S}O_2$ になる反応

（　　→　　）

(5) $\underline{Fe}$ が $\underline{Fe}^{2+}$ になる反応

（　　→　　）

(6) $\underline{Cr}_2O_7^{2-}$ が $\underline{Cr}^{3+}$ になる反応

（　　→　　）

140. 希硝酸の反応 知

(1) 銅に希硝酸を加えると，それぞれの物質は次のように反応する。〔　〕を埋めて反応式を完成させよ。

HNO_3 + 〔　　〕H^+ + 〔　　〕e^- ⟶ 〔　　　〕 + 〔　　〕H_2O

Cu ⟶ Cu^{2+} + 〔　　〕e^-

(2) 銅と希硝酸の反応をイオン反応式で表せ。

(3) 銅と希硝酸の反応を化学反応式で表せ。

第6章

141. 二クロム酸カリウムとシュウ酸の反応 知 硫酸酸性の二クロム酸カリウム水溶液とシュウ酸水溶液を混合すると，それぞれ次のように反応する。

$Cr_2O_7^{2-}$ ＋〔　　〕H^+ ＋〔　　〕e^- ⟶ 2Cr^{3+} ＋〔　　〕H_2O

$(COOH)_2$ ⟶ 2CO_2 ＋〔　　〕H^+ ＋〔　　〕e^-

(1) 上式の〔　〕を埋めて二クロム酸カリウムとシュウ酸のはたらきを示すそれぞれの式を完成させよ。

(2) 二クロム酸カリウムとシュウ酸の反応をイオン反応式で表せ。

(3) 硫酸酸性の二クロム酸カリウム水溶液とシュウ酸水溶液の反応を化学反応式で表せ。

142. SO_2 と H_2O_2 思 二酸化硫黄や過酸化水素は酸化剤としても還元剤としてもはたらく。次の式は二酸化硫黄と過酸化水素の酸化剤や還元剤としてのはたらきを示す反応式である。

SO_2 ＋ 4H^+ ＋ [a]〔　　〕e^- ⟶ S ＋ 2H_2O　…①

SO_2 ＋ 2H_2O ⟶ SO_4^{2-} ＋ 4H^+ ＋ [b]〔　　〕e^-　…②

H_2O_2 ＋ 2H^+ ＋ [c]〔　　〕e^- ⟶ 2H_2O　…③

H_2O_2 ⟶ O_2 ＋ 2H^+ ＋ [d]〔　　〕e^-　…④

(1) 上の反応式中の〔　〕に適当な数字を記せ。

(2) 過酸化水素水に二酸化硫黄を通したときに起こる反応を化学反応式で表せ。ただし，このとき，過酸化水素が酸化剤，二酸化硫黄が還元剤としてはたらく。

(3) 二酸化硫黄の水溶液に硫化水素を通したときに起こる反応を化学反応式で表せ。ただし，このとき，硫化水素は次のように反応する。

H_2S ⟶ S ＋ 2H^+ ＋ 2e^-

143. 酸化剤・還元剤の色の変化 知 次の変化が水溶液中で起こるとき，水溶液の色はどのように変化すると考えられるか。ただし，水溶液を呈色させるのは与えられた物質のみであるとする。

(1) MnO_4^- ⟶ Mn^{2+}　　→

(2) $Cr_2O_7^{2-}$ ⟶ 2Cr^{3+}　　→

(3) 2I^- ⟶ I_2（KI 水溶液中）　　→

(4) 2I^- ⟶ I_2（デンプン水溶液中）　　→

例題 26 酸化還元滴定

➡ 144, 145

解説動画

濃度が未知の過酸化水素水 20.0 mL に硫酸を加えて酸性にしたのち，0.0400 mol/L の過マンガン酸カリウム水溶液で滴定したところ，10.0 mL を加えたところで反応が終了した。

このとき，過酸化水素および過マンガン酸カリウムは次のようにはたらいている。

$H_2O_2 \longrightarrow O_2 + 2H^+ + 2e^-$　…①

$MnO_4^- + 8H^+ + 5e^- \longrightarrow Mn^{2+} + 4H_2O$　…②

(1) ①式，②式より，この反応をイオン反応式で表せ。

(2) 過マンガン酸カリウム 1.0 mol と過不足なく反応する過酸化水素は何 mol か。

(3) 過酸化水素水の濃度は何 mol/L か。

(4) この実験では，褐色のビュレットを用いる。その理由を答えよ。

(5) 反応の終点はどのようにして判断するか，説明せよ。

過マンガン酸カリウム水溶液
褐色のビュレット
濃度未知の過酸化水素水

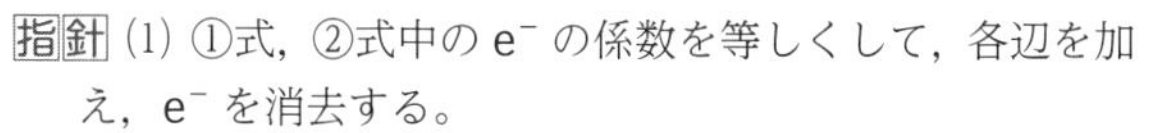

指針 (1) ①式，②式中の e^- の係数を等しくして，各辺を加え，e^- を消去する。

(2) (1)で求めたイオン反応式の係数の比から求める。

(3) $KMnO_4$ と H_2O_2 の物質量をもとに等式を立てる。

解答 (1) ①式×5＋②式×2 より，

$$
\begin{array}{lrl}
 & 5H_2O_2 & \longrightarrow 5O_2 + 10H^+ + 10e^- \\
+) & 2MnO_4^- + 16H^+ + 10e^- & \longrightarrow 2Mn^{2+} + 8H_2O \\
\hline
 & 2MnO_4^- + 5H_2O_2 + 6H^+ & \longrightarrow 2Mn^{2+} + 5O_2 + 8H_2O
\end{array}
$$
答

(2) 酸化剤と還元剤が過不足なく反応するとき，

($KMnO_4$ の物質量)：(H_2O_2 の物質量)＝2：5

$1.0\,\mathrm{mol} \times \dfrac{5}{2} = \mathbf{2.5\,mol}$ 答

(3) H_2O_2 水の濃度を x [mol/L] とすると，

$$\underbrace{0.0400\,\mathrm{mol/L} \times \frac{10.0}{1000}\,\mathrm{L}}_{KMnO_4\text{ の物質量}} \times \underbrace{\frac{5}{2}}_{\text{係数の比}} = \underbrace{x\,[\mathrm{mol/L}] \times \frac{20.0}{1000}\,\mathrm{L}}_{H_2O_2\text{ の物質量}}$$

$x = \mathbf{0.0500\,mol/L}$ 答

別解 酸化剤と還元剤が過不足なく反応するとき，

酸化剤が受け取る e^- の物質量
＝還元剤が失う e^- の物質量

の関係が成りたつので，H_2O_2 水の濃度を x [mol/L] とすると，

$$\underbrace{0.0400\,\mathrm{mol/L} \times \frac{10.0}{1000}\,\mathrm{L} \times 5}_{KMnO_4\text{ が受け取る }e^-\text{ の物質量}}$$

$$= \underbrace{x\,[\mathrm{mol/L}] \times \frac{20.0}{1000}\,\mathrm{L} \times 2}_{H_2O_2\text{ が失う }e^-\text{ の物質量}}$$

$x = \mathbf{0.0500\,mol/L}$ 答

(4) 過マンガン酸カリウムが，光によって分解されやすいから。

(5) MnO_4^- の赤紫色が消えず，わずかに残るようになったときが終点である。

144. **Fe^{2+} の定量** 知　硫酸鉄（Ⅱ）水溶液 25.0 mL を硫酸酸性にしたのちに，0.020 mol/L の過マンガン酸カリウム水溶液を滴下したところ，次の反応が起こり，20.0 mL を加えたときに終点に達した。

$MnO_4^- + 8H^+ +$ a[　　　] $\longrightarrow Mn^{2+} + 4H_2O$　…①

$Fe^{2+} \longrightarrow$ b[　　　] ＋ c[　　　]　…②

(1) 上式の［　］を埋めよ。

(2) 硫酸鉄（Ⅱ）と過マンガン酸カリウムの反応をイオン反応式で表せ。

(3) 硫酸鉄（Ⅱ）水溶液の濃度は何 mol/L か。

mol/L

▶ 例題 26

の解説動画

第6章

145. **H_2O_2 の濃度** 知 ある濃度の過酸化水素水を器具(a)と器具(b)を用いて 20.0 倍に薄めたのち，新しい器具(b)で 10.0 mL をとり，硫酸を加えて酸性にしてから 0.0200 mol/L の過マンガン酸カリウム水溶液を滴下したところ，9.12 mL で反応が完結した。この実験について，次の問いに答えよ。

(1) 過酸化水素の反応を e^- を含むイオン反応式で表せ。

(2) 過マンガン酸カリウムの反応を e^- を含むイオン反応式で表せ。

(3) 器具(a)，(b)の名称を記せ。 (a) (b)

(4) 滴定の終点はどのように判断するか。

(5) 薄める前の過酸化水素水の濃度は何 mol/L か。

mol/L

▶例題 26

146. **$KMnO_4$ の濃度** 考 0.0500 mol/L のシュウ酸標準液 20.0 mL をとり，適当量の希硫酸を加えたのち 60°C 前後に温め，過マンガン酸カリウム水溶液を滴下したところ，16.0 mL 加えたところで過マンガン酸イオンの色が消えずに残った。この実験について，次の問いに答えよ。

(1) シュウ酸の反応を e^- を含むイオン反応式で表せ。

(2) 過マンガン酸カリウム水溶液の濃度は何 mol/L か。

mol/L

(3) 下線部の操作で希硫酸のかわりに硝酸を用いることはできない。その理由を，酸化あるいは還元という言葉を用いて簡単に説明せよ。

147. ヨウ素滴定 考　ある濃度のヨウ素溶液（ヨウ化カリウムを含むヨウ素の水溶液）10.0 mL を 0.0100 mol/L のチオ硫酸ナトリウム $Na_2S_2O_3$ 水溶液で滴定したところ，2.00 mL を要した。ただし，ヨウ素とチオ硫酸ナトリウムの反応は，それぞれ次のイオン反応式で表される。

$I_2 + 2e^- \longrightarrow 2I^-$

$2S_2O_3^{2-} \longrightarrow S_4O_6^{2-} + 2e^-$

(1) この滴定の反応をイオン反応式で表せ。

(2) この滴定では，指示薬としてデンプン溶液を用いる。反応溶液の色がどのように変化するときを終点とするか。

(3) ヨウ素溶液の濃度は何 mol/L か。

mol/L

▶143

例題 27 金属のイオン化傾向

➡148～151

解説動画

次の(1)～(4)の記述に示された2種の金属 A，B のイオン化傾向は，それぞれどちらが大きいと考えられるか。

(1) Aのイオンを含む水溶液にBの単体を入れると，A の単体が生じる。

(2) Aは常温の水と反応して水素を発生するが，B は常温の水とは反応しない。

(3) Aの酸化物はBの単体によって還元される。

(4) 乾燥空気中に放置すると，A は酸化されるが，B は酸化されない。

指針 イオン化傾向の大きい金属はイオンや化合物になりやすく，イオン化傾向の小さい金属のイオンや化合物は単体になりやすい。
イオン化傾向が大きい＝電子を失いやすい＝酸化されやすい＝還元作用が強い

解答 (1) B　(2) A　(3) B　(4) A

148. 金属の単体の反応性 知　次の文の〔　〕に適当な語句，物質名を入れよ。

金属の単体は，水溶液中で陽イオンになろうとする傾向がある。これを金属の a〔　　〕といい，白金，鉛，カルシウム，亜鉛，銅，銀，ナトリウム，鉄をこの傾向の大きいものから順に並べると，
b〔　　〕> c〔　　〕> d〔　　〕> e〔　　〕>
f〔　　〕> g〔　　〕> h〔　　〕> i〔　　〕になる。

▶例題27

の解説動画

149. 金属の反応性 知 次の文の〔 〕に適当な語句，物質名，イオン反応式を入れよ。

硝酸銀水溶液に銅板を浸すと，銅板の表面が灰色に変わる。これは銅の a〔　　　　〕が銀のそれよりも大きいため，水溶液中の銀イオンが銅から b〔　　　　〕を受け取り，銅板上に銀が析出したのであり，この変化はイオン反応式で c〔　　　　〕と表される。また，亜鉛は塩酸と反応して d〔　　　　〕を発生するが，これは亜鉛の〔 a 〕が〔 d 〕よりも大きいためであり，〔 d 〕より〔 a 〕が小さい銅や銀は塩酸と反応しない。その一方で，アルミニウム，鉄，ニッケルは〔 d 〕よりも〔 a 〕が大きいにもかかわらず，濃硝酸には溶解しない。これは，これらの金属が濃硝酸と反応して表面にち密な酸化被膜をつくるためであり，このような金属の状態を e〔　　　　〕という。

▶例題27

150. 金属のイオン化傾向 知 次の(a)~(f)の塩の水溶液に（ ）内の物質を入れた。（ ）内の物質が溶けるものには○，溶けないものには×と答えよ。溶ける場合には，起こる反応をそれぞれイオン反応式で表せ。

(a) 硫酸銅（Ⅱ）（亜鉛）

〔　　〕 反応式：

(b) 硝酸銀（鉄）

〔　　〕 反応式：

(c) 硫酸亜鉛（鉛）

〔　　〕 反応式：

(d) 塩化ナトリウム（白金）

〔　　〕 反応式：

(e) 硝酸銀（銅）

〔　　〕 反応式：

(f) 塩化カルシウム（銀）

〔　　〕 反応式：

▶例題27

151. 金属のイオン化傾向 考 4種類の金属A，B，CおよびDがある。次の実験結果より，A，B，CおよびDのイオン化傾向を予想し，大きい順に書け。

(a) AとDは塩酸と反応して水素を発生したが，Cは塩酸とは反応しなかった。

(b) Dの硫酸塩の水溶液にAの板を入れたら，Aの表面にDが析出した。

(c) Bだけは常温で水と激しく反応した。

　　＞　　＞　　＞

▶例題27

CLEAR 精選した標準問題で学習のポイントをCHECK

152. 還元剤の反応 知 下線で示す物質が還元剤としてはたらいている反応は次のうちどれか。

(ア) $2\underline{H_2O} + 2K \longrightarrow 2KOH + H_2$　(イ) $\underline{Cl_2} + 2KBr \longrightarrow 2KCl + Br_2$

(ウ) $\underline{H_2O_2} + 2KI + H_2SO_4 \longrightarrow 2H_2O + I_2 + K_2SO_4$　(エ) $\underline{H_2O_2} + SO_2 \longrightarrow H_2SO_4$

(オ) $\underline{SO_2} + Br_2 + 2H_2O \longrightarrow H_2SO_4 + 2HBr$　(カ) $\underline{SO_2} + 2H_2S \longrightarrow 3S + 2H_2O$　＿＿＿＿

〔センター試験〕 ▶136, 142

153. 酸化還元反応 知 次の文の〔　〕に適当な化学反応式の一部と語句を入れよ。

オゾン O_3 は強い酸化作用を示す。中性溶液中での O_3 の酸化剤としてのはたらきを示す反応式は，次のように表される。

$O_3 + H_2O + 2e^- \longrightarrow O_2 + 2OH^-$

また，ヨウ化カリウムの水溶液に O_3 を通じると，次の反応が起こる。

$2KI + O_3 + H_2O \longrightarrow$ a〔　　　　　　　　〕

このため，水でぬらしたヨウ化カリウムデンプン紙を O_3 にさらすと，紙が b〔　　　　〕色に変色する。

〔センター試験 改〕 ▶140, 141, 143

154. 過酸化水素水の濃度 知 硫酸酸性水溶液における過マンガン酸カリウム $KMnO_4$ と過酸化水素 H_2O_2 の反応は，次のように表される。

$2KMnO_4 + 5H_2O_2 + 3H_2SO_4 \longrightarrow 2MnSO_4 + 5O_2 + 8H_2O + K_2SO_4$

濃度未知の過酸化水素水 10.0 mL を蒸留水で希釈したのち，希硫酸を加えて酸性とした。これを 0.100 mol/L $KMnO_4$ 水溶液で滴定したところ，20.0 mL 加えたときに赤紫色が消えなくなった。希釈前の過酸化水素水の濃度は何 mol/L か。

＿＿＿＿＿ mol/L

〔センター試験〕 ▶例題26, 145

155. 金属の推定 考 A～Fは，亜鉛，銀，鉄，銅，ナトリウム，鉛のいずれかである。A～Fがそれぞれどの金属に該当するかを推定し，元素記号で答えよ。

(1) A，C，F は希塩酸に溶けて水素を発生するが，B，D，E は塩酸に溶けない。E が塩酸に溶けない理由は，生成した塩化物が水に溶けず，金属表面をおおうためである。また，A，B，C，D，E は濃硝酸に溶けるが，F は濃硝酸に溶けない。
(2) Cは常温で水と激しく反応して水素を発生する。
(3) BとDを空気中で強熱すると，B は表面が酸化されるがDは酸化されない。
(4) Eの陽イオンを含む水溶液にAを浸すと，A の表面にEが樹枝状に析出する。
(5) FをAでめっきしたものは，傷がついてFが露出しても，F が単独の場合よりもさびにくい。

A：＿＿　B：＿＿　C：＿＿　D：＿＿　E：＿＿　F：＿＿

▶例題27, 148～151

学習のポイント　リードAに戻って最終CHECK

152. 酸化数の変化と酸化と還元の定義 ▶1
153. 酸化剤と還元剤の反応式と，酸化還元反応を表す式をつくる ▶2
154. 酸化還元反応の量的関係と，滴定に用いる試薬の色の変化 ▶2
155. 金属のイオン化傾向と反応性 ▶3

の解説動画

第7章 電池と電気分解 リードA

1 電池

a 電池のしくみ

① **電池** 2種類の金属M_1, M_2(イオン化傾向$M_1>M_2$)を電解質水溶液に入れて導線でつなぐと, M_2(正極)からM_1(負極)に電流が流れる。

② **負極と正極** 導線に向かって電子が流れ出る電極を[1], 導線から電子が流れこむ電極を[2]という。

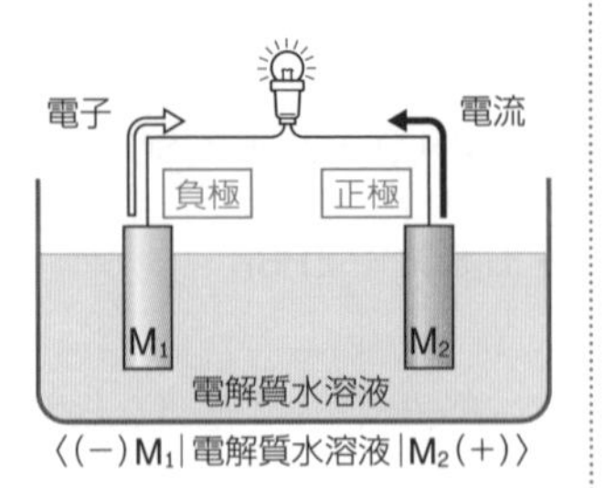

〈(−)M_1|電解質水溶液|M_2(+)〉

③ **起電力** 正極と負極の間に生じる電位差(電圧)。

b 実用電池

① **一次電池** 放電後, 充電による再使用ができない電池。

② **二次電池(蓄電池)** 充電により, くり返し使うことができる電池。

分類	名称	負極活物質	電解質	正極活物質	起電力	用途の例
一次電池	マンガン乾電池	Zn	$ZnCl_2$	MnO_2	1.5 V	懐中電灯, リモコン
	アルカリマンガン乾電池	Zn	KOH	MnO_2	1.5 V	
	リチウム電池	Li	Li 塩	MnO_2	3.0 V	火災報知器
二次電池	鉛蓄電池	[3]	H_2SO_4	[4]	2.0 V	自動車のバッテリー
	リチウムイオン電池	C_6Li_x	Li 塩	$Li_{(1-x)}CoO_2$	4.0 V	スマートフォン, 電気自動車
	燃料電池(リン酸形)	[5]	H_3PO_4	[6]	1.2 V	家庭用電源, 自動車

c 電池の反応

種類	構造	負極(酸化反応)	正極(還元反応)
[7]電池	(−)Zn|H_2SO_4 aq|Cu(+)	$Zn \longrightarrow Zn^{2+}+2e^-$	$2H^++2e^- \longrightarrow H_2$
[8]電池	(−)Zn|$ZnSO_4$ aq|$CuSO_4$ aq|Cu(+)	$Zn \longrightarrow Zn^{2+}+2e^-$	$Cu^{2+}+2e^- \longrightarrow Cu$
❖[9]電池 (⟶ 放電 / ⟵ 充電)	(−)Pb|H_2SO_4 aq|PbO_2(+)	$Pb+SO_4^{2-} \rightleftarrows PbSO_4+2e^-$	$PbO_2+4H^++SO_4^{2-}+2e^- \rightleftarrows PbSO_4+2H_2O$
		$Pb+PbO_2+2H_2SO_4 \rightleftarrows 2PbSO_4+2H_2O$	
❖[10]電池 (リン酸形)	(−)H_2|H_3PO_4 aq|O_2(+)	$H_2 \longrightarrow 2H^++2e^-$	$O_2+4H^++4e^- \longrightarrow 2H_2O$
		$2H_2+O_2 \longrightarrow 2H_2O$	

❖2 電気分解

a 電気分解のしくみ

① **電気分解** 電解質水溶液や融解塩に2本の電極を入れ, これに直流電流を通じて酸化還元反応を起こす操作。

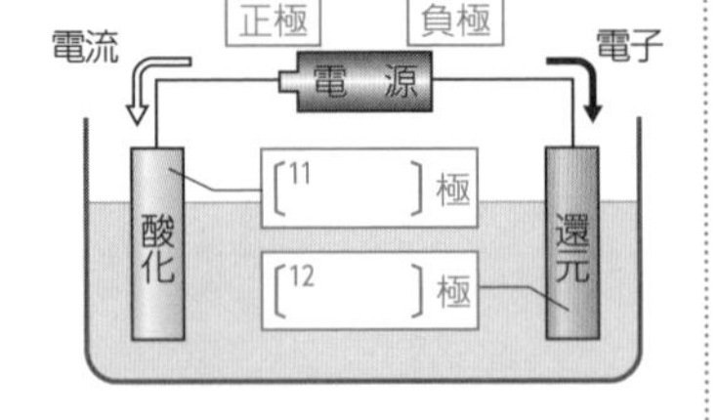

② **陽極と陰極** 電源の正極に接続し, 物質が電子を失う(酸化される)電極を **陽極**, 電源の負極に接続し, 物質が電子を受け取る(還元される)電極を **陰極** という。

空欄の解答 1. 負極 2. 正極 3. Pb 4. PbO_2 5. H_2 6. O_2 7. ボルタ 8. ダニエル 9. 鉛蓄 10. 燃料 11. 陽 12. 陰

b 水溶液の電気分解

電極	極板	水溶液中のイオン	反応	
陰極	Pt, C, Cu, Ag	イオン化傾向が小さい金属の陽イオン(Ag^+, Cu^{2+} など)	$Ag^+ + e^- \longrightarrow Ag$	金属が析出
			$Cu^{2+} + 2e^- \longrightarrow Cu$	
		H^+ (酸の水溶液)	$2H^+ + 2e^- \longrightarrow$ [1 　]	H_2 が発生
		それ以外の陽イオン	$2H_2O + 2e^- \longrightarrow$ [2 　] $+ 2OH^-$ (溶媒の水分子が還元される)	
陽極	Pt, C	Cl^-, I^- などのハロゲン化物イオン	$2Cl^- \longrightarrow Cl_2 + 2e^-$	ハロゲンが生成
			$2I^- \longrightarrow I_2 + 2e^-$	
		OH^- (塩基の水溶液)	$4OH^- \longrightarrow 2H_2O +$ [3 　] $+ 4e^-$	O_2 が発生
		それ以外の陰イオン	$2H_2O \longrightarrow$ [4 　] $+ 4H^+ + 4e^-$ (溶媒の水分子が酸化される)	
	Cu, Ag	イオンの種類によらない。	$Cu \longrightarrow Cu^{2+} + 2e^-$	電極が溶解
			$Ag \longrightarrow Ag^+ + e^-$	

c 電気分解の量的関係

① **電気量** 1A(アンペア)の電流が1s(秒)間に運ぶ電気量は1C(クーロン)である。

Q 〔C〕$= i$〔A〕$\times t$〔s〕
電気量　電流　時間〔秒〕

② **ファラデーの法則** 電極で変化する物質の物質量は，流れた電気量に[5 　]する。

③ [6 　] 電子1mol当たりの電気量の絶対値。
9.65×10^4 C/mol

3 金属の製錬

① **製錬** 金属の酸化物や硫化物などの鉱石を還元し，単体の金属を取り出す操作。

② **鉄の製錬** 鉄鉱石を溶鉱炉中でコークスを用いて還元して，**銑鉄** を得る。

$2C + O_2 \longrightarrow 2CO$　　$Fe_2O_3 + 3CO \longrightarrow 2Fe + 3CO_2$

転炉中で，得られた銑鉄(炭素を約4%含む)に酸素を吹きこみ，炭素分を減らすと **鋼**(こう) が得られる。

③ **銅の製錬** 銅鉱石に石灰石や空気を作用させて強熱することで，**粗銅**(Cu 99%程度)を得る。粗銅を陽極，純銅を陰極にして硫酸酸性の硫酸銅(Ⅱ) $CuSO_4$ 水溶液を電気分解して，**純銅**(Cu 99.99%以上)を得る。[1)]

補足 電気分解を利用してより純度の高い金属を得る操作を，[7 　]という。

④ **アルミニウムの製錬** [8 　]をNaOHなどで処理して[9 　] Al_2O_3 を得る。融解した[10 　] Na_3AlF_6 に Al_2O_3 を加えて融解し，炭素電極を用いて電気分解する。[2)]

補足 金属の塩や酸化物を融解して(水を含まない状態で)電気分解することを，[11 　]という。

1) 〔陽極〕 $Cu \longrightarrow Cu^{2+} + 2e^-$
〔陰極〕 $Cu^{2+} + 2e^- \longrightarrow Cu$

2) 〔陽極〕 $C + O^{2-} \longrightarrow CO + 2e^-$
(または，$C + 2O^{2-} \longrightarrow CO_2 + 4e^-$)
〔陰極〕 $Al^{3+} + 3e^- \longrightarrow Al$

空欄の解答 1. H_2　2. H_2　3. O_2　4. O_2　5. 比例　6. ファラデー定数　7. 電解精錬　8. ボーキサイト　9. 酸化アルミニウム(アルミナ)　10. 氷晶石　11. 溶融塩電解(融解塩電解)

原子量 H=1.0，O=16，Na=23，Al=27，S=32，Cl=35.5，Fe=56，Cu=64，Zn=65，Ag=108，Pb=207

リード B

基礎CHECK

基礎CHECKの確認問題

1. 次の記述に当てはまる語句を(ア)～(エ)から選べ。
(1) 電池で導線に向かって電子が流れ出る電極
(2) 電池で導線から電子が流れこむ電極
(ア) 陽極　(イ) 正極　(ウ) 陰極　(エ) 負極

2. (1) **1**(1)の電極で起こる反応は，酸化，還元のどちらか。
(2) **1**(2)の電極で起こる反応は，酸化，還元のどちらか。

3. (1) 充電により，くり返し使える電池を何というか。
(2) 充電による再使用ができない電池を何というか。

4. (1) 鉛蓄電池の正極，負極に用いる物質はそれぞれ何か。
(2) 鉛蓄電池の電解質水溶液は何か。

5. 次式で表される電池の名称を答えよ。
$(-)Zn|ZnSO_4\,aq|CuSO_4\,aq|Cu(+)$

❖**6.** 燃料電池（リン酸形）全体で起こる反応を化学反応式で表せ。

❖**7.** (1) 電気分解で，電源の正極につないだ電極を何というか。また，その電極で起こる反応は酸化，還元のどちらか。
(2) 電気分解で，電源の負極につないだ電極を何というか。また，その電極で起こる反応は酸化，還元のどちらか。

❖**8.** 白金電極を用いて次の水溶液を電気分解するとき，陽極・陰極で生じる気体や金属をそれぞれ化学式で記せ。
(1) 水酸化ナトリウム水溶液
(2) 塩化銅（Ⅱ）水溶液

❖**9.** 2 A の電流が 3 秒間流れたときの電気量は何 C か。

❖**10.** 電子 1 mol 当たりの電気量の絶対値 9.65×10^4 C/mol を何というか。

❖**11.** (1) 10.0 A の電流が 965 秒間流れたときの電気量は何 C か。
(2) (1)の電気量で $AgNO_3$ 水溶液を電気分解したときに析出する銀は何 g か（反応式は，$Ag^+ + e^- \longrightarrow Ag$）。
Ag=108，ファラデー定数=9.65×10^4 C/mol とする。

12. 金属の鉱石から金属の単体を取り出すことを何というか。

13. 鉄の製錬で，溶鉱炉から得られる炭素を約 4 % 含んだ鉄を何というか。また，この鉄から炭素分を減らしたものを何というか。

14. 粗銅から純銅を得るときに行われる電気分解の操作を特に何というか。

15. 融解した氷晶石に溶かしたアルミナからアルミニウムの単体を得るときの電気分解の操作を特に何というか。

1. (1)
(2)
2. (1)
(2)
3. (1)
(2)
4. (1) 正極：
負極：
(2)
5.
6.
7. (1)
(2)
8. (1) 陽極：
陰極：
(2) 陽極：
陰極：
9. C
10.
11. (1) C
(2) g
12.
13.
14.
15.

解答 1. (1) エ (2) イ　2. (1) 酸化 (2) 還元　3. (1) 二次電池（蓄電池） (2) 一次電池
4. (1) 正極：酸化鉛（Ⅳ） 負極：鉛 (2) (希)硫酸　5. ダニエル電池　6. $2H_2+O_2 \longrightarrow 2H_2O$
7. (1) 陽極，酸化 (2) 陰極，還元　8. (1) 陽極：O_2 陰極：H_2 (2) 陽極：Cl_2 陰極：Cu
9. 2A×3s=6A·s=**6C**　10. ファラデー定数　11. (1) 9.65×10^3 C (2) $108\ \text{g/mol}\times\dfrac{9.65\times10^3\ \text{C}}{9.65\times10^4\ \text{C/mol}}=\mathbf{10.8\ g}$
12. 製錬　13. 銑鉄，鋼　14. 電解精錬　15. 溶融塩電解（融解塩電解）

Let's Try!

例題 28 金属のイオン化傾向と電池

➡ 156, 157

解説動画

次の文の（　）に適当な語句を入れよ。

（ a ）反応により発生する化学エネルギーを，直流の電気エネルギーとして取り出す装置のことを（ b ）という。

２種類の金属を導線で結んで電解質の水溶液に浸すと（ b ）ができる。このとき，２種類の金属を電池の電極といい，導線に向かって電子が流れ出る電極を（ c ）極，導線から電子が流れこむ電極を（ d ）極という。

（ b ）では，イオン化傾向の大きいほうの金属が（ e ）極，小さいほうの金属が（ f ）極になり，負極では（ g ）反応が，正極では（ h ）反応が起こる。

指針

〈電池〉
〔負極〕：イオン化傾向の大きいほうの金属。電子を放出する反応が起こる。　…酸化反応
〔正極〕：イオン化傾向の小さいほうの金属。電子を受け取る反応が起こる。　…還元反応

解答 (a) 酸化還元（化学）　(b) 電池　(c) 負　(d) 正　(e) 負　(f) 正　(g) 酸化　(h) 還元

156. 電池 知

次の文の〔　〕に適当な語句，イオン反応式を入れよ。

図のように希硫酸に亜鉛板と銅板を浸した電池を [a]〔　　　　〕電池という。この電池がはたらくとき，亜鉛板は [b]〔　　〕極となり，[c]〔　　　〕反応が起こる。また，銅板は [d]〔　　〕極となり，[e]〔　　　〕反応が起こる。負極の反応をイオン反応式で表すと，[f]〔　　　　　　　　　〕となる。

▷例題 28

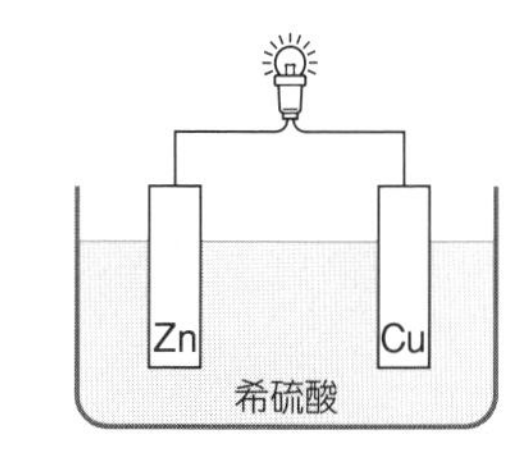

157. 亜鉛と銅を用いた電池 知

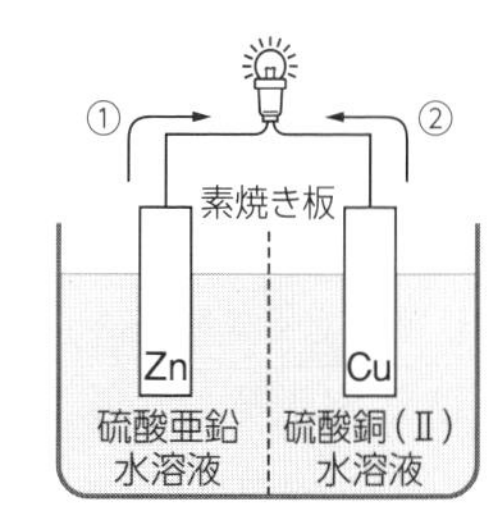

(1) 右図の構造の電池を何というか。　＿＿＿＿＿＿

(2) 亜鉛板と銅板を導線でつないだとき，両極板で起こる変化をそれぞれ e^- を含むイオン反応式で表せ。

亜鉛板：＿＿＿＿＿＿

銅板　：＿＿＿＿＿＿

(3) 正極は亜鉛板か，銅板か。　＿＿＿＿＿＿

(4) 導線中の (a) 電子　(b) 電流 の流れる方向は，それぞれ図中の①，②のどちらか。

(a)＿＿＿＿　(b)＿＿＿＿

(5) この電池をなるべく長時間放電させるには，硫酸亜鉛水溶液および硫酸銅（Ⅱ）水溶液の濃度をはじめにどのようにしておくのがよいか。

＿＿＿＿＿＿＿＿＿＿＿＿

❖(6) 導線を流れる電子は，溶け出す亜鉛 1 mol 当たり何 mol か。また，電気量は何Cか。

mol,　　　　　　C

▷例題 28

原子量● H=1.0, O=16, Na=23, Al=27, S=32, Cl=35.5, Fe=56, Cu=64, Zn=65, Ag=108, Pb=207

リード C

158. 鉛蓄電池 知

鉛蓄電池に関して次の問いに答えよ。

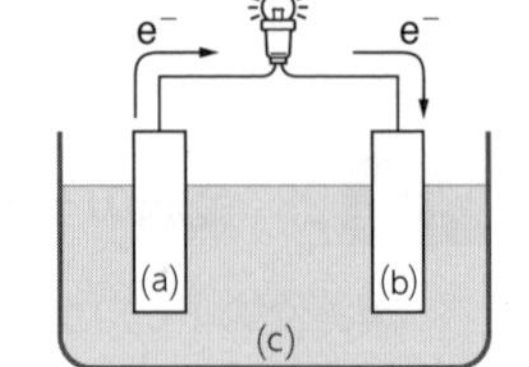

(1) (a) 負極活物質 (b) 正極活物質 (c) 電解質 に用いられる物質は何か。

(a) ＿＿＿＿＿＿ (b) ＿＿＿＿＿＿ (c) ＿＿＿＿＿＿

❖(2) 放電のときの負極，正極での反応をそれぞれ e^- を含むイオン反応式で表せ。

負極：＿＿＿＿＿＿

正極：＿＿＿＿＿＿

❖(3) 放電のときの電池全体の反応を化学反応式で表せ。

＿＿＿＿＿＿

❖(4) 放電によって，電解液の濃度はどのように変化するか。 ＿＿＿＿＿＿

159. 実用電池 知

(1) 下表の空欄〔 a 〕には適当な名称を，〔 b 〕～〔 d 〕には化学式を入れよ。

(2) 下表の空欄〔 e 〕～〔 g 〕に当てはまる最も適切なものを，(ア)～(ウ)から選んで入れよ。

(ア) スマートフォン，電気自動車　(イ) 自動車のバッテリー　(ウ) リモコン，懐中電灯

(3) 充電により，くり返し使うことのできる電池は，下表の①，②のいずれか。また，そのような電池を何というか。

＿＿＿＿，＿＿＿＿

(4) 電池の正極で起こる反応は，酸化反応，還元反応のいずれか。

＿＿＿＿＿＿

分類	名称	負極活物質	電解質	正極活物質	用途の例
①	a〔　　〕	Zn	$ZnCl_2$	MnO_2	e〔　　〕
	アルカリマンガン乾電池	Zn	b〔　　〕	MnO_2	
②	鉛蓄電池	c〔　　〕	H_2SO_4	d〔　　〕	f〔　　〕
	ニッケル-カドミウム蓄電池	Cd	KOH	NiO(OH)	コードレス機器
	リチウムイオン電池	C_6Li_x	Li 塩	$Li_{(1-x)}CoO_2$	g〔　　〕

❖160. 燃料電池 知

燃料電池は，水素（燃料）と酸素の反応によって発生するエネルギーを，電気エネルギーとして取り出している。

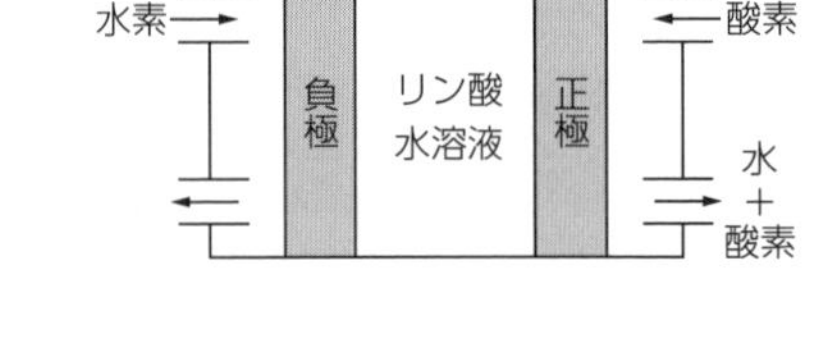

(1) 次の式の〔 〕を埋めて，燃料電池（リン酸形）の (a)負極の反応，(b)正極の反応 をそれぞれ e^- を含むイオン反応式で表せ。また，(c)全体の反応 を化学反応式で表せ。

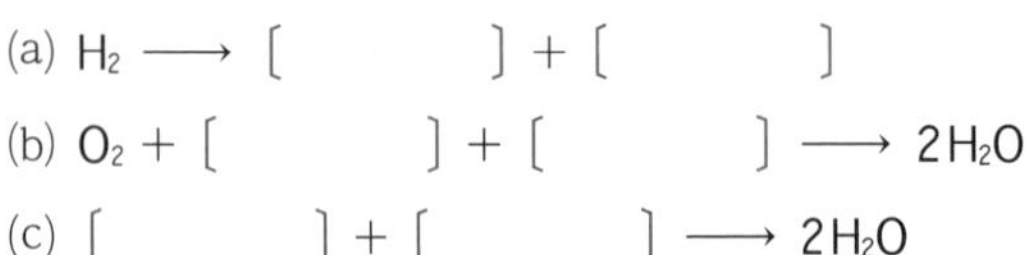

(a) $H_2 \longrightarrow$ 〔　　　〕＋〔　　　〕

(b) $O_2 +$ 〔　　　〕＋〔　　　〕 $\longrightarrow 2H_2O$

(c) 〔　　　〕＋〔　　　〕 $\longrightarrow 2H_2O$

(2) 水素 2.0 g を消費する際に流れる電気量は何Cか。ただし，酸素は十分に供給されているとする。

＿＿＿＿＿＿ C

例題 29 鉛蓄電池

➡ 161, 162

解説動画

鉛蓄電池を放電したところ，鉛極の質量が 4.8 g 増加した。
(1) このとき流れた電気量は何Cか。ファラデー定数 $F=9.65\times10^4$ C/mol
(2) 酸化鉛 (Ⅳ) 極の質量はどれだけ変化したか。増，減を付して答えよ。

指針 鉛蓄電池では，電子 2mol が流れると負極は 96g，正極は 64g 増加する。

〔負極〕 $Pb + SO_4^{2-} \longrightarrow PbSO_4 + 2e^-$

+(32+16×4)g=96g 増加　e^- 2mol 当たり
(S: 32, O: 16)

〔正極〕 $PbO_2 + 4H^+ + SO_4^{2-} + 2e^- \longrightarrow PbSO_4 + 2H_2O$

+(32+2×16)g=64g 増加　e^- 2mol 当たり
(S: 32, O: 16)

電気量＝ファラデー定数×e^- の物質量
〔C〕　〔C/mol〕　〔mol〕

解答 (1) 鉛極は $Pb \longrightarrow PbSO_4$ と変化する。流れた e^- の物質量と電極の質量変化は比例関係にあるので，4.8g 増加するときに流れる e^- は，

$2\,\text{mol}\times\dfrac{4.8\,\text{g}}{96\,\text{g}}=0.10\,\text{mol}$。その電気量は，

$9.65\times10^4\,\text{C/mol}\times0.10\,\text{mol}=9.65\times10^3\,\text{C}$
$\fallingdotseq$ **9.7×10^3 C** 答

(2) 酸化鉛 (Ⅳ) 極は，$PbO_2 \longrightarrow PbSO_4$ と変化する。(1)より，流れた e^- は 0.10mol であるから，増加する質量は，

$64\,\text{g}\times\dfrac{0.10\,\text{mol}}{2\,\text{mol}}=3.2\,\text{g}$　答 **3.2g 増**

161. 電池の反応 考

電極AとBを用意し，検流計をつないで溶液Cの中に浸したところ，電極AからBに電流が流れていることがわかった。これは，2つの電極で電位差が生じたためで，この電位差を電池の(　　)という。

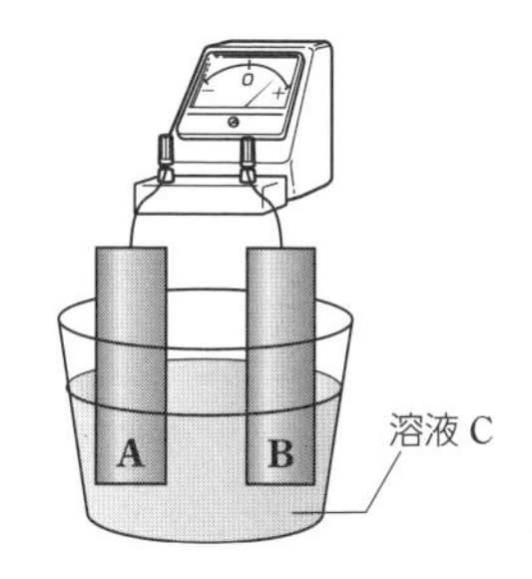

(1) 鉄の電極と銀の電極がある。電極AからBに電流が流れるのは，どちらを電極Aとしたときか。

(2) (1)の電極を用いたとき，溶液Cの溶質として最も適当なものは，次のうちどれか。
(ア) 砂糖　(イ) 酢酸　(ウ) 硫酸

(3) (　　)に当てはまる語句を記せ。

(4) (1)の電極と溶液Cを用いたときに流れる電流を測定すると，0.0965 A であった。この電池を 10 分間放電させると，鉄電極の質量は何 mg 変化するか。増，減を付して答えよ。

mg 増・減

▶ 例題 29

の解説動画

原子量 H=1.0, O=16, Na=23, Al=27, S=32, Cl=35.5, Fe=56, Cu=64, Zn=65, Ag=108, Pb=207

リード C

162. **鉛蓄電池** 知 30％の希硫酸500gに鉛と酸化鉛(Ⅳ)を浸した鉛蓄電池がある。

(1) 放電により負極の質量が9.6g増加したとき，流れた電気量は何Cか。また，正極の質量は何g変化するか。増，減を付して答えよ。

C,　　　　　g増・減

(2) (1)のとき，希硫酸の濃度は何％になるか。

％

(3) 鉛蓄電池を充電するとき，その正極は外部電源の正極，負極いずれにつなぐとよいか。

▶例題29

例題30 電気分解の反応

➡163, 164

解説動画

図のような装置を用いて，硫酸銅(Ⅱ) $CuSO_4$ 水溶液の電気分解を行った。

(1) 両極に炭素棒を用いたときに陽極と陰極で起こる化学反応を，それぞれ e^- を含むイオン反応式で表せ。また，それぞれが酸化反応か還元反応かを答えよ。

(2) 両極に銅板を用いたときに陽極と陰極で起こる化学反応を，それぞれ e^- を含むイオン反応式で表せ。また，それぞれが酸化反応か還元反応かを答えよ。

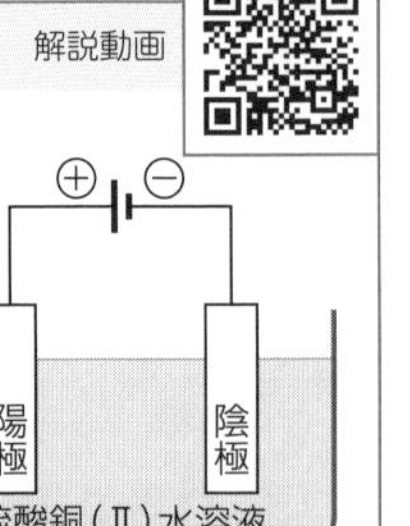

指針 電気分解を行う際，白金よりもイオン化傾向の大きな金属を陽極に用いると，極板が溶解する。白金や炭素を陽極に用いるときは，極板は溶解しない。

解答 (1)〔陽極〕 $2H_2O \longrightarrow O_2 + 4H^+ + 4e^-$ …酸化反応

〔陰極〕 $Cu^{2+} + 2e^- \longrightarrow Cu$ …還元反応

(2)〔陽極〕 $Cu \longrightarrow Cu^{2+} + 2e^-$ …酸化反応

〔陰極〕 $Cu^{2+} + 2e^- \longrightarrow Cu$ …還元反応

〈電気分解〉

〔陽極〕：水溶液中の陰イオンや水分子が，陽極で電子を失う反応が起こる。
（金，白金以外の金属が陽極のとき，陽極自身が電子を放出して溶ける） …酸化反応

〔陰極〕：水溶液中の陽イオンや水分子が，電子を受け取る反応が起こる。 …還元反応

163. **電気分解** 知 次の文の〔　〕に適当な語句を入れよ。

電解質水溶液に2本の電極を入れて直流電流を流すと，酸化還元反応が起こる。このとき，外部電源の正極に接続する電極を a〔　　　〕といい，b〔　　　〕反応が起こる。また，外部電源の負極に接続する電極を c〔　　　〕といい，d〔　　　〕反応が起こる。このように電気エネルギーを用いて酸化還元反応を起こさせることを e〔　　　　　〕という。

▶例題30

定数● アボガドロ定数 $N_A=6.0\times10^{23}$/mol,
ファラデー定数 $F=9.65\times10^4$ C/mol

リードC

❖**164. 電解生成物** 知　電解液と電極を表の(1)~(6)の組合せにして電気分解を行ったとき，陽極，陰極で起こる反応をそれぞれ e^- を含むイオン反応式で表せ。

	電解液	陽極	陰極
(1)	$AgNO_3$ 水溶液	Pt	Pt
(2)	希硫酸	Pt	Pt
(3)	NaOH 水溶液	Pt	Pt
(4)	$CuSO_4$ 水溶液	Pt	Pt
(5)	$CuSO_4$ 水溶液	Cu	Cu
(6)	NaCl 水溶液	C	Fe

(1) 陽極 ______________________

陰極 ______________________

(2) 陽極 ______________________

陰極 ______________________

(3) 陽極 ______________________

陰極 ______________________

(4) 陽極 ______________________

陰極 ______________________

(5) 陽極 ______________________

陰極 ______________________

(6) 陽極 ______________________

陰極 ______________________

▷例題30

❖**例題 31 電気分解の量的関係**　➡165~170

解説動画

硝酸銀水溶液に白金電極を浸し，0.965 A の電流を 10.0 分間通じた。Ag=108，ファラデー定数=9.65×10^4 C/mol として，次の問いに答えよ。

(1) 陽極・陰極での変化をそれぞれ e^- を含むイオン反応式で表せ。

(2) 流れた電気量は何Cか。また，移動した電子は何 mol か。

(3) 陽極で発生する気体は何か。また，その体積は標準状態で何 mL か。

(4) 陰極の質量は何 g 変化するか。増，減を付して答えよ。

⊕ ⊖ Pt Pt 硝酸銀水溶液

指針 白金電極の場合，陽極ではハロゲンが生成するか O_2 が発生する。陰極ではイオン化傾向の小さい金属が析出するか，H_2 が発生する。銅や銀が陽極の場合，極板が溶ける。

解答 (1) ［陽極］ $2H_2O \longrightarrow O_2 + 4H^+ + 4e^-$

［陰極］ $Ag^+ + e^- \longrightarrow Ag$

(2) Q〔C〕$=i$〔A〕$\times t$〔s〕 より，

$0.965\ \text{A}\times(10.0\times60)\ \text{s}=\mathbf{5.79\times10^2\ C}$ 答

$\dfrac{5.79\times10^2\ \text{C}}{9.65\times10^4\ \text{C/mol}}=\mathbf{6.00\times10^{-3}\ mol}$ 答

(3) (1)の反応式より，e^- 4 mol によって 酸素 O_2 1 mol が発生することがわかる。よって，

$22.4\ \text{L/mol}\times6.00\times10^{-3}\ \text{mol}\times\dfrac{1}{4}$

$=0.0336\ \text{L}=33.6\ \text{mL}$　答 **酸素 33.6 mL**

(4) (1)の反応式より，e^- 1 mol が流れると Ag 1 mol が析出することがわかる。よって，

$108\ \text{g/mol}\times6.00\times10^{-3}\ \text{mol}=$**0.648 g 増** 答

原子量 $H=1.0$, $O=16$, $Na=23$, $Al=27$, $S=32$, $Cl=35.5$, $Fe=56$, $Cu=64$, $Zn=65$, $Ag=108$, $Pb=207$

リード C

165. 電気分解と電気量 知　白金電極を用いて次の水溶液を電気分解する。電気分解によって，(　)内の物質を生成させるのに必要な電気量はそれぞれ何Cか。ただし，気体の体積は標準状態における値とする。

(1) $AgNO_3$ 水溶液（銀 5.40 g）

C

(2) $CuSO_4$ 水溶液（銅 6.4 g）

C

(3) NaCl 水溶液（塩素 1.12 L）

C

(4) 希硫酸（酸素 6.72 L）

C

▶例題31

166. 硝酸銀水溶液の電気分解 知　2つの白金電極をもつ電気分解装置に硝酸銀水溶液を入れ，一定の電流を80分25秒間通じて電気分解した。このとき，陰極において銀が0.015 mol析出した。この電気分解で流した電流は何Aか。

A

〔センター追試験〕 ▶例題31

定数● アボガドロ定数 $N_A=6.0\times10^{23}$/mol,
ファラデー定数 $F=9.65\times10^4$ C/mol

❖167. 塩化銅(Ⅱ)水溶液の電気分解 知

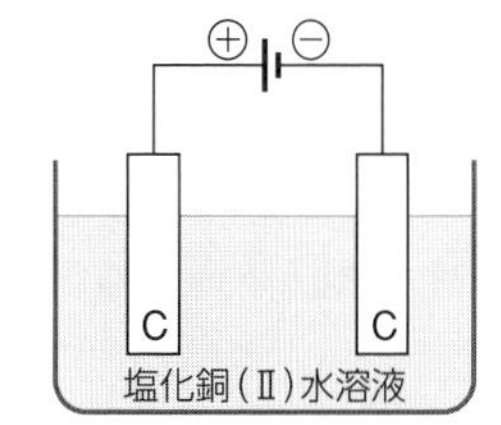

炭素電極を用いて，塩化銅(Ⅱ)水溶液に 0.50 A の電流を 32 分 10 秒間流した。

(1) 陽極・陰極で起こった反応をそれぞれ e^- を含むイオン反応式で表せ。

陽極：

陰極：

(2) 陽極では酸化，還元のどちらが起こったか。

(3) 流れた電気量は何Cか。また流れた電子は何 mol か。

C, mol

(4) 陰極の質量は何 g 増加するか。

g

(5) 陽極で発生した気体は標準状態で何Lか。

L

▶例題 31

❖168. 硫酸銅(Ⅱ)水溶液の電気分解 考

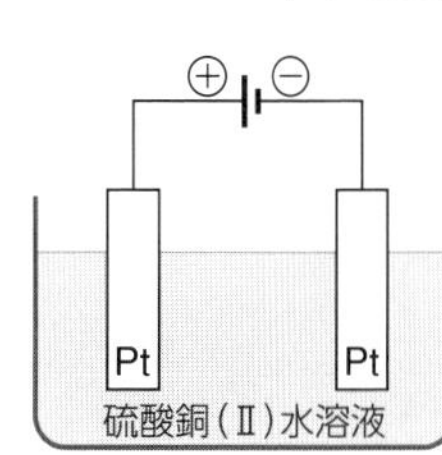

硫酸銅(Ⅱ)水溶液 100 mL をとり，白金を電極として 1.0 A の電流を通じたところ，すべての銅(Ⅱ)イオンを銅として析出させるのに 32 分 10 秒間必要であった。

(1) この電気分解の反応を 1 つにまとめた化学反応式を記せ。

(2) 析出した銅は何 g か。

g

(3) 最初の硫酸銅(Ⅱ)水溶液の濃度は何 mol/L か。

mol/L

(4) 陽極で発生する気体の名称を書け。また，それは何 mol か。

, mol

(5) 電気分解終了後の溶液中に含まれるイオンの名称を書け。また，それは何 mol か。ただし，水の電離については考えなくてよい。

, mol

, mol

(6) 両電極を銅として電気分解すると，硫酸銅(Ⅱ)水溶液の濃度は電気分解の前後でどのように変わるか。

▶例題 31

原子量 H=1.0, O=16, Na=23, Al=27, S=32, Cl=35.5, Fe=56, Cu=64, Zn=65, Ag=108, Pb=207

リード C

169. 希硫酸の電気分解 知 両電極を白金として希硫酸を電気分解した。このときの平均の電流の強さは 2.50 A であり，標準状態で両電極合計 336 mL の気体が発生した。

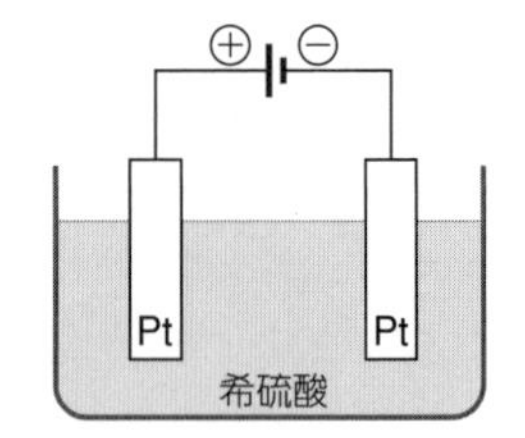

(1) 陽極・陰極での変化をそれぞれ e^- を含むイオン反応式で表せ。

陽極：

陰極：

(2) 陽極・陰極での変化を1つにまとめた化学反応式を記せ。

(3) 9.65×10^4 C の電気量で発生する気体は，陽極，陰極それぞれ標準状態で何Lか。

陽極：　　L　陰極：　　L

(4) 標準状態で両極合計 336 mL の気体が発生するのに必要な電気量は何Cか。

C

(5) 電気分解をした時間は何分何秒間か。

分　　秒間

▶例題31

170. NaCl水溶液の電気分解 知 右図はイオン交換膜法による塩化ナトリウム水溶液の電気分解を示している。

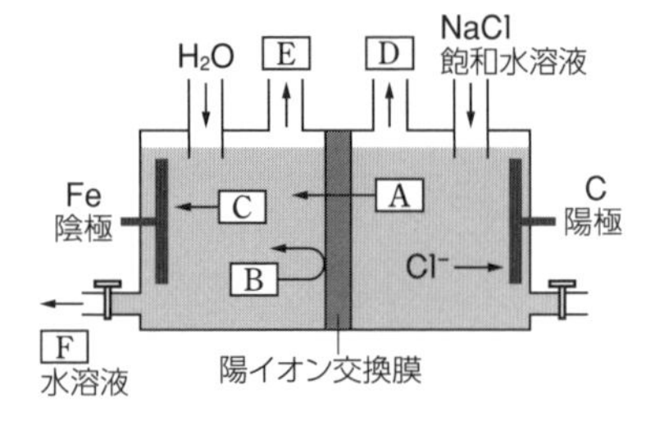

(1) 図中，右室から左室へ移動するイオンA，左室から右室へ移動できないイオンB，陰極で反応する物質C，反応生成物D，E，Fの化学式を記せ。

A：　B：　C：

D：　E：　F：

(2) 2.5 A の電流を16分5秒間流したときに発生する気体D，Eの体積は，標準状態でそれぞれ何Lか。ただし，気体は水に溶けたり反応したりしないものとする。

D：　　L　E：　　L

(3) (2)と同時に生じる物質Fの質量は何gか。

g

▶例題31

例題 32 電解槽の直列連結

➡ 171

解説動画

図のように電解槽Aに硫酸銅(Ⅱ)水溶液，電解槽Bに硝酸銀水溶液を入れ，白金を電極として電気分解を行った。一定の電流を 25 分 44 秒間流すと，電解槽Bの陰極の質量が 0.864g 増加した。Cu=63.5, Ag=108, ファラデー定数=9.65×10^4C/mol

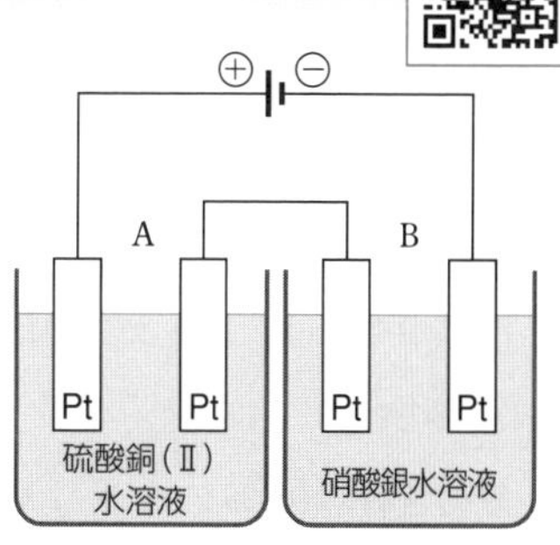

(1) 電解槽Bの陰極での変化を e^- を含むイオン反応式で表せ。

(2) この電気分解に要した電気量は何Cか。

(3) 流れた電流は何Aか。

(4) 電解槽Aの陰極で析出した銅は何gか。

指針 電解槽を直列につないで電気分解するとき，それぞれの電解槽を流れる e^- の物質量〔mol〕は等しい。

解答 (1) $Ag^+ + e^- \longrightarrow Ag$

(2) e^- 1mol が流れると，電解槽Bの陰極に Ag 1mol が析出する。析出した Ag 0.864g は

$\frac{0.864\,g}{108\,g/mol}=8.00\times10^{-3}$mol なので，電気分解に要した e^- も 8.00×10^{-3}mol。

ファラデー定数=9.65×10^4C/mol であるから，流れた電気量〔C〕は，

$9.65\times10^4\,C/mol\times8.00\times10^{-3}\,mol=$ **772C** 答

(3) 25 分 44 秒=1544 秒。Q〔C〕=i〔A〕×t〔s〕より，流れた電流を x〔A〕とすると，

x〔A〕×1544s=772C

よって　$x=$ **0.500A** 答

(4) 電解槽Bに流れた電子は 8.00×10^{-3}mol であるから，電解槽Aにも 8.00×10^{-3}mol の e^- が流れたことになる。電解槽Aの陰極での反応

$Cu^{2+} + 2e^- \longrightarrow Cu$ より，e^- 2mol の移動で Cu は 1mol 生じる。e^- 8.00×10^{-3}mol で生じる Cu は，

$63.5\,g/mol\times8.00\times10^{-3}\,mol\times\frac{1}{2}=$ **0.254g** 答

171. 電解槽の直列連結 考

白金を電極とし，電解槽Ⅰには塩化ナトリウム水溶液，電解槽Ⅱには硫酸銅(Ⅱ)水溶液を入れて図のように直列につなぎ，5.00A の電流を 64 分 20 秒間流した。

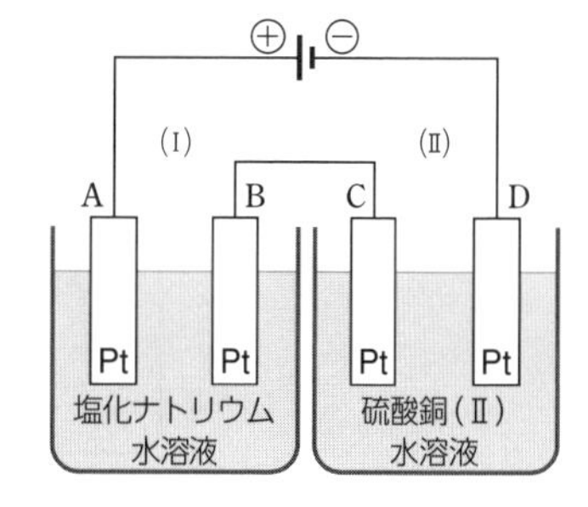

(1) 電極 A，C に流れた電気量は，それぞれ何Cか。

A:　　　　　C　C:　　　　　C

(2) 電極 B，C で発生する気体はそれぞれ何か。また，その体積は標準状態で何Lか。

B:　　　,　　　L　C:　　　,　　　L

(3) 電極Dの質量は何g変化するか。増，減を付して答えよ。

g 増・減

(4) 電気分解後，各電解槽の水溶液の pH は電気分解前に比べて，それぞれ大きいか，小さいか。

Ⅰ:　　　　Ⅱ:

▶例題32

第7章

原子量 H=1.0, O=16, Na=23, Al=27, S=32, Cl=35.5, Fe=56, Cu=64, Zn=65, Ag=108, Pb=207

†**172. 鉄の製造** 知 次の文の〔 〕に適当な語句を入れ，後の問いに答えよ。

鉄は，溶鉱炉(高炉)中でコークス(炭素)を用いて鉄鉱石を [a]〔　　　〕して得る。このときに得られる鉄は [b]〔　　　〕とよばれ，炭素を4%程度含んでいて，硬くてもろい。〔 b 〕を転炉に入れて酸素を吹きこみ，炭素を2%以下にした鉄を [c]〔　　　〕という。

鉄鉱石には，主成分が Fe_2O_3 の赤鉄鉱とよばれるものと，主成分が Fe_3O_4 の磁鉄鉱とよばれるものがある。

(1) 溶鉱炉中では，コークスが反応して生じた気体が鉄鉱石を〔 a 〕している。この気体の物質名と化学式を答えよ。　　物質名：＿＿＿＿＿　化学式：＿＿＿＿＿

(2) 鉄の含有率96%の〔 b 〕を1.0kg得るには，理論上何kgの酸化鉄(Ⅲ) Fe_2O_3 が必要か。

＿＿＿＿＿kg

❖**173. 銅の電解精錬** 知 粗銅から純銅を得るための電解精錬について，( )に当てはまる語句の組合せとして最も適当なものを，①～⑥のうちから1つ選べ。

硫酸酸性の硫酸銅(Ⅱ)水溶液中で粗銅を陽極として電気分解することにより，粗銅中の銅は銅(Ⅱ)イオンとなって溶け出し，陰極には純銅が析出する。銅よりもイオン化傾向が(ア)金属はイオンとなって溶液中に溶け出し，銅よりもイオン化傾向が(イ)金属は粗銅の下に陽極泥として沈殿する。

ここで，不純物として銀のみを含む粗銅を陽極として電気分解を行った場合，溶液中の銅(Ⅱ)イオンの物質量は(ウ)。

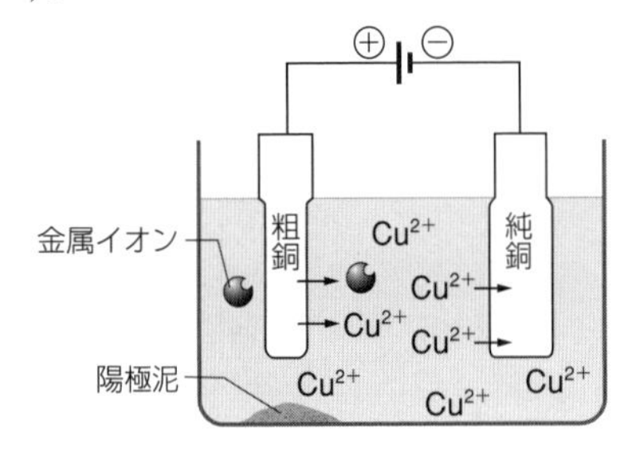

	(ア)	(イ)	(ウ)
①	大きい	小さい	増加する
②	大きい	小さい	変化しない
③	大きい	小さい	減少する
④	小さい	大きい	増加する
⑤	小さい	大きい	変化しない
⑥	小さい	大きい	減少する

＿＿＿＿＿

〔センター試験 改〕

❖**174. アルミニウムの生成** 知 融解した氷晶石に酸化アルミニウムを加え，両電極に炭素を用いて電気分解すると，陰極でアルミニウムが析出する。陽極では酸化物イオンが炭素電極と反応して二酸化炭素と一酸化炭素が発生し，炭素電極が消耗する。

(1) 陽極・陰極で起こる反応をそれぞれ e^- を含むイオン反応式で表せ。陽極については，一酸化炭素が発生する場合の反応式を表せ。

陽極：＿＿＿＿＿

陰極：＿＿＿＿＿

(2) この電気分解によって，アルミニウムが1.8kg析出した。この電気分解に要した電気量は何Cか。

＿＿＿＿＿C

定数● アボガドロ定数 $N_A = 6.0 \times 10^{23}$/mol,
ファラデー定数 $F = 9.65 \times 10^4$ C/mol

CLEAR 精選した標準問題で学習のポイントをCHECK

175. ダニエル電池 知 図のようなダニエル電池をつくり，放電させた。次の記述のうち，誤りを含むものを選べ。

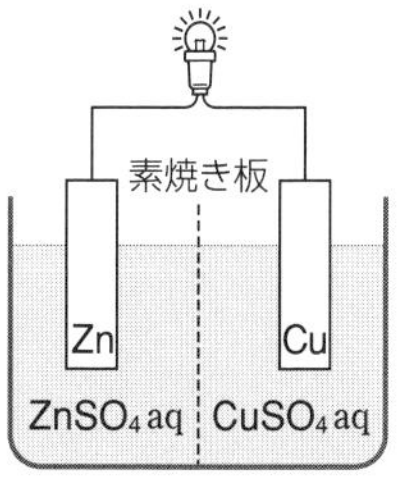

素焼き板
Zn　Cu
$ZnSO_4$ aq　$CuSO_4$ aq

① 放電を続けると，銅板側の水溶液の色が薄くなった。
② 銅板上には水素の泡が発生した。
③ 素焼き板を白金板に換えると，電球は点灯しなかった。
④ 硫酸銅（Ⅱ）水溶液の濃度を高くすると，電球はより長い時間点灯した。
⑤ 亜鉛板と硫酸亜鉛水溶液のかわりにマグネシウム板と硫酸マグネシウム水溶液を用いても，電球は点灯した。

〔センター追試験 改〕 ▷例題28, 156, 157, 161

❖176. 燃料電池 知 次の文の〔 〕に適当な語句，数値を入れよ。

燃料電池では，水素と酸素を反応させ，電気エネルギーを得ている。いま，濃いリン酸水溶液を電解液に用い，a〔　　〕極に水素を送ると，①式の反応で水素は b〔　　　〕される。

$H_2 \longrightarrow 2H^+ + 2e^-$　…①

また，電池の c〔　　〕極に酸素を送ると，②式に示す反応で酸素は d〔　　　〕される。

$O_2 +$ e〔　　〕$H^+ +$ f〔　　〕$e^- \longrightarrow$ g〔　　〕H_2O　…②

この電池で水素 1.00 mol が消費されると，1.00 A の電流が h〔　　　〕時間流れる。 ▷160

❖177. 水溶液の電気分解 知 陽イオン交換膜で仕切られたA室（陽極室）とB室（陰極室）があり，A室には 1.000 mol/L の塩化ナトリウム水溶液 1.00 L，B室には 0.100 mol/L の水酸化ナトリウム水溶液 2.00 L が入っている。陽極に炭素，陰極に白金を用いて電気分解をしたところ，A室の塩化ナトリウム水溶液の濃度は 0.800 mol/L になった。

(1) B室で発生した気体の体積は標準状態で何Lか。

L

(2) 電気分解後，B室内の溶液の水酸化物イオン濃度は何 mol/L か。電気分解の前後でB室内の水溶液の体積は変わらないものとする。

mol/L

▷例題31, 165, 170

原子量 H=1.0, O=16, Na=23, Al=27, S=32, Cl=35.5, Fe=56, Cu=64, Zn=65, Ag=108, Pb=207　定数 アボガドロ定数 $N_A=6.0\times10^{23}$/mol, ファラデー定数 $F=9.65\times10^4$ C/mol

リード C

178. 鉛蓄電池と電気分解 考　図のように鉛蓄電池を使って希硫酸を電気分解したところ，陽極に 0.28L (標準状態) の気体が発生した。

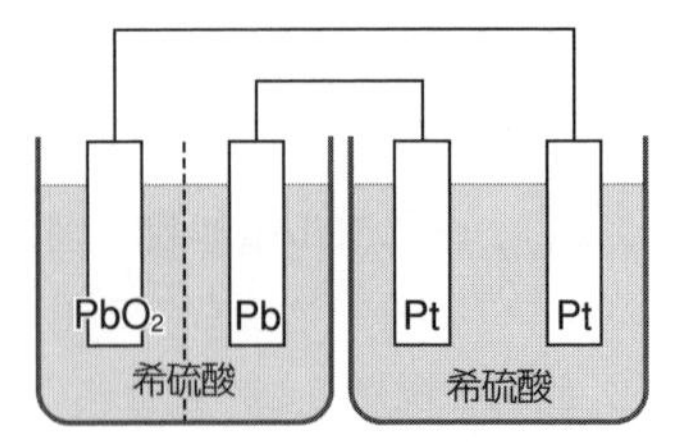

(1) 流れた電気量は何Cか。

C

(2) この電気分解により，(a)，(b)の質量は何g変化するか。増，減を付して答えよ。

(a) 鉛蓄電池の正極および負極

正極：　　　g 増・減　負極：　　　g 増・減

(b) 鉛蓄電池の電解液中の硫酸

g 増・減

▶158, 例題29, 162, 164, 169

学習のポイント

リード A に戻って最終 CHECK

175. 金属のイオン化傾向の差と電池のしくみ ▶1
176. 燃料電池の各電極の反応と全体の反応 ▶1
177. 電気分解の各電極の反応と，量的関係 ▶2
178. 鉛蓄電池の反応と質量変化，希硫酸の電気分解 ▶1, 2

の解説動画

編末問題

179. 混合溶液中の物質量 知　硫酸と塩酸の混合溶液がある。これに 0.0200 mol の塩化バリウム $BaCl_2$ を含む水溶液を加えたところ，硫酸バリウムの沈殿 2.33 g が生じた。この沈殿を除いたろ液に 0.0800 mol の硝酸銀 $AgNO_3$ を含む水溶液を加えたところ，塩化銀の沈殿 8.61 g が生じた。最初の混合溶液中に含まれていた硫酸と塩化水素はそれぞれ何 mol か。

硫酸：　　　　mol，塩化水素：　　　　mol

〔神戸学院大 改〕 ▶97, 98

180. 酸としての強さ 考　酸としての強さを，$HSO_4^- > H_2CO_3 > HCO_3^- > H_2O$ の順としたとき，次の(ア)～(エ)のうち，反応の進行する方向として正しくないものを 1 つ選べ。

(ア) $HSO_4^- + HCO_3^- \longrightarrow H_2CO_3 + SO_4^{2-}$
(イ) $H_2CO_3 + OH^- \longrightarrow HCO_3^- + H_2O$
(ウ) $CO_3^{2-} + H_2O \longrightarrow HCO_3^- + OH^-$
(エ) $HSO_4^- + OH^- \longrightarrow SO_4^{2-} + H_2O$

▶例題18, 103

†181. 空気中の CO_2 考　乾燥空気 5.00 L と，0.00500 mol/L の水酸化バリウム水溶液 100 mL を容器に入れて密封し，よく振ったところ，次の反応によって炭酸バリウムの白色沈殿が生じた。

$$CO_2 + Ba(OH)_2 \longrightarrow BaCO_3 + H_2O$$

しばらく放置したあと溶液をろ過し，ろ液 20.0 mL を 0.0100 mol/L の塩酸で滴定したところ，16.96 mL 必要であった。この乾燥空気 5.00 L に含まれていた二酸化炭素は何 mol か。

mol

▶例題22, 125

の解説動画

原子量 H=1.0, N=14, O=16, S=32, Cl=35.5, K=39, Zn=65, Ag=108, Ba=137

リードC⁺

182. 電気伝導度滴定 考 ビーカーに入れた 0.10 mol/L 水酸化ナトリウム水溶液 50 mL に 0.050 mol/L 塩酸を 5 mL ずつ加え，その都度その水溶液に 5 V の電圧をかけたときの電流値を測ると，実験の結果は右図のようになった。

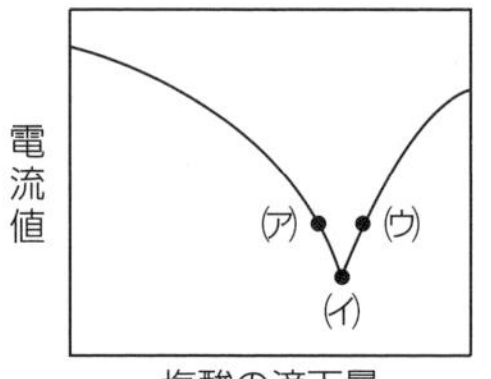

(1) 水酸化ナトリウム水溶液に塩酸を加えたときに起こる反応を化学反応式で表せ。

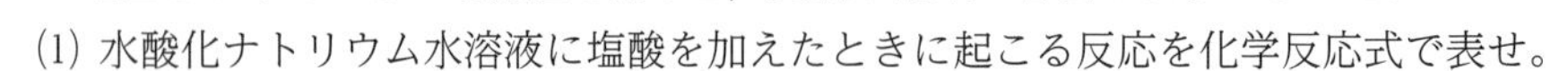

(2) 一般にイオンの濃度が大きいほど水溶液に流れる電流は大きくなる。この考え方に基づいて図のイ点（電流が最も低くなる点）までに加えた塩酸の体積を求めよ。

mL

(3) 図の(ア), (イ), (ウ)において，ビーカー内に存在するイオンの物質量を比較したものとして正しいものを次の①～⑥からそれぞれ1つずつ選べ。なお，(ア)は(イ)よりも塩酸の滴下量が 5 mL 少ないとき，(ウ)は(イ)よりも塩酸の滴下量が 5 mL 多いときの電流値とする。

① $OH^- < H^+ < Na^+ < Cl^-$　② $OH^- = H^+ = Na^+ = Cl^-$　③ $Na^+ = Cl^- < H^+ = OH^-$

④ $H^+ < OH^- < Cl^- < Na^+$　⑤ $H^+ = OH^- < Na^+ = Cl^-$　⑥ $Cl^- < Na^+ < H^+ < OH^-$

(ア)＿＿＿　(イ)＿＿＿　(ウ)＿＿＿

▶120

183. 酸化還元反応の量的関係 知 濃度未知の塩化スズ(Ⅱ) $SnCl_2$ の酸性溶液を 100 mL ずつ2本の試験管A，Bにとり，それぞれについて Sn^{2+} を Sn^{4+} に酸化する実験を行った。試験管A中のすべての Sn^{2+} を酸化するのに，0.10 mol/L $KMnO_4$ 水溶液が 30 mL 必要であった。試験管B中のすべての Sn^{2+} を酸化するために，0.10 mol/L $K_2Cr_2O_7$ 水溶液は何 mL 必要か。ただし，MnO_4^- と $Cr_2O_7^{2-}$ は酸性水溶液中でそれぞれ次のように酸化剤としてはたらく。

$$MnO_4^- + 8H^+ + 5e^- \longrightarrow Mn^{2+} + 4H_2O$$

$$Cr_2O_7^{2-} + 14H^+ + 6e^- \longrightarrow 2Cr^{3+} + 7H_2O$$

mL

〔センター追試験〕 ▶例題26, 144

184. 銀の析出量 知 3.0 g の亜鉛板を硝酸銀水溶液に浸したところ，亜鉛が溶解して銀が析出した。溶解せずに残った亜鉛の質量が 1.7 g のとき，析出した銀の質量は何 g か。

g

〔センター追試験〕 ▶148～150

185. マグネシウムを用いた電池 考　大気から取り込まれた酸素 O_2 を正極活物質，マグネシウムを負極活物質とした右図に示す電池を考える。この電池に海水や食塩水などを電解質水溶液として注入すると，正極では酸素 O_2 の還元反応により水酸化物イオン OH^- が生じ，負極ではマグネシウム Mg の酸化反応によりマグネシウムイオン Mg^{2+} が生じる。

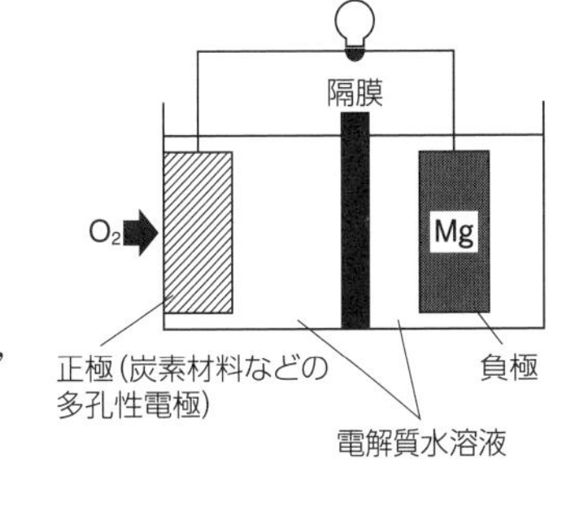

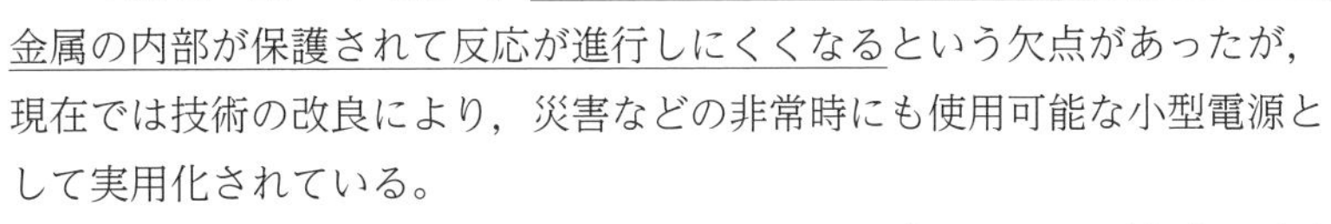

　この原理に基づく電池は，マグネシウムの表面に緻密な酸化被膜を生じ，金属の内部が保護されて反応が進行しにくくなるという欠点があったが，現在では技術の改良により，災害などの非常時にも使用可能な小型電源として実用化されている。

(1) この電池の負極と正極の反応をそれぞれ e^- を含むイオン反応式で示せ。

負極：＿＿＿＿＿＿＿＿

正極：＿＿＿＿＿＿＿＿

(2) 文中の下線部について，同様の性質を示す金属を(ア)～(オ)から一つ選べ。

(ア) Al　(イ) Zn　(ウ) Pb　(エ) Sn　(オ) Cu

＿＿＿＿＿＿

〔名古屋大 改〕 ▶149, 157

編末チャレンジ問題　ここまでに身につけた力で問題にチャレンジ！

186. 化学的酸素要求量(COD) 考　河川などの水質を評価する指標の一つに，化学的酸素要求量(COD)がある。COD は，河川などの水 1L に含まれる有機物を酸化するときに要する過マンガン酸カリウムなどの酸化剤の量を，O_2 の量に換算したものであり，単位を mg/L で表す。COD の値が大きくなるほど，水質の汚染が進んでいることを示す。

　ある河川水の COD を測定するために実験を行ったところ，河川水 20mL に含まれる有機物を酸化するのに要した 5.0×10^{-3} mol/L 過マンガン酸カリウム水溶液の量は，4.8mL となった。

(1) 酸性溶液中で，MnO_4^- と O_2 の酸化作用を表す次式の〔　〕に入る整数を答えよ。

MnO_4^- ＋〔ア　　〕H^+ ＋〔イ　　〕e^- ⟶ Mn^{2+} ＋〔ウ　　〕H_2O　……①

O_2 ＋〔エ　　〕H^+ ＋〔オ　　〕e^- ⟶〔カ　　〕H_2O　……②

(2) 下線部について，過マンガン酸カリウム 1mol の消費量を，酸素 O_2 の消費量に換算すると何 mol になるか。酸化剤としての電子 e^- のやり取りに注目して，分数で答えよ。

＿＿＿＿ mol

(3) この河川水 1L に含まれる有機物を酸化するのに要する過マンガン酸カリウムの物質量は何 mol か。

＿＿＿＿ mol

(4) この河川水の COD は何 mg/L か。

＿＿＿＿ mg/L

▶144

の解説動画

巻末チャレンジ問題

大学入学共通テストに向けて

実験に関する問題や，見慣れない題材を扱った問題など，共通テスト対策に役立つ問題を扱いました。

1 状態変化 考 状態変化と密度の関係を調べるため，ろうを用いて次のような実験を行った。

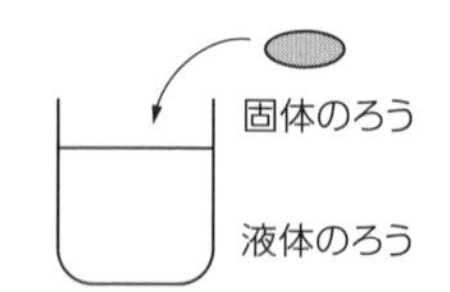

実験 1：固体のろうを試験管に入れて加熱し，完全に液体にしたときの液面の高さに印をつけた。その後，室温でゆっくり冷却してろうを固体に戻して，固体表面の形を観察した。

結果 1：固体表面は，元の液面に対して中心がへこむ形になった。

(1) 実験 1 で固体表面の形が元の液面に対して中心がへこむ形になったことの理由を考えるために，実験 2 を行った。

実験 2：液体のろうを入れたビーカーに固体のろうを入れたときのようすを観察した。

固体のろう
液体のろう

実験 1 の結果の考察と実験 2 の結果について述べた次の文章について，空欄 ア ～ ウ に入る語句の組合せとして正しいものを，下の①～⑧から一つ選べ。

実験 1 より，同じ質量のろうが液体から固体になると，体積が ア なる。つまり，密度が イ なると予想された。このことを確かめるために実験 2 を行ったところ，固体のろうは液体のろうに ウ 。

	ア	イ	ウ
①	大きく	大きく	浮かんだ
②	大きく	大きく	沈んだ
③	大きく	小さく	浮かんだ
④	大きく	小さく	沈んだ
⑤	小さく	大きく	浮かんだ
⑥	小さく	大きく	沈んだ
⑦	小さく	小さく	浮かんだ
⑧	小さく	小さく	沈んだ

(2) エタノールと水をそれぞれ試験管に入れ，凝固点以下の温度までゆっくり冷却した場合，固体の断面図はどのような形になるか。最も適当なものを，図の①～⑤のうちからそれぞれ一つずつ選べ。

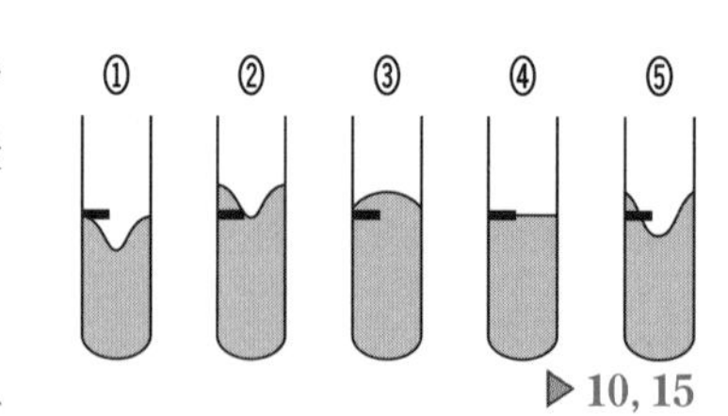

エタノール：　　　　水：

▶10, 15

2 イオン化エネルギー 考　原子から最初の1個の電子を取り去るために必要な最小のエネルギーを，第一イオン化エネルギーという。そこからさらに2個目の電子を取り去るために必要なエネルギーを第二イオン化エネルギーといい，以下同様に第三，第四，…第 n イオン化エネルギーと定義される。

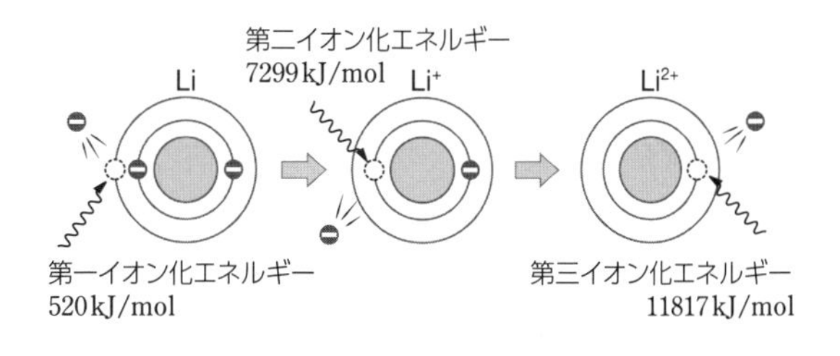

次の表は元素(a)～(g)のイオン化エネルギーの値〔kJ/mol〕を示したものである。E_1, E_2, …E_8 はそれぞれ第一，第二，…第八イオン化エネルギーを表し，原子番号は(a)から(g)の順に大きくなる。(a)は Li であり，E_1 と E_2 の差が特に大きい。これは Li の最外殻電子が1個であるためである。Li から電子を1個取り去ると，貴ガス元素と同じ安定な電子配置となるため，第一イオン化エネルギーは小さい。一方で第二イオン化エネルギーは，安定な電子配置から2個目の電子を取り去るのに必要なエネルギーなので，大きい。また，(g)は P であることがわかっており，Li の E_1 と E_2 の差と同様に，E_5 と E_6 の差が特に大きい。

	E_1	E_2	E_3	E_4	E_5	E_6	E_7	E_8
(a)	520	7299	11817					
(b)	900	1757	14851	21009				
(c)	1403	2856	4579	7476	9446	53274	64368	
(d)	1681	3375	6051	8409	11024	15166	17870	92050
(e)	738	1451	7734	10542	13632	17997	21077	23659
(f)	787	1577	3232	4356	16093	19787	23789	29256
(g)	1012	1903	2912	4957	6275	21271	25401	29858

単位：kJ/mol

(1) (b)は何の元素か。最も適当なものを，次の①～⑤のうちから一つ選べ。

① He　② Be　③ C　④ F　⑤ Ne

(2) (c)～(g)のうち，17族元素であるものはどれか。最も適当なものを，次の①～⑤のうちから一つ選べ。

① (c)　② (d)　③ (e)　④ (f)　⑤ (g)

(3) (c)～(g)のうち，(b)と同じ族に属する元素はどれか。最も適当なものを，次の①～⑤のうちから一つ選べ。

① (c)　② (d)　③ (e)　④ (f)　⑤ (g)

▶ 25, 27, 35

の解説動画

3 金属の酸化 考　ある金属Mの粉末をステンレス皿の上にのせて，空気中で加熱したところ，化学式MOで表される酸化物が生じた。金属Mの質量を変えながら，加熱前と十分に加熱した後の質量の変化を調べると，グラフのようになった。

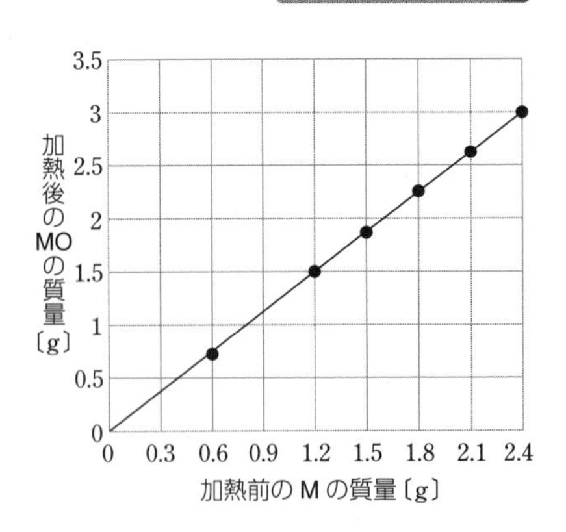

(1) 0.30gのMと結合する酸素の質量を2桁の数値で表すとき，

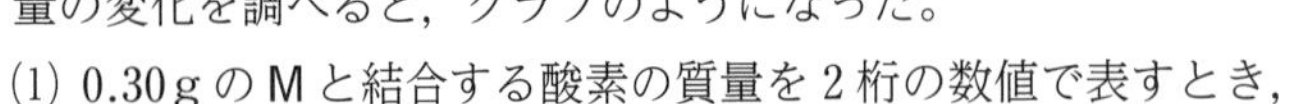

ア ～ ウ に当てはまる数字を，次の①～⓪のうちから一つずつ選べ。同じものをくり返し選んでもよい。

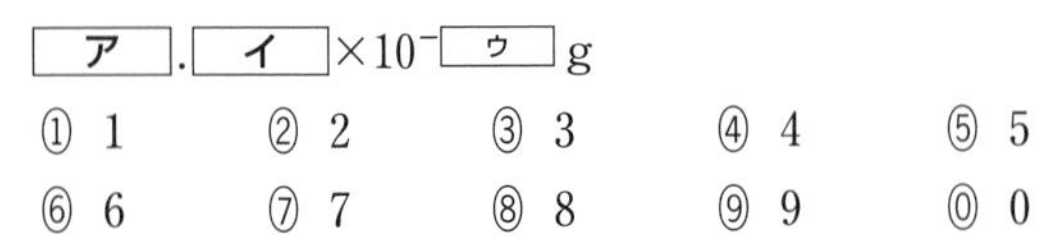

ア . イ ×10⁻ ウ g

① 1　② 2　③ 3　④ 4　⑤ 5

⑥ 6　⑦ 7　⑧ 8　⑨ 9　⓪ 0

ア：　イ：　ウ：

(2) Mの粉末を酸素と完全に反応させるには，十分に加熱を行う必要がある。実験で加熱が不十分だったとき，加熱前に4.0gであったMの質量は，加熱後に4.5gとなった。この実験で反応したMの割合として最も適当なものを，次の①～⑤のうちから一つ選べ。

① 30%　② 40%　③ 50%　④ 60%　⑤ 70%

(3) この実験で求められるMの原子量を2桁の数値で表すとき， エ と オ に当てはまる数字を，次の①～⓪のうちから一つずつ選べ。同じものをくり返し選んでもよい。O=16 とする。

エ オ

① 1　② 2　③ 3　④ 4　⑤ 5　⑥ 6　⑦ 7　⑧ 8　⑨ 9　⓪ 0

エ：　オ：

▶92, 93, 100

4 中和滴定 考　食酢に含まれる酢酸の濃度を求めるために，次のような操作を行った。

〔操作１〕(a)電子天秤で固体の水酸化ナトリウムを約 0.60 g はかりとり，純水に溶かして 200 mL とし，ビュレットに入れた。

〔操作２〕0.10 mol/L の塩酸をホールピペットで 10.0 mL とり，コニカルビーカーに入れた。ここに〔操作１〕で調製した水酸化ナトリウム水溶液を滴下したところ，(b)中和点までに 16.0 mL を要した。

〔操作３〕食酢を純水で 10 倍に薄めた水溶液をホールピペットで 10.0 mL とり，コニカルビーカーに入れた。ここに〔操作１〕で調製した水酸化ナトリウム水溶液を滴下したところ，中和点までに 12.0 mL を要した。

H＝1.0，O＝16，Na＝23 として，次の問いに答えよ。

(1) 下線部(a)について，固体の水酸化ナトリウムは，空気中の水分や二酸化炭素を吸収する性質があり，電子天秤では正確な質量をはかることができない。このことが実験結果に及ぼす影響について述べた次の文章について，空欄 ア ～ ウ に入る語句の組合せとして正しいものを，下の①～⑥から一つ選べ。

電子天秤で固体の水酸化ナトリウムを 0.60 g はかりとったとき，そこに含まれる水酸化ナトリウムの質量は，実際は 0.60 g よりも ア 。これは，〔操作１〕で調製した水溶液の濃度に影響を イ ，下線部(b)の滴下量は，仮に水酸化ナトリウムの質量が正確に 0.60 g であった場合と比較して ウ 。

	ア	イ	ウ
①	大きい	与え	多くなる
②	大きい	与え	少なくなる
③	大きい	与えず	変わらない
④	小さい	与え	多くなる
⑤	小さい	与え	少なくなる
⑥	小さい	与えず	変わらない

(2) 〔操作１〕で調製した水酸化ナトリウム水溶液の濃度を 3 桁の数値で表すとき， エ ～ キ に当てはまる数字を，次の①～⓪のうちから一つずつ選べ。同じものをくり返し選んでもよい。

エ . オ カ $\times 10^{-}$ キ mol/L

① 1　② 2　③ 3　④ 4　⑤ 5　⑥ 6　⑦ 7　⑧ 8　⑨ 9　⓪ 0

エ：　　オ：

カ：　　キ：

(次ページへ続く)

(3) ［操作 3］で純水で 10 倍に薄めた食酢中に含まれる酢酸の濃度を 2 桁の数値で表すとき，［ク］～［コ］に当てはまる数字を，次の①～⓪のうちから一つずつ選べ。同じものをくり返し選んでもよい。

［ク］.［ケ］$\times 10^{-［コ］}$ mol/L

① 1　② 2　③ 3　④ 4　⑤ 5　⑥ 6　⑦ 7　⑧ 8　⑨ 9　⓪ 0

ク：　ケ：　コ：

(4) ［操作 2］において，コニカルビーカーに純水が付着している場合に，0.10 mol/L の塩酸で共洗いしてから使用するべきかどうかについて述べた文章として適当なものは，次の**ア**～**オ**のうちどれか。すべてを正しく選択しているものを，下の①～⑥のうちから一つ選べ。

ア コニカルビーカーが純水でぬれていると，塩酸が希釈されて濃度が小さくなってしまうため，それを防ぐために共洗いをすべきである。

イ コニカルビーカーが純水でぬれていたとしても，コニカルビーカーに入れた酸の物質量は変化しないので，共洗いをすべきではない。

ウ 共洗いをすると，コニカルビーカー内の酸の物質量が塩酸 10.0 mL 分よりも大きくなり，中和点までの水酸化ナトリウム水溶液の滴下量が 16.0 mL よりも増加する。その結果，水酸化ナトリウムの濃度が実際よりも小さく算出される。

エ 共洗いをすると，コニカルビーカー内の酸の物質量が塩酸 10.0 mL 分よりも大きくなり，中和点までの水酸化ナトリウム水溶液の滴下量が 16.0 mL よりも増加する。その結果，水酸化ナトリウムの濃度が実際よりも大きく算出される。

オ 共洗いをしても塩酸が希釈されることはないため，中和点までの水酸化ナトリウム水溶液の滴下量は変わらず，水酸化ナトリウムの濃度も正しく算出される。

① **ア，ウ**　② **ア，エ**　③ **ア，オ**　④ **イ，ウ**　⑤ **イ，エ**　⑥ **イ，オ**

▶ 例題 13, 77, 118, 例題 21, 122

の解説動画

化学基礎・化学 (2012年～)
初　版　第1刷　2012年11月1日　発行
四訂版　第1刷　2018年11月1日　発行
化学基礎・化学 (2022年～)
初　版　第1刷　2021年11月1日　発行
改訂版　第1刷　2023年11月1日　発行
　　　　第2刷　2024年2月1日　発行
　　　　第3刷　2024年3月1日　発行
　　　　第4刷　2024年5月1日　発行

改訂版
リード Light ノート化学基礎

編集協力者　新井 利典
　　　　　　久保田 港

ISBN978-4-410-27138-0
編　者　数研出版編集部
発行者　星野 泰也
発行所　数研出版株式会社
〒101-0052 東京都千代田区神田小川町2丁目3番地3
〔振替〕00140-4-118431
〒604-0861 京都市中京区烏丸通竹屋町上る大倉町205番地
〔電話〕代表(075)231-0161
ホームページ　https://www.chart.co.jp
印　刷　寿印刷株式会社

化261

知っておきたい

水素 ${}_{1}H$	**水素 H_2（無色の気体）** ①酸素と反応すると水を生成する。 $2H_2 + O_2 \longrightarrow 2H_2O$ ②金属を酸や塩基の水溶液と反応させると発生する。例 $2Al + 6HCl \longrightarrow 2AlCl_3 + 3H_2$ **水素イオン H^+** 水溶液中ではオキソニウムイオン H_3O^+ として存在する。
リチウム ${}_{3}Li$	**リチウム Li（灰白色の固体）** ①水や酸素と容易に反応するので，灯油中に保存する。密度が小さく，灯油に浮く。 ②やわらかい金属で，ナイフで簡単に切れる。 ③炎色反応は赤。
炭素 ${}_{6}C$	**${}^{14}C$（放射性同位体）** 年代測定に用いられる。 **ダイヤモンド C（無色透明の固体）** 共有結合結晶で，非常に硬く，電気を導かない。 **黒鉛（グラファイト）C（黒色の固体）** 層状の共有結合結晶で，薄くはがれやすく，自由電子によって電気を導く。 **フラーレン C_{60}，C_{70} など（黒色の固体）** 炭素原子が 60 個結合した C_{60} や 70 個結合した C_{70} などの球状の分子。 **カーボンナノチューブ C（黒色の固体）** 炭素原子が筒状に結合した直径約 1nm の分子。 （ダイヤモンド～カーボンナノチューブ：同素体） **二酸化炭素 CO_2（無色の気体）** ①炭素を含む物質が燃焼すると発生する。例 $CH_4 + 2O_2 \longrightarrow CO_2 + 2H_2O$ ②石灰水と反応すると白くにごる。 $Ca(OH)_2 + CO_2 \longrightarrow CaCO_3 + H_2O$
窒素 ${}_{7}N$	**窒素 N_2（無色の気体）** 空気中に最も多く存在する。不活性で，他の物質と反応しにくい。 **アンモニア NH_3（無色の気体・刺激臭）** 水に溶けて弱塩基性を示す。 $NH_3 + H_2O \rightleftarrows NH_4^+ + OH^-$ **一酸化窒素 NO（無色の気体），二酸化窒素 NO_2（褐色の気体）** ①銅と希硝酸の反応で NO が発生する。 $3Cu + 8HNO_3 \longrightarrow 3Cu(NO_3)_2 + 2NO + 4H_2O$ ②銅と濃硝酸の反応で NO_2 が発生する。 $Cu + 4HNO_3 \longrightarrow Cu(NO_3)_2 + 2NO_2 + 2H_2O$
酸素 ${}_{8}O$	**酸素 O_2（無色の気体・無臭）** 空気中に 2 番目に多く存在する。熱や光を出しながら，酸素と反応することを燃焼という。 **オゾン O_3（淡青色の気体・特異臭）** **過酸化水素 H_2O_2** ①水溶液は，加熱や触媒（MnO_2 など）によって酸素を発生する。 $2H_2O_2 \longrightarrow 2H_2O + O_2$ ②H_2O_2 中の O 原子の酸化数は -1 である。

	1	2	3	4	5	6	7	8	9	10	11	12	13	14	15	16	17	18
1	H																	He
2	Li	Be											B	C	N	O	F	Ne
3	Na	Mg											Al	Si	P	S	Cl	Ar
4	K	Ca	Sc	Ti	V	Cr	Mn	Fe	Co	Ni	Cu	Zn	Ga	Ge	As	Se	Br	Kr
5	Rb	Sr	Y	Zr	Nb	Mo	Tc	Ru	Rh	Pd	Ag	Cd	In	Sn	Sb	Te	I	Xe
6	Cs	Ba	・	Hf	Ta	W	Re	Os	Ir	Pt	Au	Hg	Tl	Pb	Bi	Po	At	Rn
7	Fr	Ra	・	Rf	Db	Sg	Bh	Hs	Mt	Ds	Rg	Cn	Nh	Fl	Mc	Lv	Ts	Og

■ ここで扱った元素を示す。

アクチノイド ランタノイド

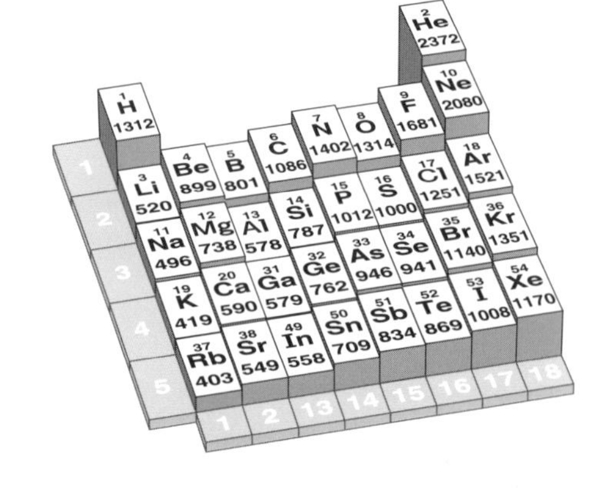

改訂版

リードLightノート化学基礎【解答編】

数研出版

第1章 物質の構成

基礎ドリル

(1) H (2) He (3) Li (4) Be (5) B (6) C
(7) N (8) O (9) F (10) Ne (11) Na (12) Mg
(13) Al (14) Si (15) P (16) S (17) Cl (18) Ar
(19) K (20) Ca (21) Cr (22) Mn (23) Fe (24) Ni
(25) Cu (26) Zn (27) Br (28) Ag (29) Sn (30) I
(31) Ba (32) Hg (33) Pb

ここで取り上げた元素は，元素名，元素記号をすべて覚えておく必要がある。特に，原子番号20の元素までは順番も覚えておくこと。

〈原子番号1～20の元素の覚え方〉[1]

$_1H$ $_2He$ $_3Li$ $_4Be$ $_5B$ $_6C$ $_7N$ $_8O$ $_9F$ $_{10}Ne$
水 兵 リーベ 僕 の 船

$_{11}Na$ $_{12}Mg$ $_{13}Al$ $_{14}Si$ $_{15}P$ $_{16}S$ $_{17}Cl$ $_{18}Ar$ $_{19}K$ $_{20}Ca$
なな まが (あ)り シップ ス クラーク か

補足 [1] リーベ＝ドイツ語で「愛」,「恋人」という意味
シップス＝ship's，クラーク＝船長の名

◆補充問題◆ 基礎ドリルの解答(1)～(33)の元素記号で表される元素の元素名を答えよ。(解答は，▶本冊 p.6)

1

(1) ろ過 (2) ① ビーカー ② 漏斗
(3) ろ液
(4)・ビーカーから液を注ぐときは，ガラス棒を伝わらせて流す。
・漏斗の先は，受け器（ビーカー）に密着させる。
(5) ア，イ

(1) 分離したい物質が水に溶けない物質の場合[1]は，ろ過の後に水をかけてろ紙上に残った物質を洗う。

(4)
〈ろ過の注意点〉
① 漏斗の先は，受け器（ビーカー）に密着させる。
② 液を注ぐときは，ガラス棒を伝わらせて流す。
③ 漏斗内の液量は，ろ紙の8分目くらいまで。

(5) 食塩水の成分（ナトリウムイオンと塩化物イオン）や牛乳の成分（タンパク質や脂肪）はろ紙の隙間より小さいので，ろ紙を通過してしまう[2]。

補足 [1] ろ過では，溶媒に溶けない物質を分離できる。溶解しているものは分離できない。
[2] ろ紙の目の大きさは 10^{-6} m 程度，イオンは 10^{-10} m 程度，タンパク質や脂肪は 10^{-8} m 程度である。

2

(1) 蒸留
(2) ① 枝付きフラスコ ② リービッヒ冷却器
③ アダプター
(3) ア (4) イ (5) 突沸を防ぐため。

蒸留は，溶液中の溶質（固体）と溶媒の分離に用いる。液体の混合物から各成分を分けるときも同じ装置が用いられるが，このときの操作は**分留（分別蒸留）**という。

〈蒸留の注意点〉
① 温度計の球部の位置はフラスコの枝の付け根。…沸騰している液の温度ではなく，蒸留している成分蒸気の温度をはかるため。
② 液量はフラスコの半分以下。…液量が多いと，沸騰により液がそのまま枝に入る恐れがあるため。
③ 冷却水は下から上へ流す。…水を上から下に流すと，冷却器に水がたまらず冷却効率が悪くなるため。
④ フラスコに沸騰石を入れる。…突沸（突然起こる急激な沸騰）を防ぐため。
⑤ 受け器を密栓にしない。…装置全体が高圧状態となり，爆発の危険があるため。（栓をするときは綿栓とする。）

3

イ

再結晶は，混合物を加熱した溶媒に溶かした後，静かに冷却して結晶を析出させる方法であり，温度による物質の溶解度の変化を利用している。問題文の方法は再結晶ではなく，蒸発乾固（かんこ）であり，分離操作ではない。

4

(a) イ，カ，コ (b) ア，ク，ケ
(c) ウ，エ，オ，キ

単体の名称には元素名がそのままつけられていることが多い。溶液はすべて溶媒と溶質の混合物である。また，天然に存在するものは一般に混合物[1]である。

補足 [1] 純物質は化学式で表すことができるが，混合物は化学式で表すことができない。

(a) 1種類の元素で構成されている。

(イ)
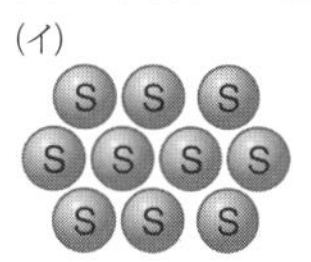

(カ)
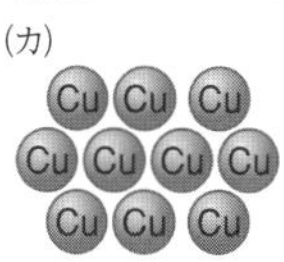

(コ)
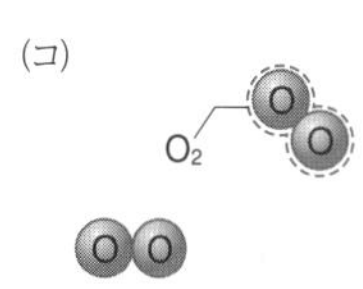

(b) 2種類以上の元素で構成されている。

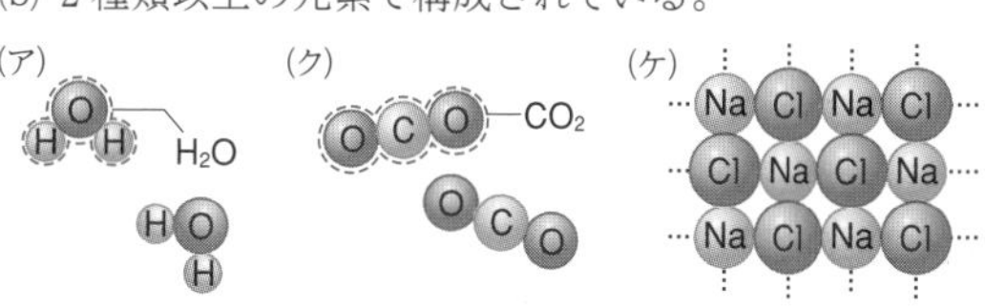

(c) 2種類以上の物質が混ざっている[2]。

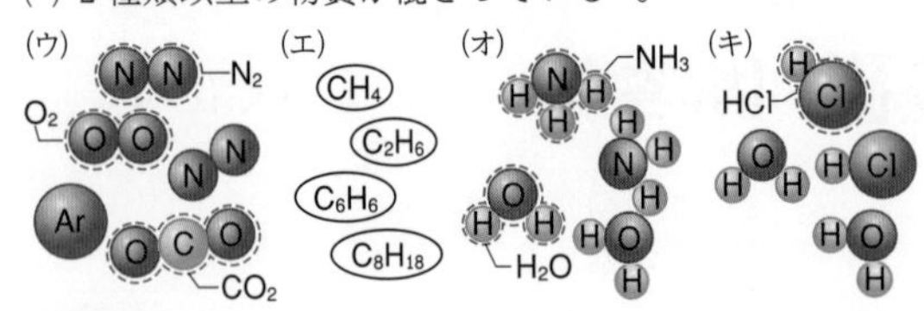

補足 [2] (エ) 石油は分留によりガソリン，灯油，軽油などに分けられる。なお，得られた各留分（ガソリン，灯油，軽油など）も，沸点の近い物質の混合物である。
(キ) 実際には，HClは，水中では電離して H^+ と Cl^- に分かれている。

5

ウ，オ

同じ元素からなる単体で性質が異なるものどうしを，互いに **同素体** であるという[1]。

〈同素体の覚え方〉
S（ス） C（コ） O（ッ） P（プ）
硫黄 炭素 酸素 リン

(ア) 水 H_2O と過酸化水素 H_2O_2 は別の化合物である。
(イ) 黒鉛は炭素の単体，鉛は金属（単体）で，異なる元素である。
(ウ) 同素体である。赤リンは毒性が低く，空気中でも自然発火せずに安定に存在し，マッチの側薬に使用される。黄リンは猛毒で，空気中で自然発火するため，水中に保存する。
(エ) 氷と水蒸気は同じ水 H_2O という化合物で，固体，気体と状態が異なる。
(オ) 同素体である。酸素 O_2 は無色・無臭の気体。オゾン O_3 は淡青色の特異臭をもつ気体で，有毒。

補足 [1] 硫黄の同素体には，常温で安定な黄色結晶の斜方硫黄，高温で安定な針状の黄色結晶の単斜硫黄，黄色（黒褐色になることも多い）で弾性のあるゴム状硫黄がある。

6

(a) ダイヤモンド (b) 黒鉛
(c) カーボンナノチューブ (d) フラーレン
(e) 黄リン (f) 赤リン

同素体は，同じ元素からなる単体であるが，その配列や結合が異なるため，化学的な性質も異なる。代表的な同素体の例とその特徴は覚えておくこと。

硫黄S…斜方硫黄（黄色，常温で最も安定）
単斜硫黄（黄色，針状の結晶，放置すると斜方硫黄になる）
ゴム状硫黄（黄色，ゴムに似た弾性をもつ，黒褐色になることも多い）

炭素C…黒鉛（黒色，薄くはがれやすい，電気を通す）
ダイヤモンド（無色，きわめて硬い，電気を通さない）
フラーレン（黒色）
カーボンナノチューブ（黒色）

酸素O…酸素（無色，無臭）
オゾン（淡青色，特異臭，有毒）

リンP…黄リン（淡黄色，空気中で自然発火する，猛毒）
赤リン（赤褐色，化学的に安定，毒性は少ない）

7

(1) 元素 (2) 単体 (3) 単体 (4) 単体

〈元素と単体〉[1]
物質を構成する原子の種類（成分）を表す場合…元素
物質そのものを表す場合……………………………単体

(1) 二酸化炭素という物質の **成分**（O）を意味している。
(2), (3), (4) 酸素という **物質**（O_2）を意味している。

補足 [1] 単体の名称は元素名がそのままつけられているものが多い。これらを区別するときには名称の前に「単体の」をつけて文章が成りたつかどうかで判定できる。

8

(a) ナトリウム (b) カルシウム (c) 黄
(d) 橙赤 (e) 炎色反応 (f) 白 (g) 塩化銀
(h) 塩素 (i) 炭素 (j) 石灰水

Li, Na, K, Ca, Sr, Ba, Cu を含む水溶液を白金線につけてガスバーナーの外炎に入れると，炎に元素固有の色がつく。これを炎色反応といい，沈殿反応のない Li, Na, K の検出に重要である。

〈炎色反応〉

Li	Na	K	Ca	Sr	Ba	Cu
赤	黄	赤紫	橙赤	紅	黄緑	青緑

水溶液中の塩素（塩化物イオン）は，硝酸銀による塩化銀の白色沈殿の生成により確認する[1]。
燃焼による二酸化炭素の発生は，炭素の検出に用いられる[2]。二酸化炭素は，石灰水（飽和水酸化カルシウム水溶液）の白濁により確認する。

補足 [1] 塩素（塩化物イオン）は硝酸銀水溶液中の銀（銀イオン）と反応して，塩化銀の白色沈殿を生成する。
$Ag^+ + Cl^- \longrightarrow AgCl$
[2] 空気中の酸素が燃焼に使われるため，酸素の検出とはならない。

9

(1) ① 昇華 ② 融解 ③ 凝固 ④ 蒸発
⑤ 凝縮 ⑥ 凝華
(2) (a) 昇華 (b) 凝縮 (c) 凝固 (d) 蒸発

(1) 固体を加熱して，分子の熱運動が激しくなると，分子間の配列が崩れて液体になる（**融解**）。また，液体を加熱して，分子の熱運動が激しくなると，分子間力を断ち切って空間に飛び出し気体になる（**蒸発**）[1]。固体中の分子が分子間力を振り切って飛び出し，直接気体になることもある（**昇華**）。

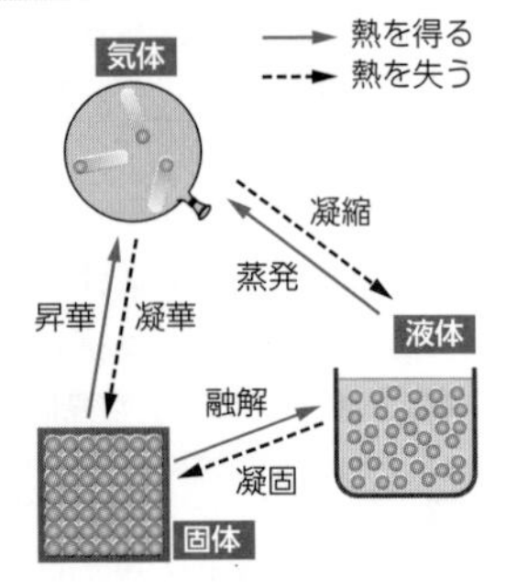

逆に，まわりから冷却すると，気体は熱を失って（放

出して)液体になり(**凝縮**), 液体は熱を失って固体になる(**凝固**)。また, 気体が直接固体になる変化は**凝華**という。

(2) (a) 固体のドライアイスが周囲から熱を得て気体になる変化
(b) 水蒸気(気体)が鏡面で熱を失って水滴(液体)になる変化
(c) 水(液体)が熱を失って氷(固体)になる変化
(d) 水(液体)が周囲から熱を得て水蒸気(気体)になって空気中に拡散するため, 洗濯物が乾く。

補足 1 物質のもつエネルギーは, 固体 → 液体 → 気体の順に大きくなる。

10

(1) イ, ウ, オ (2) イ, ウ (3) ア, イ, エ

三態による分子のようすをまとめると, 次のようになる。

三態	固体	液体	気体
熱運動	穏やか	中くらい	激しい
集合状態	密集し, 位置は固定されている	集まって互いに位置を変える	ばらばらで飛びまわっている
分子間の距離	小さい	小さい(固体よりやや大)	大きい
分子間力	はたらいている	はたらいている	(ほとんど)はたらいていない

11

イ

物質を加熱すると温度が上がるが[1], 融解, 沸騰などの状態変化のときは, 温度は一定に保たれる。それは, 融解のときは加えられたエネルギーが, 粒子の配列を崩すのに用いられ, 沸騰のときは加えられたエネルギーが粒子間の結合を切断し, 粒子をばらばらにするのに用いられるからである。一般に, 融解に必要なエネルギーより, 蒸発に必要なエネルギーのほうが大きい[2]。

補足 1 温度の上がり方は氷, 水, 水蒸気で異なり, 1gの温度を1°C高くするのに必要な熱量(比熱)は, 水では4.2J, 氷・水蒸気はともに約2Jである。
2 氷の融解, 水の蒸発に必要な1g当たりの熱量は, それぞれ0.33kJ(0°C), 2.3kJ(100°C)である。

12

温度が高くなるほど水やインクの分子の熱運動が激しくなるため, 拡散の速さは大きくなる。

液体や気体の分子は, 熱運動により常に運動しているため, 自然にゆっくりと全体へ拡散する。この熱運動は, 温度が高くなるほど激しくなるため, 拡散の速さも大きくなる。

13

(1) ① 温度計の球部は, フラスコの枝の付け根付近に位置させる。
② 液量はフラスコの半分以下にする。
③ 沸騰石を入れる。
④ 受け器を密栓しない。
(2) 高い

(1) ① フラスコの枝に流れこんで留出する蒸気の温度を正確に知るためである。
留出している物質の種類を温度計の示す温度から推定する。
② 液量が多すぎると沸騰したときに液体がフラスコの枝に入ってしまう恐れがある。また, 液面の面積が小さいと蒸発の効率が悪くなる。
③ 突沸するのを防ぐ。
④ 受け器を密栓すると装置内が密閉状態になり, 加熱によって圧力が高くなると爆発の危険がある。
受け器に栓をする場合は, 脱脂綿や穴をあけたアルミニウム箔を用いるなどして, 密栓しない。

(2) 液体混合物の蒸留(分留)[1]では, 沸点の低いものから留出する。ワインを蒸留すると, 水(沸点:100°C)よりも先にエタノールが留出するので, 受け器内に得られる留出液はワインよりもエタノールの割合が高い。

補足 1 分留は, 液体混合物の **沸点の差** を利用した分離方法である。

14

(1) ア (2) エ (3) カ→イ

(1) 固体を溶かした溶液を蒸留すると溶媒を取り出せる。
(2) ヨウ素には昇華性[1]があるので, 加熱して気体にした後, 冷却して固体のヨウ素を得る。
(3) 混合気体を冷却して液体にしてから分留する。液体空気の分留は, 窒素, 酸素の工業的な製法である。

補足 1 昇華性のある物質の例
ヨウ素, ナフタレン, ドライアイス(CO_2)

15

(a) 振動している (b) 大きく (c) 小さい
(d) 小さい

物質の状態は, 物質の構成粒子[1]の熱運動の激しさと粒子間にはたらく引力との大小関係で決まる。
物質の密度は, 一般に固体の状態よりも液体の状態のほうが小さいが, 水だけは例外で, 液体よりも固体のほうが密度が小さい[2]。

補足 1 物質の構成粒子は原子・分子・イオンなどがある。
2 水の密度は1.0g/cm³, 氷の密度は0.91g/cm³である。

第2章 物質の構成粒子

基礎ドリル

(1) H^+	(2) Li^+	(3) Na^+	(4) K^+	(5) Ag^+
(6) Cu^+	(7) Mg^{2+}	(8) Ca^{2+}	(9) Ba^{2+}	(10) Zn^{2+}
(11) Cu^{2+}	(12) Fe^{2+}	(13) Pb^{2+}	(14) Mn^{2+}	(15) Al^{3+}
(16) Fe^{3+}	(17) Cr^{3+}	(18) F^-	(19) Cl^-	(20) Br^-
(21) I^-	(22) O^{2-}	(23) S^{2-}	(24) $NH_4{}^+$	(25) H_3O^+
(26) OH^-	(27) CH_3COO^-		(28) $NO_3{}^-$	(29) $SO_4{}^{2-}$
(30) $CO_3{}^{2-}$	(31) $HCO_3{}^-$	(32) $PO_4{}^{3-}$		

イオンの名称

① **単原子陽イオン**：元素名に「イオン」をつける。
② **単原子陰イオン**：元素名の語尾が「**化物イオン**」となる。
③ **多原子イオン**：固有の名称があるので覚えておくこと。

◆**補充問題**◆ 基礎ドリルの解答(1)～(32)の化学式で表されるイオンのイオン名を答えよ。(解答は，▶本冊 p.15)

16

(a) 原子核 (b) 電子 (c) 陽子
(d) 中性子 (e) 原子番号 (f) 質量数
(g) 質量数 (h) 陽イオン (i) 陰イオン

陽子の数（＝原子番号）で元素が決まる。陽子の数が同じなら，中性子の数が異なっても，イオンになっても，元素は同じ。原子が失ったり受け取ったりした電子の数を，イオンの**価数**という。

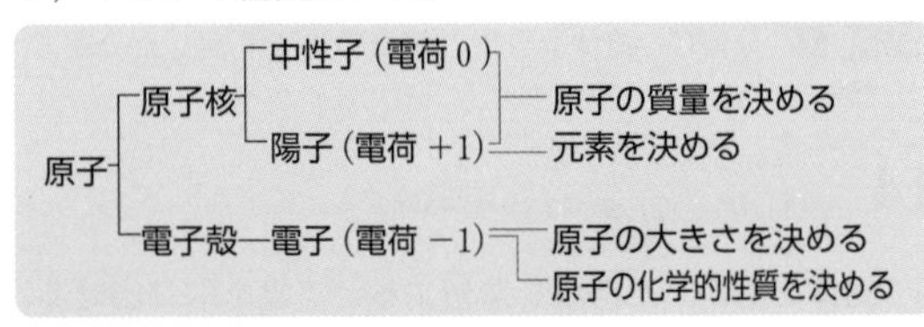

17

(a) 同位体 (b) 8 (c) 9 (d) 10 (e) 18 (f) 22
(g) 二酸化炭素 (h) 半減期

質量数は異なる

$^{17}_{8}O$ $^{18}_{8}O$

原子番号は同じ

同じもの	異なるもの
・原子番号	・中性子の数
・陽子の数	・質量数
・電子の数	

元素記号の左下の数字は**原子番号**，左上の数字は**質量数**である。本問のように，原子番号のみ（または質量数のみ）を表記することもある。原子番号が同じで，質量数の異なる（中性子の数が異なる）原子どうしを**同位体**という。また，質量数は陽子と中性子の数の和なので，同位体どうしの質量は異なる。

原子番号＝陽子の数＝電子の数
質量数＝陽子の数＋中性子の数

水分子は分子式 H_2O で表され，H原子2個とO原子1個からなる。したがって，最も質量の小さい水分子は，^1H 2個と ^{16}O 1個からなり，質量数の総和は $1\times2+16=18$ となる。また，最も質量の大きい水分子は，^2H 2個と ^{18}O 1個からなり，質量数の総和は $2\times2+18=22$ となる。

同位体の中には，原子核が不安定で，放射線を出しながら別の原子核に変化（放射性崩壊または放射壊変）していくものがある。このような同位体を**放射性同位体**という。放射性崩壊により，もとの原子核の数は減っていく。もとの原子核の数が半分になるまでの時間は原子核の種類によって決まっていて，これを**半減期**という。炭素は大気中では主に二酸化炭素として循環する。

18

エ

(ア) 誤り。原子の種類によって大きさは違うが，原子の大きさはだいたい直径が 10^{-10}m 程度である。原子核の大きさは，原子に比べるとはるかに小さく，直径が 10^{-15}～10^{-14}m 程度である。

(イ) 誤り。^1_1H の原子核は，陽子だけからできており，中性子を含まない。

	陽子の数	中性子の数
^1_1H	1	0
^2_1H	1	1
^3_1H	1	2

(ウ) 誤り。陽子の数は各元素によって決まっており，同じ元素であれば必ず等しい❶。

(エ) 正しい。電気的に中性の原子では，原子核のまわりに原子番号（＝陽子の数）と等しい数の電子が存在している。電子は負（マイナス）電荷をもっているので，原子が電子を失えば陽イオンに，原子が電子を受け取れば陰イオンになる。

(オ) 誤り。放射性同位体は放射線を放出して別の元素の原子に変化する。例えば，$^{14}_{6}C$ は β 線（電子）を出して $^{14}_{7}N$ に変化していく。これは β 線を出すときに $^{14}_{6}C$ に含まれる中性子1個が陽子に変化し，原子番号が1増加することによる。

補足 ❶ 元素とは，原子を陽子の数で分類したものである。
陽子の数 ⟺ **元素**
1対1

19

(1) L殻
(2) (a) K(2) (b) K(2)L(4) (c) K(2)L(6)
(d) K(2)L(8)M(1) (e) K(2)L(8)M(7)
(f) K(2)L(8)M(8)N(2)

各電子殻に収容できる電子の最大数は決まっていて，内側（原子核に近いほう）から n 番目の電子殻に入り得る電子の数は $2n^2$ 個。したがって，電子は原子番号1，2の元素ではK殻に，3～10の元素ではL殻に，11～18の元素ではM殻に入る。しかし，次の19，20の元素ではM殻ではなくN殻に入り，21以降の元素で再びM殻に入るようになる。

電子殻	n	$2n^2$
K殻	1	$2\times1^2=2$
L殻	2	$2\times2^2=8$
M殻	3	$2\times3^2=18$
N殻	4	$2\times4^2=32$

20

ウ

(イ) 正しい。貴ガスは，その存在量が少ないことから，「希ガス」とよばれることもある。空気中に最も多く含まれている Ar でさえ，わずか 0.93% しか存在しない。

(ウ) 誤り。Ne～Rn の最外殻電子の数は 8 個であるが，He の最も外側の電子殻はK殻で，最外殻電子の数は 2 個である。

(オ) 正しい。反応する性質の大きいことを活性という。貴ガスは反応しにくいので「不活性ガス」である。

貴ガスの最外殻電子 ≒ 価電子

元素	電子殻の電子の数						最外殻電子	価電子
	K殻	L殻	M殻	N殻	O殻	P殻		
$_{2}He$	2						2個	0個
$_{10}Ne$	2	8					8個	
$_{18}Ar$	2	8	8				8個	
$_{36}Kr$	2	8	18	8			8個	
$_{54}Xe$	2	8	18	18	8		8個	
$_{86}Rn$	2	8	18	32	18	8	8個	

21

(a) 2 (b) 2 (c) 陽 (d) Ca^{2+}
(e) アルゴン (Ar) (f) 7 (g) 1 (h) 1
(i) 陰 (j) Cl^- (k) アルゴン (Ar)

価電子が少ない原子は，電子を放出して原子番号が最も近い貴ガスと同じ電子配置の陽イオンになる。価電子の多い原子は，電子を受け取って原子番号が最も近い貴ガスと同じ電子配置の陰イオンになる。

22

(1) (a) Na (b) O (c) He (d) Mg (e) S
(2) (a) 1 (b) 6 (c) 0 (d) 2 (e) 6
(3) b と e (4) a，d (5) b，e (6) c

(1) 原子の場合，**原子番号＝電子の数** であるから，図の黒丸（電子）の数を数えると原子番号がわかり，元素がわかる❶。

(2) 最外殻電子のうち，原子がイオンになったり，結合したりするときに重要なはたらきをする 1～7 個の電子を**価電子**という。貴ガス元素の原子はふつうイオンになったり他の原子と結合したりしないので，貴ガス元素の原子の価電子の数は 0 個としている。

(3) 価電子の数が同じ原子は，化学的性質が似ている。

(4) 価電子の数が少ない原子は，それを失って陽イオンになりやすい❷。陽イオンの価数は，「もとの原子の価電子の数と同じ」である。

(5) 価電子の数が多い原子は，電子を受け取って陰イオンになりやすい。陰イオンの価数は，「8－もとの原子の価電子の数」となる。

(6) 貴ガス元素の原子の電子配置は安定で，ふつう他の原子と電子の授受を行わず，化合物をつくらない。

〈単原子イオン〉
- 価電子の数が 1 個の原子 ⇒ 1 価の ┐
- 価電子の数が 2 個の原子 ⇒ 2 価の ├ 陽イオンになりやすい
- 価電子の数が 3 個の原子 ⇒ 3 価の ┘

- 価電子の数が 6 個の原子 ⇒ 2 価の ┐ 陰イオンになりやすい
- 価電子の数が 7 個の原子 ⇒ 1 価の ┘

補足 ❶ 原子番号 1～20 の元素は，番号順に覚えておこう。
❷ 水素原子 H はふつう電子 1 個を失って 1 価の陽イオン H^+（水素イオン）になる。しかし，H はハロゲン元素と同様に，貴ガス元素の 1 つ手前に位置しているため，電子 1 個を受け取って 1 価の陰イオン H^-（水素化物イオン）になることもある。Na や Mg との化合物（NaH や MgH_2）が存在する。

23

(1) ア，エ，キ，ク (2) イ，ウ，オ

$_{10}Ne$ 原子の電子の数は 10 個，$_{18}Ar$ 原子の電子の数は 18 個。電子の数が同じであれば，電子配置も同じになる。
原子の電子の数－イオンの電荷＝イオンの電子の数 より，

(ア) Al^{3+} ：13－3＝10 (イ) Ca^{2+} ：20－2＝18
(ウ) Cl^- ：17－(－1)＝18 (エ) F^- ：9－(－1)＝10
(オ) K^+ ：19－1＝18 (カ) Li^+ ：3－1＝2
(キ) Mg^{2+} ：12－2＝10 (ク) Na^+ ：11－1＝10

24

(a) 10 (b) 0 (c) 24 (d) 36 (e) 10 (f) 10

原子の電子の数（の和）－イオンの電荷＝イオンの電子の数 より，

(a) 12（Mg の電子）－ 2（電荷）＝10 (b) 1（H の電子）－ 1（電荷）＝0
(c) 26（Fe の電子）－ 2（電荷）＝24 (d) 35（Br の電子）－(－1)（電荷）＝36
(e) 8（O の電子）＋ 1（H の電子）－(－1)（電荷）＝10
(f) 7（N の電子）＋ 1（H の電子）×4 － 1（電荷）＝10

25

(a) 陽イオン (b)（第一）イオン化エネルギー
(c) 1 (d) 2 (e) 小さ (f) やす (g) 17
(h) 0 (i) 大き (j) にく (k) 陰イオン
(l) 電子親和力 (m) 大き (n) 18 (o) やす

イオン化エネルギーの値は，元素の周期律を表すものの一つである。

〈イオン化エネルギー〉
- 同周期元素では，原子番号が大きくなると，大きくなる。
  厳密には，1 族から 18 族まで単調に増加するのではなく，2 族 → 13 族，15 族 → 16 族のところで少し減少する。
  （▶本冊 p.13 要項②参照）
- 同族元素では，原子番号が大きくなると，小さくなる。
- イオン化エネルギーが小さい ⇒ 陽イオンになりやすい。

〈電子親和力〉
- 電子親和力が大きい ⇒ 陰イオンになりやすい。

26

(1) ③ (2) ①

(1) Na, Mg, Cl は第3周期にあり，最も外側の電子殻はどれもM殻である。よって，原子番号が大きいほど原子の大きさは小さくなるので，原子の大きさは Na>Mg>Cl。

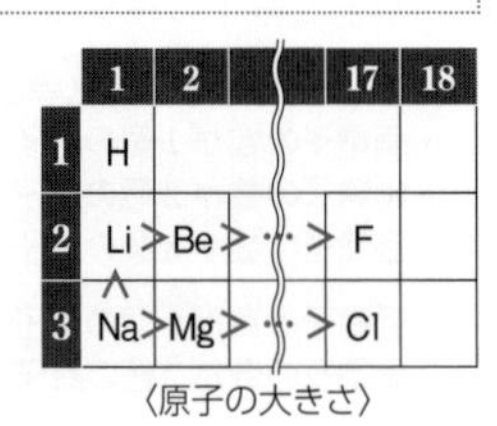

〈原子の大きさ〉

同様にLiとBeはどちらも第2周期にあるので Li>Be。また，NaとLiは同族で，Naのほうが周期表で下に位置するので Na>Li。よって，Naが最も大きい。

(2) いずれもArと同じ電子配置のイオンである。陽子の数が少ないほど原子核に電子を引きつける力が小さい。よって，陽子の数が最も少ない S^{2-} が最も大きい。

〈原子の大きさ・イオンの大きさ〉
- 同じ族の元素では，原子番号が大きいほど原子は大きい。
- 同じ周期の元素では，原子番号が大きいほど原子は小さい(18族は除く)。
- 原子が陽イオンになると，小さくなる。
- 原子が陰イオンになると，大きくなる。
- 電子配置が同じイオンどうしでは，原子番号が大きいイオンのほうが小さい。

27

(a) 原子番号[1] (b) 族 (c) 周期 (d) 2 (e) 8
(f) 価電子 (g) 化学 (h) 1 (i) アルカリ金属
(j) 2 (k) アルカリ土類金属 (l) 17
(m) ハロゲン (n) 貴ガス(希ガス) (o) 安定

典型元素では，元素の周期表で同じ縦の列に配列している原子の価電子の数は同じで，それが少ないときはその電子を放出して陽イオンになり，多いときは電子を受け取って陰イオンになる。

典型元素……………………1，2，13～18族元素
遷移元素……………………3～12族元素
アルカリ金属元素………Hを除く1族元素
アルカリ土類金属元素…2族元素
ハロゲン元素……………17族元素
貴ガス元素………………18族元素

アルカリ金属元素，アルカリ土類金属元素の原子は陽イオンに，ハロゲン元素の原子は陰イオンになるが，そのイオンの電子配置はすぐ近くの貴ガス元素の原子と同じになっている。

補足 1 メンデレーエフの周期表は，元素を原子量(▷本冊p.40要項1参照)の順に並べたものであったが，現在の周期表は，元素を原子番号の順に並べている。

28

(1) ①群 K, Na, 1個 ②群 Ca, Mg, 2個
③群 Cl, F, 7個 ④群 Ar, Ne, 8個
(2) ①群 1族 ②群 2族
③群 17族 ④群 18族
(3) ①群 アルカリ金属元素
②群 アルカリ土類金属元素
③群 ハロゲン元素
④群 貴ガス元素
(4) ①群 ア ②群 イ ③群 ウ ④群 エ

それぞれの元素の原子の電子配置は次の通り。

Ar ：K(2)L(8)M(8)　　Ca：K(2)L(8)M(8)N(2)
Cl ：K(2)L(8)M(7)　　F ：K(2)L(7)
K ：K(2)L(8)M(8)N(1)　　Mg：K(2)L(8)M(2)
Na ：K(2)L(8)M(1)　　Ne：K(2)L(8)

(4) 最外殻電子(価電子)の数が1個や2個と少ない原子は，それを放出して陽イオンになりやすい。
最外殻電子(価電子)の数が6個や7個と多い原子は，電子を受け取って陰イオンになりやすい。
貴ガス元素の原子は，最外殻電子の数がHeでは2個，Ne以降では8個であるので，電子配置は安定であり，ふつうは化合物をつくらない。よって，価電子の数は0個とする。

名称	例	最外殻電子の数	価電子の数	なりやすいイオン
アルカリ金属元素	Na, K	1	1	1価の陽イオン
アルカリ土類金属元素	Ca, Ba	2	2	2価の陽イオン
ハロゲン元素	F, Cl	7	7	1価の陰イオン
貴ガス元素	He, Ne	8(または2)	0	(イオンになりにくい)

29

(1) b：2族 e：15族 (2) (i) d (ii) f
(3) (i) a (ii) f (4) (i) h (ii) a (5) g

(1)

族	1	2	13	14	15	16	17	18
元素	Li a	Be b	B c	C d	N e	O f	F g	Ne h

(2) 典型元素の価電子の数は，族番号の1の位の数と同じである(ただし，18族は0個)。

〈陽イオンになりやすい元素〉

族	価電子の数	なりやすいイオン
1族	1個	1価の陽イオン
2族	2個	2価の陽イオン
13族	3個	3価の陽イオン

〈陰イオンになりやすい元素〉

族	価電子の数	なりやすいイオン
16族	6個	2価の陰イオン
17族	7個	1価の陰イオン

(3) (i) 1族元素，(ii) 16族元素 である。
(4) (i) 18族元素，(ii) 1族元素 である。
(5) 17族元素である。

30

エ

17族の元素はすべて非金属元素であるが，13～16族の元素には周期表の第3周期以降に金属元素が含まれる。

31

(1) ア (2) ウ (3) イ

(1) イオン化エネルギーは，18族元素で極大値，1族元素で極小値を示す。極大値，極小値とも原子番号が大きくなるほど，少しずつ小さくなる。同一周期の元素では，イオン化エネルギーは不規則ながら原子番号順に増加することがポイント。

(2) 原子の大きさは，1族元素で極大値を示し，極大値は原子番号が大きくなるほど大きくなる。同一周期の元素では原子番号順に徐々に小さくなる[1]が，18族元素では1族元素程度の大きさとなる。

(3) 価電子の数は，18族元素で最小値を示し，同一周期で1～17族まで原子番号順に規則的に増加していることがポイント。18族元素の価電子の数は0個。

補足 [1] 同周期元素では最外殻電子は同じ電子殻に配置されるが，原子番号の大きい原子ほど原子核の陽子の数，すなわち正電荷が増すため，電子が強く原子核に引きつけられ，原子の大きさは小さくなる。

32

ア，オ

(ア) 正しい。電子の質量は陽子，中性子と比べてきわめて小さいので，原子の質量は，原子核の質量とほぼ等しい。

(イ), (ウ) 誤り。原子核の大きさは原子の大きさ(＝電子殻の大きさ)の1万～10万分の1程度で，電子と原子核は大きく離れている[1]。

(エ) 誤り。イオン化エネルギーが大きい原子の電子は取れにくいので，陽イオンになりにくい。

(オ) 正しい。電子親和力が大きい原子は，電子を得て安定な陰イオンになりやすい。

補足 [1] ふつう我々が扱うような大きさの物体では，異なる符号の電荷をもつと互いに引きあい合体してしまうが，電子は原子核に吸収されることなく，飛び飛びのエネルギーをもつ電子殻の中で安定に存在している。

33

(1) (ア) 0 (イ) 4 (ウ) 7 (2) K(2)L(8)M(4)
(3) ウ (4) (a) $^{39}_{19}K$ (b) 同位体

(1),(2) 原子では，**原子番号＝陽子の数＝電子の数** であるから，それぞれの元素名，電子の数，電子配置は次の通り。

	元素名	電子の数	電子配置
(ア)	He	2	K(2)
(イ)	C	6	K(2) L(4)
(ウ)	F	9	K(2) L(7)
(エ)	Si	14	K(2) L(8) M(4)
(オ)	K	19	K(2) L(8) M(8) N(1)

(ア)のHeは貴ガスなので，価電子の数は0個[1]。
(イ), (ウ)については最外殻電子が価電子である。

(3) (ウ)はハロゲン元素なので，電子親和力も大きく，陰イオンになりやすい。

補足 [1] すべての貴ガス元素について，**価電子の数＝0**

34

イ

原子が陽イオンになると小さくなり，陰イオンになると大きくなる。
電子配置が同じイオンどうしでは，原子番号が大きいほど小さくなる。Arと同じ電子配置のイオンでは，$S^{2-}>Cl^{-}>K^{+}>Ca^{2+}$。同じ周期の元素では，原子番号が大きいほど，原子は小さくなる(貴ガスは除く)。第3周期では，Na>Mg>Al>Si>P>S>Cl。

35

(1) f, l (2) m (3) n (4) f, g, l, m, n
(5) m, n (6) d, i (7) l

(1) H以外の1族元素である。
(2) 2族元素である。
(3) 3～12族元素である。
(4) g(Al)が金属と非金属の境目である。
(5) 典型元素では2族元素が該当する。また，遷移元素[1]の多くが2価の陽イオンになり得る。
(6) 16族元素が該当する。
(7) 周期表の最も左下にあり，1族であるl(K)が該当する。

補足 [1] 遷移元素のイオンの例
・亜鉛イオン Zn^{2+} (2価の陽イオン)
・銀イオン Ag^{+} (1価の陽イオン)
・銅(Ⅰ)イオン Cu^{+} (1価の陽イオン)
・銅(Ⅱ)イオン Cu^{2+} (2価の陽イオン)
・鉄(Ⅱ)イオン Fe^{2+} (2価の陽イオン)
・鉄(Ⅲ)イオン Fe^{3+} (3価の陽イオン)
が特に大切なので覚えておこう。

第3章 粒子の結合

基礎ドリル

1. (1) NaCl (2) NH_4Cl (3) $CuCl_2$
(4) $FeCl_3$ (5) NaOH (6) $Ca(OH)_2$
(7) $Ba(OH)_2$ (8) $Cu(OH)_2$ (9) $Fe(OH)_2$
(10) $AgNO_3$ (11) $NaHCO_3$ (12) Ag_2O
(13) CaO (14) CuO (15) Al_2O_3
(16) Ag_2S (17) CuS (18) ZnS
(19) FeS (20) $CaSO_4$ (21) $CuSO_4$
(22) Na_2CO_3 (23) $CaCO_3$ (24) $Ca_3(PO_4)_2$

2. (1) H_2 (2) He (3) N_2 (4) O_2
(5) F_2 (6) Cl_2 (7) Ar (8) Br_2
(9) I_2 (10) O_3 (11) CH_4 (12) NH_3
(13) HF (14) H_2S (15) HCl (16) H_2O_2
(17) CO (18) CO_2 (19) NO_2 (20) SO_2
(21) SO_3 (22) H_2SO_4 (23) HNO_3 (24) H_3PO_4

3.

	(ア)	(イ)	(ウ)	(エ)	(オ)	(カ)
(1)	H·	·C· (4電子)	·O· (6電子)	:F· (7電子)	·S· (6電子)	:Cl· (7電子)
(2)	1	4	2	1	2	1
(3)	1価	4価	2価	1価	2価	1価

4. (1) H:H H−H (2) H:C:H（上下にH） H−C−H（上下にH）
(3) H:N:H（下にH） H−N−H（下にH） (4) H:Cl: H−Cl
(5) O::C::O O=C=O

5. (1) C (2) C (3) SiO_2 (4) Fe
(5) Cu (6) Al
(7) I_2 (8) CO_2

1. 塩化銅(Ⅱ) ─ 塩化物イオン Cl^- ／ 銅(Ⅱ)イオン Cu^{2+} ─ $CuCl_2$

炭酸ナトリウム ─ 炭酸イオン CO_3^{2-} ／ ナトリウムイオン Na^+ ─ Na_2CO_3

のように，イオンからなる物質の名称を化学式に直すとよい。ここで，イオンからなる物質では，陽イオンの正電荷の総和と陰イオンの負電荷の総和が等しい。

陽イオンの(価数)×(個数)
＝陰イオンの(価数)×(個数)

3. (1) 最外殻電子を元素記号の上下左右に書く。4個までは上下左右1個ずつばらばらに分かれるように書き，5個目以降は対ができるように書く。なお，上下左右の4箇所には電子を書く順序は決められておらず，例えば酸素の場合，:Ö· でも :Ȯ: でもよい。

(3) 原子価は，不対電子の数に等しい。

4. 共有結合では，2つの原子が不対電子を出しあって共有する[1]。なお，分子をつくるとき，不対電子はすべて使われて残らない。また，ふつう，分子内での各原子のもつ電子の数は8個(Hは2個)になる。構造式を書くには，各原子から出る線の本数(原子価)を考え，それらの線をすべて使い切るように原子をつなぐ。構造式の線は2つの原子が互いに出しあうことでつなげられる。

○ H− ＋ H− ⟶ H−H × H− ＋ H− ⟶ H−H−

補足 1 一方の原子が電子対を出してもう一方の原子と共有することで結合をつくるものもあり，このような結合を配位結合という。

5. (1)〜(3) 共有結合の結晶は組成式で表す。
(4)〜(6) 金属結晶は組成式で表す。
(7)〜(8) 分子結晶は分子式で表す。

◆補充問題◆ 基礎ドリルの解答 1．2．5．の化学式で表される物質の名称を答えよ。(解答は，▶本冊 p.27)

36

(a) ネオン(Ne) (b) アルゴン(Ar)
(c) 静電気(クーロン) (d) イオン (e) 1
(f) 1 (g) 組成 (h) 1 (i) a (j) XY_a

非金属元素と金属元素の結合は，金属元素の原子の価電子が非金属元素の原子の電子殻に移り，それぞれ原子番号が最も近い貴ガスと同じ電子配置の陽イオンと陰イオンになり，静電気力(クーロン力)により引きあっている。イオンからなる物質では，陽イオンの正電荷の総和と陰イオンの負電荷の総和が等しくなる。

37

(1) NaOH，水酸化ナトリウム
(2) $MgCl_2$，塩化マグネシウム
(3) $Al_2(SO_4)_3$，硫酸アルミニウム
(4) $(NH_4)_2CO_3$，炭酸アンモニウム
(5) CaO，酸化カルシウム
(6) $Fe(NO_3)_3$，硝酸鉄(Ⅲ)
(7) AgF，フッ化銀
(8) $CuSO_4$，硫酸銅(Ⅱ)
(9) CH_3COONa，酢酸ナトリウム

〔組成式の書き方〕① 陽イオン，陰イオンの順に，＋，− と価数を除いてイオンの化学式を書く。(ただし，例外として(9)の酢酸ナトリウムなど，酢酸イオンを含む物質の組成式では，陰イオンが先になる。)

① Al^{3+} SO_4^{2-}
② Al_2 SO_4 3
3×2＝2×3
③ $Al_2(SO_4)_3$
④ 硫酸アルミニウム
((物)イオンはつけない)

② 陽イオンと陰イオンは，正，負の総電荷が等しくなる割合で結合するので，その数を表す添字を右下につける（1は書かない）。
③ 多原子イオンが2個以上ある場合は，$Ca(OH)_2$ や $(NH_4)_2CO_3$ のようにカッコをつけてその右下に添字をつける。
〔組成式の読み方〕④ 名称は，もとのイオンの「イオン」という語を省いて，陰イオン，陽イオンの順に読む[1]。ただし，「○○化物イオン」は「物イオン」を除いて読む。

補足 [1] 鉄Feや銅Cuのように，同じ元素でも価数の異なるイオンをつくるものがある。このようなときは，次のように（ ）内にⅡ，Ⅲのようなローマ数字をつけて区別する。
鉄（Ⅱ）イオン Fe^{2+}　鉄（Ⅲ）イオン Fe^{3+}
銅（Ⅰ）イオン Cu^{+}　銅（Ⅱ）イオン Cu^{2+}

38

(a) イオン (b) 高い (c) 通さない (d) 通す (e) 通す (f) 電離 (g) 電解質 (h) 非電解質

イオンからなる物質は水に溶けやすいものが多いが，塩化銀AgCl，硫酸バリウム$BaSO_4$，炭酸カルシウム$CaCO_3$などのように水に溶けにくいものもある。

39

(a) 価（不対） (b) 共有 (c) ヘリウム(He) (d) L (e) 不対電子 (f) 共有電子対 (g) 非共有電子対 (h) ネオン(Ne) (i) 5 (j) 3 (k) 3 (l) NH_3 (m) 分子式

非金属元素どうしの結合は，2つの原子がそれぞれの価電子中の**不対電子**を共有して生じる（**共有結合**）。不対電子を共有して生じた電子対を**共有電子対**，共有結合に関与していない電子対を**非共有電子対**という[1]。

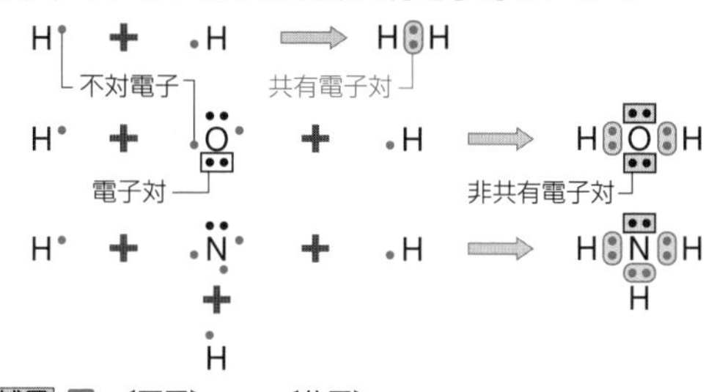

補足 [1] 〔原子〕⟶〔分子〕
不対電子 —共有⟶ 共有電子対
電子対 ⟶ 非共有電子対

40

(a) H:N̈:H（下にH） (b) 電子式 (c) H–N–H（下にH） (d) 構造式 (e) 二重 (f) 三重

共有結合する前の原子では，不対電子の数が原子価と等しい。また，共有結合している分子では，共有電子対の数が構造式中での結合を表す線の数となる。

H- -O- -H → H–O–H　-O- -C- -O- → O=C=O
H- -N- -H → H–N–H（下にH）　-N- -N- → N≡N

電子2個を共有し，線1本で示される共有結合を**単結合**といい，電子4個，6個を共有し，線2本，3本で示される共有結合をそれぞれ**二重結合**，**三重結合**という。

41

(1) (a) H:H　H–H　(b) H:C̤̈l:　H–Cl
(c) メタンの電子式（H:C:H，上下にH）　構造式 H–C–H（上下にH）
(d) :Ö::C::Ö:　O=C=O
(e) H:C::C:H（各Cの下にH）　$H_2C=CH_2$
(f) H:C:Ö:H（Cの上下にH）　H–C–O–H（Cの上下にH）
(g) H:C:::C:H　H–C≡C–H
(2) (i) d，e (ii) g (3) f，g (4) a，c，e，g

(1) 電子式は，不対電子どうしを組み合わせて共有電子対をつくる。構造式は，各原子から出る線を過不足なくつなぎあわせる。
(3) 線1本は共有電子対1組を表すから，線の数の総和が共有電子対の数となる。
(4) H原子，C原子は価電子すべてが不対電子であるので，H原子とC原子のみからなる分子は非共有電子対はもっていない[1]。

補足 [1] N原子 ·N̈·，O原子 ·Ö·，Cl原子 ·C̤̈l: の電子対は，分子内で非共有電子対となる。

42

(a) 不対電子（価電子） (b) 配位 (c) H_3O^+ (d) オキソニウム (e) 非共有電子対 (f) K (g) アンモニウム (h) 窒素 (i) 4 (j) 錯イオン

配位結合は，結合のできるしくみが違う[1]が，できた結合は，ふつうの共有結合と変わらない。

補足 [1] **共有結合**…原子どうしが**互いに**不対電子を**出しあい**，共有してできる結合。
配位結合…**一方の**原子の非共有電子対を2原子で共有してできる結合。

水素イオンH^+は，H原子がK殻の1個の電子を失ったものであるから，K殻に入り得る電子2個分が空所になっている。そこへH_2O分子のO原子のもつ1組の非共有電子対が入り，H原子とO原子とが配位結合してオキソニウムイオンH_3O^+が生じる。

$H:\ddot{O}:H$ ＋ H^+ ⟶ $[H:\ddot{O}:H]^+$（下にH）

非共有電子対　K殻は空　3つの結合はすべて同じ

NH_3 分子と H^+ からも，同じようにして NH_4^+ が生じる。

$H:\ddot{N}:H$（上にH）＋ H^+ ⟶ $[H:\ddot{N}:H]^+$（上下にH）

非共有電子対　K殻は空　4つの結合はすべて同じ

なお，どちらの場合でも，他の共有結合と新しく生じた配位結合はすべて同じで，区別がつかない。

金属イオンと非共有電子対をもつ分子や陰イオンが配位結合して，新しいイオンをつくる場合がある。このとき生じたイオンを**錯イオン**，配位結合した分子やイオンを**配位子**，配位子の数を**配位数**という。

錯イオンの名称	ジアンミン銀(Ⅰ)イオン	テトラアンミン銅(Ⅱ)イオン	ヘキサシアニド鉄(Ⅱ)酸イオン
化学式	$[Ag(NH_3)_2]^+$	$[Cu(NH_3)_4]^{2+}$	$[Fe(CN)_6]^{4-}$
金属イオン	Ag^+	Cu^{2+}	Fe^{2+}
配位数	2	4	6
配位子	NH_3	NH_3	CN^-
形	直線形	正方形	正八面体形

ヘキサ　シアニド　鉄（Ⅱ）　酸イオン

配位子の数を表す数詞2　配位子の名称3　金属イオンと価数　全体が陰イオンのときは「酸」をつける

補足

2

配位子の数を表す数詞	
1	モノ
2	ジ
3	トリ
4	テトラ
5	ペンタ
6	ヘキサ

3

配位子	名称
Cl^-	クロリド
OH^-	ヒドロキシド
CN^-	シアニド
H_2O	アクア
NH_3	アンミン

43

エ

(ア), (イ) 正しい。水分子は，酸素原子の2組の非共有電子対のうちの1組を使って水素イオンと配位結合する。

$$H_2O + H^+ \longrightarrow H_3O^+$$

$H:\ddot{O}:H + H^+ \longrightarrow [H:\ddot{O}:H]^+$（下にH）

水　水素イオン　オキソニウムイオン

したがって，オキソニウムイオンには1組の非共有電子対が残っている。

(エ) 誤り。配位結合は，できるときのしくみが他の共有結合と異なるだけで，できた結合は他の共有結合とまったく同じで区別することはできない。

44

(a) 右上　(b) フッ素　(c) 陰　(d) 陽

(1) 電気陰性度は，周期表の右上の元素ほど大きく（貴ガス元素は除く），左下の元素ほど小さい。

(2) 水素の電気陰性度は2.2で，非金属元素のうちでは小さい。一方，C，N，O，Fなど第2周期の非金属元素の電気陰性度は大きく，フッ素は全元素中最大である。　$C(2.6) < N(3.0) < O(3.4) < F(4.0)$

(3) 電気陰性度が小さい。⇒ 電子を引きつける力が弱い。⇒陽性が強い（陰性は弱い）。
電気陰性度が大きい。⇒ 電子を引きつける力が強い。⇒陰性が強い（陽性は弱い）。

45

(a) 電気陰性度　(b) 大き　(c) 酸素　(d) 極性
(e) 折れ線　(f) 極性　(g) 直線　(h) 無極性

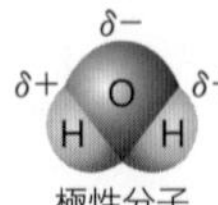

極性分子〈H_2O 分子〉

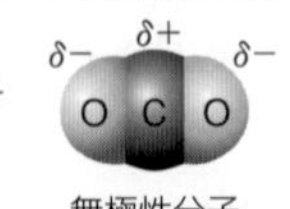

無極性分子〈CO_2 分子〉

異なる2原子間の共有結合では，両原子の電気陰性度の差により共有電子対が一方の原子のほうにかたより，電荷のかたより，すなわち結合の極性が生じる。HCl では，この結合の極性がそのまま残り，極性分子となる1。3原子以上の分子では，分子としての極性の有無は，分子の構造・形も考慮しなければならない。

補足 1 無極性分子の間には，分子どうしの相互作用により弱い引力（ファンデルワールス力）がはたらいている。極性分子ではさらに，分子全体のもつ極性に基づく引力も加わるので，分子間にはたらく引力は強くなる。

46

(1) (a) オ　(b) ウ　(c) ア　(d) イ　(e) ア
(2) b，c，d

異なる2原子間の共有結合では，両原子の電気陰性度の差により結合に極性が生じるので，異種の原子からなる二原子分子は極性分子となる。3原子以上の分子の極性の有無は，分子の構造・形も考慮しなければならない1。

(a)	CH_4	正四面体形	無極性分子
(b)	NH_3	三角錐形	極性分子
(c)	HCl	直線形	極性分子
(d)	H_2O	折れ線形	極性分子
(e)	CO_2	直線形	無極性分子

補足 1 メタン，アンモニア，水の分子の形については，次のように考えるとよい。
中心のC，N，O原子には，共有電子対と非共有電子対合わせて4組の電子対があり，これらの電子対どうしが互いの反発により，空間に等間隔に離れようとするため，正四面体の中心から4つの頂点に向かう方向に分布することになる。これに共有電子対の数だけH原子を入れると，それぞれの分子の形が得られる。

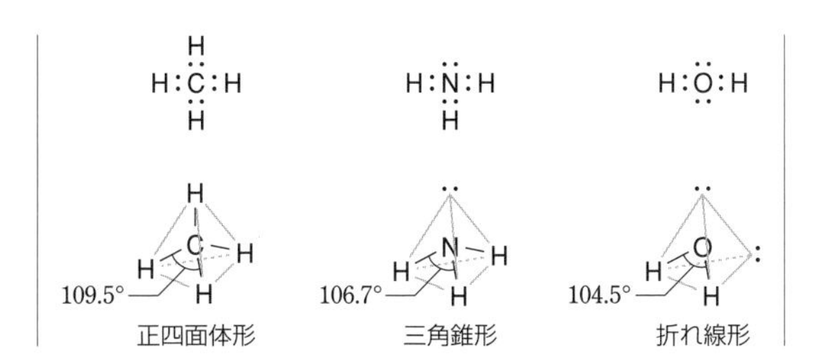

47

(a) 分子結晶 (b) 分子間力 (c) 低
(d) 共有結合の結晶 (e) C (f) Si (g) SiO_2
(h) 組成 (i) 高 (j) 半導体

原子や分子は，正電荷をもつ原子核と負電荷をもつ電子から成りたっているため，分子が近づくと互いの影響で引力が生じる（**分子間力**）[1]。このため温度が低くなると，分子は凝集して液体，固体になる。このようにして分子が規則正しく配列した結晶を**分子結晶**という。しかし，分子間力は弱いので，温度が少し上がると分子は規則正しく配列していられなくなり，動き出す（融解する）。すなわち，分子結晶の融点は低い。

共有結合の結晶は多数の原子が共有結合で強く結びついているため，融点はきわめて高い。

ケイ素 Si は，ダイヤモンド型の結晶構造をしている。二酸化ケイ素 SiO_2 は，ケイ素原子1個に酸素原子4個が正四面体状に共有結合した SiO_4 四面体がくり返されている[2]。

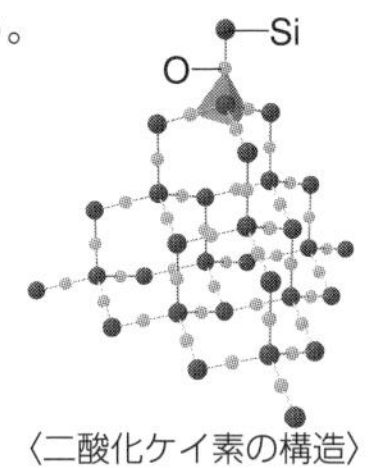

〈二酸化ケイ素の構造〉

補足 [1] 分子間力は，原子番号が大きい原子を含むときや原子の数が多いとき，さらに極性分子のときに強くなる。
[2] 二酸化ケイ素は，水晶，石英，けい砂などとして，天然に存在している。

48

(1) (A) ダイヤモンド (B) 黒鉛
(2) (a) 共有結合 (b) 共有結合
(c) 分子間力（ファンデルワールス力）
(3) 共有結合の結晶 (4) A (5) B

ダイヤモンドでは，1個のC原子は4個の価電子を用いて4個のC原子と共有結合で結合し，正四面体の中心と4つの頂点という位置関係で配列している。そのため，ダイヤモンドは硬く，電気を通さない。

黒鉛では，1個のC原子は3個の価電子を用いて3個のC原子と共有結合で結合し，正六角形の連続した平面構造をつくっている。この平面構造どうしは弱い分子間力（ファンデルワールス力）で積み重なっている。残りの1個の価電子は，平面構造の中を自由に移動できる。したがって，黒鉛は電気を通すことができ，また，結晶に力を加えると平面構造が容易にずれるので，やわらかい。

49

(a) 高分子 (b) ポリエチレン
(c) 二重 (d) 付加重合
(e) ポリエチレンテレフタラート（PET）
(f) 縮合重合

原子が何千，何万個と結合した大きな化合物を**高分子化合物**という。高分子化合物には，天然のもの（例 デンプン，セルロース，タンパク質）と人工的に合成したもの（例 ポリエチレン，PET，ナイロン）があるが，いずれも小さな分子（**単量体**または**モノマー**）が付加重合や縮合重合などを経て多数結合したもの（**重合体**または**ポリマー**）である[1]。

① **付加重合** C=C をもつ化合物は，二重結合を開いて結合すること（**付加**）をくり返して多数結合する（**付加重合**）。

CH=CH CH=CH CH=CH CH=CH（各 CH に X, Y）
⇩
-CH-CH-CH-CH-CH-CH-CH-CH-（X Y X Y X Y X Y）

（X=Y=H の場合：エチレン → ポリエチレン
X=H，Y=Cl の場合：塩化ビニル
→ ポリ塩化ビニル）

② **縮合重合** 反応できる原子や原子団を2個もった分子間で，H_2O のような簡単な分子がとれて結合すること（**縮合**）をくり返して多数結合する（**縮合重合**）。

X-R-X ＋ Y-R′-Y ＋ X-R-X ＋ Y-R′-Y
（−XY，−XY，−XY）
⇩
-R-R′-R-R′-

（HO-C(=O)-C_6H_4-C(=O)-OH ＋ HO-$(CH_2)_2$-OH [2]
−H_2O
テレフタル酸 エチレングリコール
⇩
-C(=O)-C_6H_4-C(=O)-O-$(CH_2)_2$-O-
ポリエチレンテレフタラート（PET））

補足 [1] 高分子化合物は，結合した小さな分子（単量体）の数はそろっておらず，分子量の異なる分子の集合体である。そのため，測定で得られる分子量は平均分子量である。また，加熱しても決まった融点を示さず，しだいにやわらかくなったり，融解する前に熱分解したりするなど，ふつうの分子結晶とは異なっている。
[2] HOOC-$(CH_2)_4$-COOH（アジピン酸）と H_2N-$(CH_2)_6$-NH_2（ヘキサメチレンジアミン）が縮合重合すると，ナイロン66が得られる。また，デンプンやセルロースはグルコースが，タンパク質はアミノ酸が，それぞれ縮合重合した高分子化合物である。

50

(a) 自由 (b) 金属 (c) 展 (d) 熱 (e) 導体
(f) 絶縁体 (g) 合金

金属では，金属原子の最も外側の電子殻が互いに重なっていて，価電子は特定の原子の間だけでなく，全部の金属原子の間を自由に移動できる。このような電子を**自由電子**という。金属では，電圧をかけると固体でも液体でも自由電子が陽極に向かって一斉に動くので，電気をよく通す。自由電子以外の電子は，特定の原子の原子核のまわりに存在し，電気伝導性とは関係ない。
自由電子に基づく金属の特性には，電気伝導性のほか，熱伝導性，金属光沢，展性・延性などがある[1]。
金属結合の結合力は強いので，金属の融点は一般に高いが，水銀やアルカリ金属などは低い。

補足 [1] 金は，10^{-7} m の薄さにまで広げることができ，1 g で 3000 m の長さまで伸ばすことができる。

51

(1) ウ，エ，オ　(2) ア，イ，カ，キ
(3) ク，ケ，コ

(1) 非金属元素どうしの組合せは，共有結合して分子をつくる。
(ウ) CH_4　(エ) CO_2　(オ) Cl_2
(2) 金属元素と非金属元素の組合せは，イオン結合をつくる。
(ア) Al^{3+} と O^{2-} → Al_2O_3　(イ) Br^- と Ca^{2+} → $CaBr_2$
(カ) Cl^- と Na^+ → NaCl　(キ) F^- と K^+ → KF
(3) (ク)と(コ)は金属元素どうしの組合せで，金属結合で結合する。
(ケ)は貴ガス元素どうしの組合せで，化学結合しない。

非金属元素の原子どうし……………………共有結合
非金属元素の原子と金属元素の原子…イオン結合
金属元素の原子どうし………………………金属結合

52

(1) A：水素，H　B：炭素，C
C：酸素，O　D：ナトリウム，Na
E：アルミニウム，Al　F：塩素，Cl
G：アルゴン，Ar
(2) ① メタン，CH_4　② 塩化水素，HCl
③ 四塩化炭素(テトラクロロメタン)，CCl_4
④ 酸化アルミニウム，Al_2O_3
⑤ 塩化ナトリウム，NaCl
分子からなる物質：①，②，③
(3) 単原子分子

(1) 原子の場合，**電子の数＝原子番号** より，元素の種類がわかる。
(2) A，B，C，F，G は非金属元素，D，E は金属元素。
① H- と -C- ⟶ CH_4 (分子)
② H- と Cl- ⟶ HCl (分子)
③ -C- と Cl- ⟶ CCl_4 (分子)
④ O ⟶ O^{2-}，Al ⟶ Al^{3+} → Al_2O_3 (イオンからなる物質)
⑤ Na ⟶ Na^+，Cl ⟶ Cl^- → NaCl (イオンからなる物質)

53

(1) (a) CO_2，イ　(b) KCl，ア　(c) Zn，エ
(d) SiO_2，ウ　(e) S，イ　(f) CaO，ア
(g) I_2，イ　(h) Cu，エ
(2) (a) 分子間力(ファンデルワールス力)
(b) イオン結合 または 静電気力(クーロン力)
(c) 金属結合　(d) 共有結合
(3) h

(1) (a) 二酸化炭素の固体を**ドライアイス**という。
(e) 同素体のうち，斜方硫黄と単斜硫黄は S_8 分子。ゴム状硫黄は原子の数が不定の鎖状分子で，常温で放置するとしだいに斜方硫黄に変化する[1]。
(2) イオン結晶では陽イオンと陰イオンが静電気力(クーロン力)で結合し，分子結晶では分子が分子間力で集合している。金属では全原子が自由電子によって結合し，共有結合の結晶では全原子が共有結合で結合している。
(3) 金属結晶中で，すべての原子によって共有されている価電子を**自由電子**という。電子が**多数の**原子間で共有されるのが金属結合であり，**2つの(特定の)**原子間で共有されるのが共有結合である。

補足 [1] 硫黄には多くの同素体があり，特定が困難なため，単体の硫黄は例外的に組成式 S で表すことが多い。

54

(1) エ　(2) ウ　(3) ア　(4) イ　(5) エ

(1), (5) 金属結晶は，自由電子が原子の間を自由に移動できるため，電気や熱をよく通し，延性・展性をもつ。
(2) イオン結晶は，固体のままでは電気を通さないが，水に溶かしたり融解させたりして，イオンが動けるようになると，電気を通すようになる。
(3) 共有結合の結晶は，結晶を構成する多数の原子が次々に共有結合した構造をもつ。
(4) 分子からなる物質には，常温で気体のもの，液体のもの，固体のものがある[1]。分子結晶では，分子は分子間力で凝集しているが，分子間力は他の化学結合に比べると弱いから，融点は低く，また，ヨウ素やナフタレンなどのように加熱すると昇華するものもある。

補足 [1] 常温・常圧で，気体または液体であるものは分子からなる物質と考えてよい(例外は金属の水銀)。結晶を構成する粒子どうしを結びつけている他の化学結合(共有結合，イオン結合，金属結合)の力と比べて，分子間力ははるかに弱いからである。

55

(1) 組成式，NaOH　(2) 組成式，NH_4NO_3
(3) 組成式，C　(4) 分子式，Br_2
(5) 組成式，Al_2O_3　(6) 組成式，Au

イオンからなる物質，共有結合の結晶，金属を表すとき

は，粒子の数が不定であるため，その組成比を示す組成式で表す。分子を表すときは，粒子の数を示す分子式で表す[1]。

(1) Na^+ と OH^- のイオンからなるので，組成式 NaOH で表す。

(2) NH_4^+ と NO_3^- のイオンからなるので，組成式 NH_4NO_3 で表す。

(3) Cのみからなる共有結合の結晶なので，組成式Cで表す。

(4) Br 原子 2 個からなる分子なので，分子式 Br_2 で表す。

(5) Al^{3+} と O^{2-} のイオンからなるので，組成式 Al_2O_3 で表す。

(6) Au のみからなる金属なので，組成式 Au で表す。

補足 1 非金属元素のみからなる物質には，共有結合の結晶になるものと，分子になるものとがある。共有結合の結晶になるものは少ないので覚えておく。C(黒鉛)，C(ダイヤモンド)，Si，SiO_2 など。

56

① c	② a	③ a	④ b
⑤ d	⑥ e	⑦ f	⑧ g
⑨ k	⑩ h	⑪ i	⑫ j
⑬ l	⑭ l	⑮ n	⑯ m
⑰ q	⑱ o	⑲ p	⑳ o
㉑㉒ s，u	㉓㉔ t，x	㉕㉖ r，w	㉗㉘ v，y

物質の分類	イオンからなる物質	共有結合の結晶	金属	分子からなる物質
結晶のでき方	金属元素の原子と非金属元素の原子 ↓ 陽イオンと陰イオン ↓イオン結合 イオン結晶	非金属元素の原子 ↓共有結合 共有結合の結晶	金属元素の原子 ↓金属結合 金属結晶	非金属元素の原子 ↓共有結合 分子 ↓分子間力 分子結晶
化学式	組成式	組成式	組成式	分子式
機械的性質	硬くてもろい	非常に硬い(黒鉛は例外)	展性・延性に富む	やわらかく，くだけやすい
融点	高い	非常に高い	高いものが多い(水銀は例外)	低いものが多い 昇華するものあり
電気伝導性	なし(水溶液や液体はあり)	なし(黒鉛は例外)	あり	なし

57

電子式
(ア) H:C:H（C の上下に H）　(イ) :Ö::C::Ö:
(ウ) :N⋮⋮N:　(エ) H:N̈:H（N の下に H）
(オ) H:Ö:H　(カ) H:F̤̈:

構造式
(ア) H−C−H（C の上下に H）　(イ) O=C=O　(ウ) N≡N
(エ) H−N−H（N の下に H）　(オ) H−O−H　(カ) H−F

(1) (a) イ　(b) ウ　(2) (a) イ　(b) ア
(3) (a) ア　(b) エ　(c) イ，ウ，カ　(d) オ

	電子式	構造式[1]	分子の形	分子の極性
(ア)	H:C:H（C の上下に H）	H−C−H（C の上下に H）	正四面体形	無極性分子
(イ)	:Ö::C::Ö:	O=C=O	直線形	無極性分子
(ウ)	:N⋮⋮N:	N≡N	直線形	無極性分子
(エ)	H:N̈:H（N の下に H）	H−N−H（N の下に H）	三角錐形	極性分子
(オ)	H:Ö:H	H−O−H	折れ線形	極性分子
(カ)	H:F̤̈:	H−F	直線形	極性分子

補足 1 構造式は原子の結合のしかたを表したものであって，実際の分子の形を表すものではない。
例えば，H_2O の構造式は H−O−H などと表すが，H_2O 分子の形は直線形ではなく，折れ線形である。

58

(1) ○　(2) ○　(3) ×　(4) ○　(5) ×

原子価より，各原子から出る線をすべて書き表して，つなぎ合わせる[1]。
このとき，水素原子は原子価が1価で原子間に入らないから，まず水素以外の原子をつないで，残った線に水素原子をつなげるようにする。

補足 1 分子式(あるいは構造式)で表すことができたとしても，その分子が実際に存在するとは限らない。

(1) −C−⋯⋯−C−⋯⋯−C− → ＞C=C=C＜ → H₂C=C=CH₂（H−C(−H)=C=C(−H)−H）

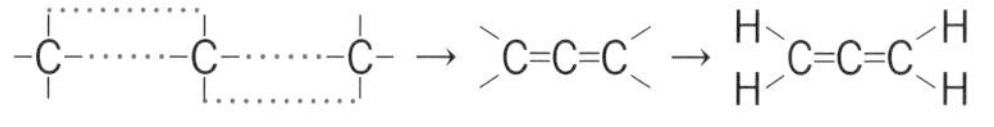

または，

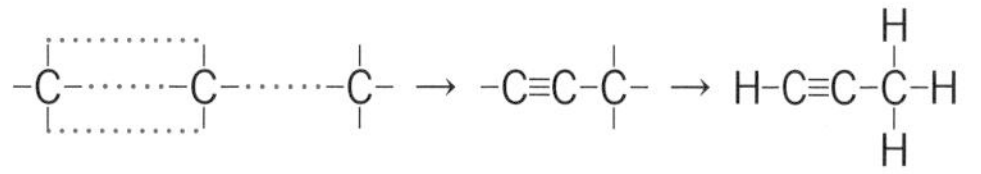

−C−⋯⋯−C−⋯⋯−C− → −C≡C−C− → H−C≡C−C−H（右端の C の上下に H）

(2) −C−⋯⋯−C−⋯⋯−O− → −C−C−O− → H−C−C−O−H（各 C の上下に H）

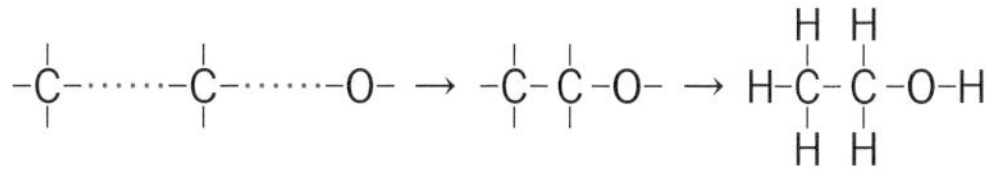

または，

−C−⋯⋯−O−⋯⋯−C− → −C−O−C− → H−C−O−C−H（各 C の上下に H）

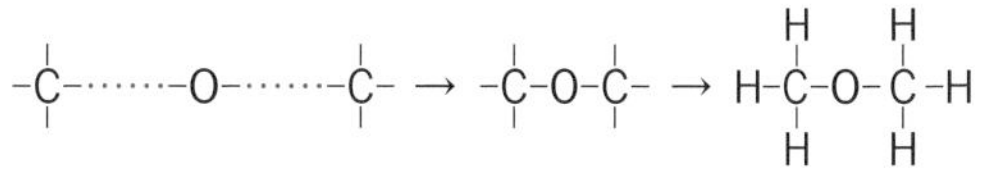

(3) 原子が共有結合するときは，必ず線を 1 本ずつ出しあって結合するから，各原子の原子価の総和は偶数でなくてはならない。C_3H_7O の原子価の総和は，$\underset{C}{\underline{4\times3}}+\underset{H}{\underline{1\times7}}+\underset{O}{\underline{2\times1}}=21$ で奇数となり，不可能。

(4) –N–……–N– → N–N → $H_2N–NH_2$

(5) –C–……–N– → –C–N

H 原子が最大でも 5 個しか結合できず，不可能[2]。

補足 [2] H 原子以外の原子が最大限の結合（二重結合，三重結合）をしても H 原子が不足する場合や，逆に H 原子以外の原子が最小限の結合（単結合のみ）をしても H 原子が余る場合は，そのような分子式の物質は存在しないことになる。

59

ウ

(ア) 誤り。アンモニア分子と水素イオンの配位結合でできる。

$$H:\overset{\cdot\cdot}{\underset{\cdot\cdot}{N}}: \ (アンモニア) + H^+ \longrightarrow \left[H:\overset{\cdot\cdot}{\underset{\cdot\cdot}{N}}:H\right]^+ \ (アンモニウムイオン)$$

(イ) 誤り。NH_4^+ はメタン分子と同じ正四面体形である。

(ウ) 正しい。H 原子は K 殻に電子 2 個で He と同じ。また，N 原子は K 殻に電子 2 個，L 殻に電子 8 個で Ne と同じ電子配置になっている。

(エ) 誤り。配位結合は，できるしくみが他の共有結合と異なるだけで，NH_4^+ の 4 つの N–H 結合はまったく同じで区別できない。

(オ) 誤り。NH_4^+ 中の陽子は全部で 11 個，電子は 1 個少ない 10 個で，全体として 1 価の陽イオンになっている。

60

イ

(イ) 黒鉛では，炭素原子が 4 個の価電子のうちの 3 個を使い，3 個の炭素原子と共有結合することをくり返して，正六角形状の平面網目構造をつくる。この平面構造が層状に積み重なり，弱い分子間力で結びついて黒鉛の結晶はできている。炭素原子に残った 1 個ずつの価電子は，平面構造に沿って自由に動くことができるので，黒鉛には電気伝導性がある。

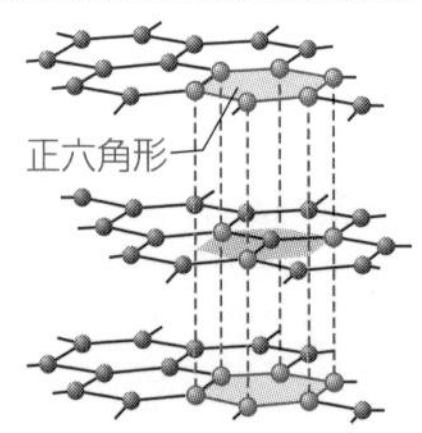

炭素原子が 4 つの等価な共有結合を形成している結晶は，ダイヤモンド[1]である。

(ウ) 金属結晶では，自由電子が多数の金属原子を互いに結びつける役割をしている。外力により，原子の位置が多少ずれても，自由電子によって結合を保つことができる。これが展性や延性のしくみである。

(オ) 二酸化ケイ素 SiO_2 は，Si 原子が 4 個の価電子で 4 個の O 原子と共有結合して正四面体構造をとり，ダイヤモンドの C–C 結合を Si–O–Si 結合で置きかえた構造の共有結合の結晶をつくっている。このため，二酸化ケイ素は硬く，融点も高い。

補足 [1] ダイヤモンドは，C 原子が隣接する 4 個の C 原子と共有結合して，正四面体状の立体網目構造をつくっている。

第1編 編末問題

61

①

問題文の読み取り方 石油は，沸点の異なる複数の液体の混合物からなる。このような混合物の分離には，分留が適しているということに基づいて，分留の説明として正しいものを選ぶ。

① 適当。分留は物質の沸点の差を利用した分離方法である。
② 不適当。「固体から直接気体になった」とあることから昇華法の説明である。
③ 不適当。特定の溶媒に溶けやすい物質のみを取り出す分離方法であり，抽出の説明である。
④ 不適当。温度による溶解度の変化の違いを利用する分離方法であり，再結晶の説明である。

62

(1) ⑤，⑥
(2) 価電子の数が等しいため。(12字)

問題文の読み取り方 周期表における元素の分類名だけでなく，同族元素や同周期元素の共通点などを，原子の構造も踏まえて整理しておく。

与えられた周期表に元素を書きこむと，下記のようになる。

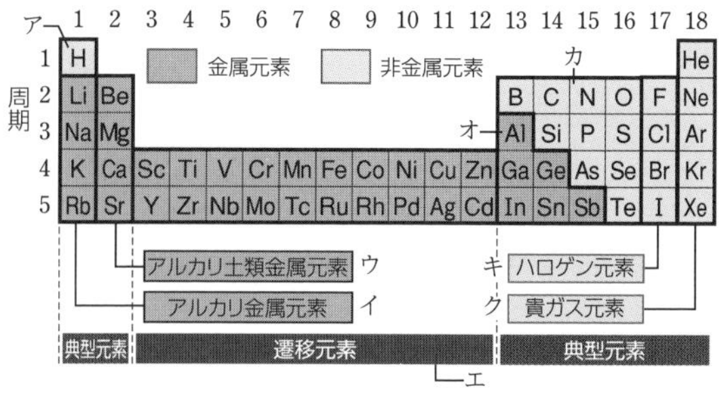

(1) ⑤ 誤り。内側から n 番目の電子殻に入る電子の最大数は $2n^2$ 個である。ク（貴ガス元素）の第1周期の元素は He であり，最も外側の電子殻であるK殻に2個の原子をもつ。第2周期の元素は Ne であり，最も外側の電子殻であるL殻に8個の電子をもつ。K殻，L殻に入る電子の最大数はそれぞれ2個，8個なので，He と Ne はいずれも閉殻である。しかし，第3周期の Ar は，最も外側の電子殻であるM殻に電子が8個しか入っておらず，M殻に入る電子の最大数は18個であるため，閉殻ではない。

⑥ 誤り。アの水素はアルカリ金属には含まない。

(2) 典型元素の縦に並ぶ元素どうし（同族元素どうし）は，価電子の数が等しい。価電子は化学結合などにかかわる電子なので，価電子の数が等しい元素どうしは化学的性質が似ている。

63

(1) ①　(2) ④

問題文の読み取り方 各電子配置に該当する原子やイオンを確認しながら考える。電子配置が原子のものか，イオンのものかで，元素が異なることに注意する。

(1) アの電子配置をもつ原子はヘリウム He である。この電子配置をもつ1価の陽イオンは，リチウムイオン Li^+ である。ウの電子配置をもつ原子はネオン Ne である。この電子配置をもつ1価の陰イオンは，フッ化物イオン F^- である。

(2) ① 正しい。アの電子配置をもつ原子はヘリウム He である。He は貴ガスであり，他の原子と結合をつくりにくい。

② 正しい。イの電子配置をもつ原子は炭素 C である。C 原子は単結合だけでなく，二重結合や三重結合をつくることができる。

③ 正しい。ウの電子配置をもつ原子はネオン Ne である。Ne は貴ガスであり，常温・常圧で単原子分子の気体として存在する。

④ 誤り。エの電子配置をもつ原子はナトリウム Na，オの電子配置をもつ原子は塩素 Cl である。Na は1つ電子を失って Na^+ となると Ne と同じ安定な電子配置となる。また，Cl よりも原子半径が大きいため，Cl よりも電子を容易に取りさることができる。すなわち，Na は Cl よりもイオン化エネルギーが小さい。

⑤ 正しい。Cl と H は共有結合により塩化水素 HCl をつくることができる。

64

③，④，⑤

問題文の読み取り方 構成元素から各結晶を分類し，性質を考える。非金属元素のみであれば分子結晶か共有結合の結晶，非金属元素と金属元素を含めばイオン結晶，金属元素のみであれば金属結晶に分類できる。ただし，塩化アンモニウムは非金属元素のみからなるが，NH_4^+ と Cl^- からなるイオン結晶であることに注意する。

① 正しい。いずれも金属元素を含まない。
② 正しい。スクロースは分子結晶，二酸化ケイ素は共有結合の結晶，塩化アンモニウムはイオン結晶，アルミニウムは金属結晶である。分子結晶は融点が低いものが多い。それに比べて，共有結合の結晶の融点は非常に高く，イオン結晶，金属結晶も，分子結晶に比べれば融点は高い（▶解答編 p.13 問題 56 の表参照）。具体的な融点は，スクロースが 188°C，二酸化ケイ素が 1726°C，塩化アンモニウムが 340°C，アルミニウムが 660°C である。
③ 誤り。二酸化ケイ素は分子ではなく，Si 原子と O 原子が原子の個数の比 1：2 で次々と結合した共有結合の結晶である。そのため，「SiO_2」は分子式ではなく

組成式で表される。

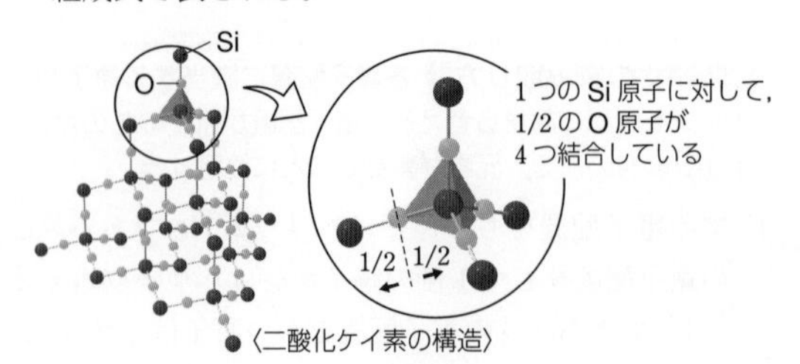

〈二酸化ケイ素の構造〉

④ 誤り。スクロースは分子結晶で，水に溶けるが非電解質であるため，水溶液は電気を通さない。塩化アンモニウムはイオン結晶で，電解質であるため，水溶液は電気を通す。

⑤ 誤り。金属結晶であるアルミニウムは，結晶の状態で電気をよく通すが，塩化アンモニウムはイオン結晶なので，結晶の状態では電気を通さない（水溶液は電気を通す）。

65

(1) HF (2) CO_2 (3) HCN (4) H_2O_2 (5) NH_3
(6) F_2

問題文の読み取り方 原子番号1から10までの原子のうち，共有結合で分子をつくるのは，非金属元素の原子（貴ガスを除く），H，B，C，N，O，Fだけである。
（価電子の数：H 1，B 3，C 4，N 5，O 6，F 7）

共有電子対は結合している2原子から同数の電子を出して形成されているから，原子間の共有電子対を両原子に分けると，各原子の価電子の数がわかり，元素もわかる。原子番号1から10までの元素で共有結合をしうる原子は，H，B，C，N，O，Fなので，

(1) ○:○: → ○· と ·○: → HとF → HF

(2) ○::○::○ → ○: と :○: と :○ → OとCとO → CO_2

(3) ○:○:::○: → ○· と ·○: と :○: → HとCとN → HCN

(4) ○:○:○:○ → ○· と ·○· と ·○· と ·○ → HとOとOとH → H_2O_2

(5) ○:○:○ (下に○) → ○· と ·○· と ·○ と ○ → HとNとHとH → NH_3

(6) :○:○: → :○· と ·○: → FとF → F_2

第4章 物質量と化学反応式

基礎ドリル

1. (1) 18　(2) 36.5　(3) 64
(4) 17　(5) 44　(6) 60

2. (1) 23　(2) 80　(3) 18　(4) 96　(5) 56
(6) 310　(7) 24　(8) 12　(9) 60

A (1) 1.5×10^{23} 個　(2) 9.0×10^{23} 個
(3) Ca^{2+}：1.8×10^{24} 個，Cl^-：3.6×10^{24} 個
(4) 1.5mol　(5) 0.050mol　(6) 10mol

B (1) 2.4g　(2) 85g　(3) 58g
(4) 0.30mol　(5) 0.010mol　(6) 0.050mol

C (1) 67.2L　(2) 11.2L　(3) 4.48L
(4) 0.100mol　(5) 4.00mol　(6) 0.250mol

D (1) 5.4×10^2 g　(2) 0.45g
(3) 4.0×10^2 g　(4) 3.0×10^{22} 個
(5) 3.0×10^{23} 個　(6) 6.0×10^{22} 個

E (1) 72g　(2) 8.5g　(3) 3.4g
(4) 56L　(5) 5.6L　(6) 5.6L

F (1) 56L　(2) 17L
(3) 34L　(4) 1.8×10^{24} 個
(5) 1.2×10^{23} 個　(6) 1.5×10^{23} 個

G (1) 0.50mol/L　(2) 2.0mol/L
(3) 0.050mol/L

1. 分子式に含まれる元素の原子量の総和が**分子量**となる。

(1) $\underset{H}{1.0}\times2+\underset{O}{16}\times1=18$　(2) $\underset{H}{1.0}\times1+\underset{Cl}{35.5}\times1=36.5$

(3) $\underset{S}{32}\times1+\underset{O}{16}\times2=64$　(4) $\underset{N}{14}\times1+\underset{H}{1.0}\times3=17$

(5) $\underset{C}{12}\times3+\underset{H}{1.0}\times8=44$

(6) 酢酸の分子式は $C_2H_4O_2$

$\underset{C}{12}\times2+\underset{H}{1.0}\times4+\underset{O}{16}\times2=60$

2. イオンの化学式❶や組成式に含まれる元素の原子量の総和が**式量**である。

(1), (2) 単原子イオンの式量は，原子量と同じである。

(3) $\underset{N}{14}\times1+\underset{H}{1.0}\times4=18$

(4) $\underset{S}{32}\times1+\underset{O}{16}\times4=96$

(5) $\underset{K}{39}\times1+\underset{O}{16}\times1+\underset{H}{1.0}\times1=56$

(6) $\underset{Ca}{40}\times3+(\underset{P}{31}\times1+\underset{O}{16}\times4)\times2=310$

(7)～(8) 金属やダイヤモンドでは，原子量がそのまま式量になる。

(9) $\underset{Si}{28}\times1+\underset{O}{16}\times2=60$

補足 ❶ イオンの式量を求める場合，電子の質量は原子核の質量に対して非常に小さいため，無視してよい。

A

〈物質量と粒子の数の関係〉
粒子の数＝6.0×10^{23}/mol×物質量〔mol〕
物質量〔mol〕＝$\dfrac{粒子の数}{6.0\times10^{23}/mol}$

(1) $6.0\times10^{23}/mol\times0.25\,mol=1.5\times10^{23}$ (個)

(2) $6.0\times10^{23}/mol\times1.5\,mol=9.0\times10^{23}$ (個)

(3) $CaCl_2$ 1mol は，Ca^{2+} 1mol と Cl^- 2mol からなるので❶，Ca^{2+} の数は，

$6.0\times10^{23}/mol\times3.0\,mol=1.8\times10^{24}$ (個)

Cl^- の数は，$1.8\times10^{24}\times2=3.6\times10^{24}$ (個)

(4) $\dfrac{9.0\times10^{23}}{6.0\times10^{23}/mol}=1.5\,mol$

(5) $\dfrac{3.0\times10^{22}}{6.0\times10^{23}/mol}=0.050\,mol$

(6) $\dfrac{6.0\times10^{24}}{6.0\times10^{23}/mol}=10\,mol$

補足 ❶ Ca^{2+} と Cl^- の数の比は常に 1：2 となる。

B

〈物質量と物質の質量の関係〉
質量〔g〕＝モル質量〔g/mol〕×物質量〔mol〕
物質量〔mol〕＝$\dfrac{質量〔g〕}{モル質量〔g/mol〕}$

(1) C のモル質量❶は 12g/mol なので，

$12\,g/mol\times0.20\,mol=2.4\,g$

(2) H_2S のモル質量は 34g/mol なので，

$34\,g/mol\times2.5\,mol=85\,g$

(3) Ag_2O のモル質量は 232g/mol なので，

$232\,g/mol\times0.25\,mol=58\,g$

(4) Mg のモル質量は 24g/mol なので，

$\dfrac{7.2\,g}{24\,g/mol}=0.30\,mol$

(5) $CaCO_3$ のモル質量は 100g/mol なので，

$\dfrac{1.0\,g}{100\,g/mol}=0.010\,mol$

(6) CO_2 のモル質量は 44g/mol なので，

$\dfrac{2.2\,g}{44\,g/mol}=0.050\,mol$

補足 ❶ モル質量は，原子量・分子量・式量に g/mol をつけた値。

C

〈物質量と気体の体積の関係（標準状態）〉
気体の体積〔L〕＝22.4L/mol×物質量〔mol〕
物質量〔mol〕＝$\dfrac{気体の体積〔L〕}{22.4\,L/mol}$

(1) 22.4L/mol❶×3.00mol＝67.2L

(2) $22.4\,L/mol\times0.500\,mol=11.2\,L$

(3) $22.4\,L/mol\times0.200\,mol=4.48\,L$

(4) $\dfrac{2.24\,L}{22.4\,L/mol}=0.100\,mol$

(5) $\dfrac{89.6\,L}{22.4\,L/mol}=4.00\,mol$

(6) $\dfrac{5.60\,L}{22.4\,L/mol}=0.250\,mol$

補足 ❶ 気体のモル体積は，物質の種類によらず標準状態で 22.4L/mol。

D 粒子の数から質量を求める場合，まず物質量を求め，求めた物質量の値から質量を求める。同様に，質量から粒子の数を求める場合，まず物質量を求め，求めた物質量の値から粒子の数を求める。

(1) $\dfrac{3.0\times10^{24}}{6.0\times10^{23}/\text{mol}}=5.0\,\text{mol}$

Ag のモル質量は 108 g/mol なので，

$108\,\text{g/mol}\times5.0\,\text{mol}=5.4\times10^{2}\,\text{g}$

(2) $\dfrac{1.5\times10^{22}}{6.0\times10^{23}/\text{mol}}=0.025\,\text{mol}$

H_2O のモル質量は 18 g/mol なので，

$18\,\text{g/mol}\times0.025\,\text{mol}=0.45\,\text{g}$

(3) $\dfrac{6.0\times10^{24}}{6.0\times10^{23}/\text{mol}}=10\,\text{mol}$

Ca^{2+} のモル質量は 40 g/mol なので，

$40\,\text{g/mol}\times10\,\text{mol}=4.0\times10^{2}\,\text{g}$

(4) Fe のモル質量は 56 g/mol なので，

$\dfrac{2.8\,\text{g}}{56\,\text{g/mol}}=0.050\,\text{mol}$

$6.0\times10^{23}/\text{mol}\times0.050\,\text{mol}=3.0\times10^{22}$ (個)

(5) NH_3 のモル質量は 17 g/mol なので，

$\dfrac{8.5\,\text{g}}{17\,\text{g/mol}}=0.50\,\text{mol}$

$6.0\times10^{23}/\text{mol}\times0.50\,\text{mol}=3.0\times10^{23}$ (個)

(6) Na_2CO_3 のモル質量は 106 g/mol なので，

$\dfrac{5.3\,\text{g}}{106\,\text{g/mol}}=0.050\,\text{mol}$

Na_2CO_3 1 mol は，Na^+ 2 mol と CO_3^{2-} 1 mol からなるので，Na^+ の物質量は，

$0.050\,\text{mol}\times2=0.10\,\text{mol}$

Na^+ の数は，

$6.0\times10^{23}/\text{mol}\times0.10\,\text{mol}=6.0\times10^{22}$ (個)

E 気体の体積から質量を求める場合，まず物質量を求め，求めた物質量の値から質量を求める。同様に，質量から気体の体積を求める場合，まず物質量を求め，求めた物質量の値から体積を求める。

(1) $\dfrac{33.6\,\text{L}}{22.4\,\text{L/mol}}=1.50\,\text{mol}$

O_3 のモル質量は 48 g/mol なので，

$48\,\text{g/mol}\times1.50\,\text{mol}=72\,\text{g}$

(2) $\dfrac{5.60\,\text{L}}{22.4\,\text{L/mol}}=0.250\,\text{mol}$

H_2S のモル質量は 34 g/mol なので，

$34\,\text{g/mol}\times0.250\,\text{mol}=8.5\,\text{g}$

(3) $\dfrac{4.48\,\text{L}}{22.4\,\text{L/mol}}=0.200\,\text{mol}$

NH_3 のモル質量は 17 g/mol なので，

$17\,\text{g/mol}\times0.200\,\text{mol}=3.4\,\text{g}$

(4) He のモル質量は 4.0 g/mol なので，

$\dfrac{10\,\text{g}}{4.0\,\text{g/mol}}=2.5\,\text{mol}$

$22.4\,\text{L/mol}\times2.5\,\text{mol}=56\,\text{L}$

(5) O_2 のモル質量は 32 g/mol なので，

$\dfrac{8.0\,\text{g}}{32\,\text{g/mol}}=0.25\,\text{mol}$

$22.4\,\text{L/mol}\times0.25\,\text{mol}=5.6\,\text{L}$

(6) NO_2 のモル質量は 46 g/mol なので，

$\dfrac{11.5\,\text{g}}{46\,\text{g/mol}}=0.25\,\text{mol}$

$22.4\,\text{L/mol}\times0.25\,\text{mol}=5.6\,\text{L}$

F 粒子の数から気体の体積を求める場合，まず物質量を求め，求めた物質量の値から体積を求める。同様に，気体の体積から粒子の数を求める場合，まず物質量を求め，求めた物質量の値から粒子の数を求める。

(1) $\dfrac{1.5\times10^{24}}{6.0\times10^{23}/\text{mol}}=2.5\,\text{mol}$

$22.4\,\text{L/mol}\times2.5\,\text{mol}=56\,\text{L}$

(2) $\dfrac{4.5\times10^{23}}{6.0\times10^{23}/\text{mol}}=0.75\,\text{mol}$

$22.4\,\text{L/mol}\times0.75\,\text{mol}=16.8\,\text{L}\fallingdotseq17\,\text{L}$

(3) $\dfrac{9.0\times10^{23}}{6.0\times10^{23}/\text{mol}}=1.5\,\text{mol}$

$22.4\,\text{L/mol}\times1.5\,\text{mol}=33.6\,\text{L}\fallingdotseq34\,\text{L}$

(4) $\dfrac{67.2\,\text{L}}{22.4\,\text{L/mol}}=3.00\,\text{mol}$

$6.0\times10^{23}/\text{mol}\times3.00\,\text{mol}=1.8\times10^{24}$ (個)

(5) $\dfrac{4.48\,\text{L}}{22.4\,\text{L/mol}}=0.200\,\text{mol}$

$6.0\times10^{23}/\text{mol}\times0.200\,\text{mol}=1.2\times10^{23}$ (個)

(6) $\dfrac{5.60\,\text{L}}{22.4\,\text{L/mol}}=0.250\,\text{mol}$

$6.0\times10^{23}/\text{mol}\times0.250\,\text{mol}=1.5\times10^{23}$ (個)

G 溶液1L当たりに溶けている溶質の量を物質量で表した濃度を**モル濃度**という。

$$\text{モル濃度 [mol/L]}=\frac{\text{溶質の物質量 [mol]}}{\text{溶液の体積 [L]}}$$

溶質の質量や気体の状態での体積からモル濃度を求める場合，まず物質量を求め，求めた物質量を溶液の体積で割ってモル濃度を求める。

(1) $\dfrac{0.10\,\text{mol}}{\underset{200\,\text{mL}}{0.200\,\text{L}}}=0.50\,\text{mol/L}$

(2) $ZnCl_2$ のモル質量は 136 g/mol なので，

$\dfrac{68\,\text{g}}{136\,\text{g/mol}}=0.50\,\text{mol}$

$\dfrac{0.50\,\text{mol}}{\underset{250\,\text{mL}}{0.250\,\text{L}}}=2.0\,\text{mol/L}$

(3) $\dfrac{2.24\,\text{L}}{22.4\,\text{L/mol}}=0.100\,\text{mol}$

$\dfrac{0.100\,\text{mol}}{2.0\,\text{L}}=0.050\,\text{mol/L}$

66

(a) 12　(b) 1.008　(c) 同位体　(d) 原子量

原子の質量は非常に小さいので，「^{12}C 原子1個の質量 1.993×10^{-23} g を12とすると，他の原子の質量はいくらになるか」という表し方をする(**相対質量**)。つまり，ある原子（A原子とする）1個の質量が，^{12}C 原子1個の質量の何倍かを求め，それに12をかけると，A原子の相対質量が求まる。

$$\text{A原子の相対質量}=12\times\frac{\text{A原子の質量〔g〕}}{^{12}\text{C原子の質量〔g〕}}$$

(b) ^{1}H 原子の相対質量 $=12\times\dfrac{1.674\times10^{-24}\,\text{g}}{1.993\times10^{-23}\,\text{g}}$

$=1.0079\cdots\fallingdotseq1.008$

67

80

同位体が存在しない元素(例 Be，F，Na，Al，P)では，^{12}C 原子1個の質量を12としたときの原子の相対質量がそのまま原子量になるが，同位体が存在する元素では，**(同位体の相対質量と存在比の積)の和が原子量**となる。

$$\underset{^{79}\text{Brの相対質量}}{79}\times\underset{^{79}\text{Brの存在比}}{\frac{51}{100}}+\underset{^{81}\text{Brの相対質量}}{81}\times\underset{^{81}\text{Brの存在比}}{\frac{49}{100}}=79.98\fallingdotseq\underset{\text{Brの原子量}}{80}$$ [1]

補足 [1] Br が100個あったら…，
平均の相対質量

$=\dfrac{79\times51\text{個}+81\times49\text{個}}{100\text{個}}\fallingdotseq80$

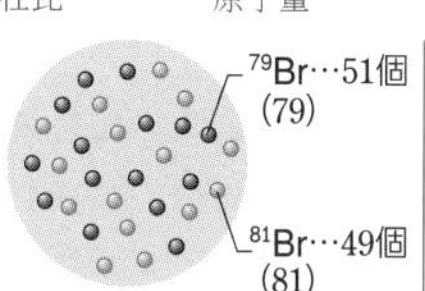

68

20 %

^{10}B の存在比を x % とすると，^{11}B は $(100-x)$ % であるから，

$$\underset{^{10}\text{Bの相対質量}}{10.0}\times\underset{^{10}\text{Bの存在比}}{\frac{x}{100}}+\underset{^{11}\text{Bの相対質量}}{11.0}\times\underset{^{11}\text{Bの存在比}}{\frac{100-x}{100}}=\underset{\text{Bの原子量}}{10.8}\quad x=20\,(\%)$$

69

(1) 18，11 %　(2) 44，27 %　(3) 46，52 %
(4) 170，64 %　(5) 160，70 %　(6) 132，21 %

分子式や組成式中の元素の原子量の総和(分子量，式量)がその物質の相対質量である。したがって，物質中に含まれるある元素の質量の割合は，「その元素の(原子量)×(化学式に含まれる原子の数)」と，分子量，式量から求められる。

(1) H_2O の分子量　$\underset{\text{H}}{1.0}\times2+\underset{\text{O}}{16}\times1=18$

H の質量 %

$$\frac{2\,\text{H}}{H_2O}\times100=\frac{2\times1.0}{18}\times100=11.1\cdots\fallingdotseq11\,(\%)$$

(2) CO_2 の分子量　$\underset{\text{C}}{12}\times1+\underset{\text{O}}{16}\times2=44$

C の質量 %

$$\frac{\text{C}}{CO_2}\times100=\frac{12}{44}\times100=27.2\cdots\fallingdotseq27\,(\%)$$

(3) C_2H_5OH の分子量

$\underset{\text{C}}{12}\times2+\underset{\text{H}}{1.0}\times6+\underset{\text{O}}{16}\times1=46$

C の質量 %

$$\frac{2\,\text{C}}{C_2H_5OH}\times100=\frac{2\times12}{46}\times100=52.1\cdots\fallingdotseq52\,(\%)$$

(4) $AgNO_3$ の式量

$\underset{\text{Ag}}{108}\times1+\underset{\text{N}}{14}\times1+\underset{\text{O}}{16}\times3=170$

Ag の質量 %

$$\frac{\text{Ag}}{AgNO_3}\times100=\frac{108}{170}\times100=63.5\cdots\fallingdotseq64\,(\%)$$

(5) Fe_2O_3 の式量

$\underset{\text{Fe}}{56}\times2+\underset{\text{O}}{16}\times3=160$

Fe の質量 %

$$\frac{2\,\text{Fe}}{Fe_2O_3}\times100=\frac{2\times56}{160}\times100=70\,(\%)$$

(6) $(NH_4)_2SO_4$ の式量

$(\underset{\text{N}}{14}\times1+\underset{\text{H}}{1.0}\times4)\times2+\underset{\text{S}}{32}\times1+\underset{\text{O}}{16}\times4=132$

N の質量 %

$$\frac{2\,\text{N}}{(NH_4)_2SO_4}\times100=\frac{2\times14}{132}\times100=21.2\cdots\fallingdotseq21\,(\%)$$

70

(a) 6.0×10^{23}　(b) アボガドロ定数
(c) モル質量　(d) 原子量　(e) 分子量
(f) 6.0×10^{23}　(g) 6.0×10^{23}　(h) 16　(i) 22.4

6.0×10^{23}(詳しくは，6.02214076×10^{23})(個) を**アボガドロ数**といい，数値のみを示す。**アボガドロ定数**は 1 mol 当たりの粒子の数を示す定数で，6.0×10^{23}/mol のように単位をつけて表す[1]。

補足 [1] **アボガドロ数とアボガドロ定数，モル質量**

単位なし		単位あり
アボガドロ数 (6.0×10^{23})	/mol をつける →	アボガドロ定数〔/mol〕 (6.0×10^{23}/mol)
原子量・式量・分子量	g/mol をつける →	モル質量〔g/mol〕

原子量・分子量・式量は，単位のつかない相対的な値(相対質量)である。原子1 mol，分子1 mol の質量は，原子量，分子量の数値に g(グラム)をつけて表す。また，1 mol 当たりの質量であることをはっきり示すために，**モル質量**という用語が用いられる。例えば，Na 原子(原子量23)のモル質量は 23 g/mol であり，NH_3 分子(分子量17)のモル質量は 17 g/mol である。アボガドロ数・原子量・分子量・式量の関係した計算では，単位をつけたアボガドロ定数，モル質量を用いると間違いを避けることができる。

71

> (1) 40 (2) Cu原子1個の質量：1.1×10^{-22}g，
> Cuの原子量：64

(1) Caの原子量をxとすると，原子量の定義[1]より

$$\frac{\text{Ca 原子の平均の質量}}{{}^{12}\text{C 原子の質量}}=\frac{x}{12}=3.3$$

$x=12\times3.3=39.6\fallingdotseq40$

(2) 結晶の質量〔g〕＝密度〔g/cm³〕×結晶の体積〔cm³〕であるので，Cu原子1個の質量は，

$$\frac{8.9\,\text{g/cm}^3\times4.8\times10^{-23}\,\text{cm}^3}{4}=10.68\times10^{-23}\,\text{g}$$
$$\fallingdotseq1.1\times10^{-22}\,\text{g}$$

Cu原子のモル質量[2]は，

$$10.68\times10^{-23}\,\text{g}\times6.0\times10^{23}/\text{mol}=64.08\,\text{g/mol}$$
$$\fallingdotseq64\,\text{g/mol}$$

Cuの原子量は64

補足 **1 原子の相対質量と原子量**

原子の相対質量は，^{12}Cの質量を12とし，これを基準にして求める。

$$\text{原子の相対質量}=12\times\frac{\text{原子1個の質量}}{{}^{12}\text{C 原子の質量}}$$

$$\text{元素の原子量}=12\times\frac{\text{原子の平均の質量}}{{}^{12}\text{C 原子の質量}}$$

2 原子のモル質量は，原子量の数値に単位g/molをつけたものである。

72

> (1) Na^+：1.0mol，Cl^-：1.0mol
> (2) Na^+：23g，Cl^-：36g
> (3) Na^+：1.2×10^{23}個，Cl^-：1.2×10^{23}個

(1) 塩化ナトリウム$NaCl$ 1.0molはNa^+ 1.0mol，Cl^- 1.0molからなる。Na^+ 0.50mol，Cl^- 0.50molからなると考えないよう注意する。

(2) 電子の質量は原子核の質量に比べると無視できるほど小さいので，イオンの質量はもとの原子の質量と同じと考えてよい。よって，Na^+の式量は23，Cl^-の式量は35.5なので，1molのNa^+の質量は23g，1molのCl^-の質量は 35.5g≒36g である。

(3) 11.7gの$NaCl$の物質量は，

$$\frac{11.7\,\text{g}}{58.5\,\text{g/mol}}=0.20\,\text{mol}$$

$NaCl$ 0.20molは，Na^+，Cl^-それぞれ0.20molずつからなる。11.7g(0.20mol)の$NaCl$に含まれるNa^+，Cl^-の個数はどちらも，

$$6.0\times10^{23}/\text{mol}\times0.20\,\text{mol}=1.2\times10^{23}\,(\text{個})$$

73

> (1) 40 (2) エ (3) 42 (4) 19倍

(1) $\underbrace{6.6\times10^{-23}\,\text{g}}_{\text{原子1個の質量}}\times\underbrace{6.0\times10^{23}/\text{mol}}_{\text{アボガドロ定数}}=\underbrace{39.6\,\text{g/mol}\fallingdotseq40\,\text{g/mol}}_{\text{モル質量}}$

モル質量が40g/molであるから，原子量は40となる。

(2) 物質1.0gの物質量は，$\dfrac{1.0\,\text{g}}{\text{モル質量〔g/mol〕}}$となる。

(ア) $\dfrac{1.0\,\text{g}}{23\,\text{g/mol}}$ (イ) $\dfrac{1.0\,\text{g}}{40\,\text{g/mol}}$ (ウ) $\dfrac{1.0\,\text{g}}{27\,\text{g/mol}}$

(エ) $\dfrac{1.0\,\text{g}}{4.0\,\text{g/mol}}$ (オ) $\dfrac{1.0\,\text{g}}{56\,\text{g/mol}}$

(ア)～(オ)はいずれも原子からなる物質((エ)は単原子分子)なので，物質量の値が大きいもの，すなわちモル質量の値が小さいものに，最も多くの原子が含まれる。

(3) $\underbrace{7.0\times10^{-23}\,\text{g}}_{\text{分子1個の質量}}\times\underbrace{6.0\times10^{23}/\text{mol}}_{\text{アボガドロ定数}}=\underbrace{42\,\text{g/mol}}_{\text{モル質量}}$

モル質量が42g/molであるから，分子量は42となる。

(4) a〔g〕ずつとったとすると，

$$\text{水分子の数 } n_1=\underbrace{6.0\times10^{23}/\text{mol}}_{\text{アボガドロ定数}}\times\underbrace{\frac{a\,〔\text{g}〕}{18\,\text{g/mol}}}_{\text{水の物質量}}$$

スクロース分子の数 n_2

$$=\underbrace{6.0\times10^{23}/\text{mol}}_{\text{アボガドロ定数}}\times\underbrace{\frac{a\,〔\text{g}〕}{342\,\text{g/mol}}}_{\text{スクロースの物質量}}$$

$$\frac{n_1}{n_2}=\frac{342}{18}=19\,(\text{倍})$$

74

> (1) エ (2) ア (3) ウ

(ア)～(オ)の気体の分子量は次の通り。

(ア) 58 (イ) 44 (ウ) 64 (エ) 71.0 (オ) 36.5

(1) 標準状態での気体のモル体積は22.4L/molなので，ある気体0.112L$\left(=112\,\text{mL}=\dfrac{112}{1000}\,\text{L}\right)$[1]の物質量は，

$$\frac{0.112\,\text{L}}{22.4\,\text{L/mol}}=0.00500\,\text{mol}=5.00\times10^{-3}\,\text{mol}$$

したがって，この気体のモル質量は，

$$\frac{0.355\,\text{g}}{5.00\times10^{-3}\,\text{mol}}=71.0\,\text{g/mol}\Rightarrow(\text{エ})$$

(2) ある気体のモル質量は，

$$2.59\,\text{g/L}\times22.4\,\text{L/mol}=58.016\,\text{g/mol}\fallingdotseq58.0\,\text{g/mol}$$
$$\Rightarrow(\text{ア})$$

(3) **同温・同圧では密度の比＝分子量の比**[2]であるから，分子量が酸素の2.0倍の気体である。

$$\underbrace{32}_{\text{酸素の分子量}}\times2.0=64\Rightarrow(\text{ウ})$$

補足 **1** $1\,\text{L}=1000\,\text{mL}$，$1\,\text{mL}=\dfrac{1}{1000}\,\text{L}$

2 同温・同圧・同体積のとき，
分子量の比＝質量の比

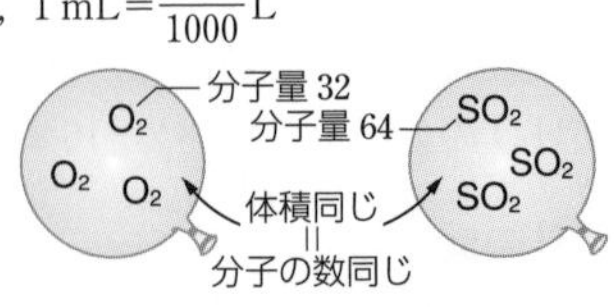

75

> 28.8g，イ，ウ

標準状態の空気22.4L(=1mol)中には，窒素が$\dfrac{4}{5}$mol，酸素が$\dfrac{1}{5}$mol含まれていることから，空気22.4Lの質

量は，

$$\underbrace{28.0\,\text{g/mol}\times\frac{4}{5}\,\text{mol}}_{N_2\text{の質量}}+\underbrace{32.0\,\text{g/mol}\times\frac{1}{5}\,\text{mol}}_{O_2\text{の質量}}=28.8\,\text{g}$$ [1]

（混合気体の平均分子量）＝（成分気体の分子量×成分気体の存在比）の和

ある気体が他の気体よりも重いか軽いか（密度の大小）を判断するには，分子量を比較すればよい。例えば，分子量が 28.8 より小さい気体は空気より軽く，分子量が 28.8 より大きい気体は空気より重い。(ア)～(オ)のそれぞれの分子式と分子量は，

(ア) CO_2 (44)　(イ) NH_3 (17)　(ウ) CH_4 (16)　(エ) Cl_2 (71.0)
(オ) SO_2 (64)

補足 [1] 標準状態の空気 22.4L（＝1mol）の質量は 28.8g であるから，空気を分子量 28.8 の気体と考えることもできる。このとき，空気の平均分子量（見かけの分子量）は 28.8 であるという。

76

ア

(ア) 正しい。ビーカーからメスフラスコに溶液を移す際は，ビーカーに溶質が残らないように，水で数回ビーカー内部を洗い，その洗液もメスフラスコに移す。

〈メスフラスコ〉

(イ) 誤り。溶媒に溶質を溶かして調製した溶液の体積は，もとの溶媒の体積とは異なる。また，メスフラスコの内部で試薬を溶かしてはいけない。

(ウ) 誤り。メスシリンダー内部で試薬を溶かしてはいけない。また，メスシリンダーは，メスフラスコほど精密ではなく，正確さを必要とする場合には不適である。

(エ) 誤り。メスシリンダーはメスフラスコほど精密ではない。また，溶媒に溶質を溶かして調製した溶液の体積は，もとの溶媒の体積とは異なる。
1.0mol/L の溶液では，「溶液 1.0L 中に 1.0mol の溶質が溶けている」のであり，「溶媒 1.0L 中に 1.0mol の溶質が溶けているわけではない」ことに注意する。

77

(1) 塩化亜鉛：4.0g，水：196g
(2) 20％　(3) 0.010mol　(4) 83mL

溶液の質量に対する溶質の質量の割合をパーセント（％）で表した濃度を，**質量パーセント濃度**という。また，溶液 1L 当たりに溶けている溶質の量を物質量で表した濃度を，**モル濃度**（単位記号 mol/L）という。

$$\text{質量パーセント濃度〔\%〕}=\frac{\text{溶質の質量〔g〕}}{\text{溶液の質量〔g〕}}\times100$$ [1]

$$\text{モル濃度〔mol/L〕}=\frac{\text{溶質の物質量〔mol〕}}{\text{溶液の体積〔L〕}}$$

(1) 塩化亜鉛水溶液 200g 中の 2.0％ が塩化亜鉛の質量なので，

$$200\,\text{g}\times\frac{2.0}{100}=4.0\,\text{g}$$

したがって，必要な水の質量は，

$$200\,\text{g}-4.0\,\text{g}=196\,\text{g}$$

(2) 溶質の NaOH（式量 40）0.10mol の質量は，

$$40\,\text{g/mol}\times0.10\,\text{mol}=4.0\,\text{g}$$

$$\frac{\text{溶質の質量〔g〕}}{\text{溶液の質量〔g〕}}\times100=\frac{4.0\,\text{g}}{4.0\,\text{g}+16\,\text{g}}\times100=20\ (\%)$$

(3) 溶質の物質量〔mol〕は，**モル濃度〔mol/L〕×溶液の体積〔L〕**で求められるので，NaCl の物質量は，

$$0.40\,\text{mol/L}\times\underbrace{\frac{25}{1000}\,\text{L}}_{25\,\text{mL}}=0.010\,\text{mol}$$

(4) 12mol/L の濃塩酸 x〔mL〕を水で薄めて 2.0mol/L の希塩酸 500mL をつくったとすれば，2つの水溶液の HCl の物質量は等しいから，

$$12\,\text{mol/L}\times\frac{x}{1000}\,\text{〔L〕}=2.0\,\text{mol/L}\times\frac{500}{1000}\,\text{L}$$

$$x=83.3\cdots\text{mL}\fallingdotseq83\,\text{mL}$$

補足 [1] 溶液の質量＝溶質の質量＋溶媒の質量

78

(1) 1.3×10^3g　(2) 5.2×10^2g　(3) 5.3mol/L

(1) $1\,\text{L}=1000\,\text{cm}^3$ なので，

$$\underbrace{1.3\,\text{g/cm}^3}_{\text{密度}}\times\underbrace{1000\,\text{cm}^3}_{\text{体積}}=\underbrace{1.3\times10^3\,\text{g}}_{\text{質量}}$$

(2) 質量パーセント濃度が 40％ なので，含まれる硫酸の質量は，

$$1.3\times10^3\,\text{g}\times\underbrace{\frac{40}{100}}_{\text{濃度}40\%}=5.2\times10^2\,\text{g}$$

(3) この希硫酸 1.0L 中に H_2SO_4 が 5.2×10^2g 含まれている。H_2SO_4 の分子量は 98 で，モル質量は 98g/mol なので，

$$\text{モル濃度〔mol/L〕}=\frac{\text{溶質の物質量〔mol〕}}{\text{溶液の体積〔L〕}}$$ より，

$$\frac{\dfrac{5.2\times10^2\,\text{g}}{98\,\text{g/mol}}}{1.0\,\text{L}}=5.30\cdots\text{mol/L}\fallingdotseq5.3\,\text{mol/L}$$

79

(1) 60g　(2) 40℃　(3) 14g

(1) グラフより，40℃ の水 100g に KCl は 40g 溶ける。よって，水 150g に溶ける KCl は，

$$40\,\text{g}\times\frac{150\,\text{g}}{100\,\text{g}}=60\,\text{g}$$

(2) 水 50g に KCl を 20g 溶かした水溶液は，水 100g に KCl を 40g 溶かした水溶液と濃度が同じである。この水溶液を冷却すると 40℃ で飽和溶液になり，これ以上温度を下げると結晶が析出する。

(3) KCl は，10 °C の水 100 g に 31 g しか溶けないから，析出する結晶の質量は，

$45\,g - 31\,g = 14\,g$

80

(1) 52 g (2) 37 g (3) 62 g

溶解度の値より，水 100 g を用いて調製した飽和溶液中の溶質と飽和溶液の質量をまとめると，

温度	水の質量	溶質の質量	飽和溶液の質量
20 °C	100 g	32 g	132 g
60 °C		110 g	210 g
80 °C		170 g	270 g

(1) 60°C の水 100 g には，硝酸カリウムが 110 g 溶けるので，飽和溶液 100 g 中に溶けている硝酸カリウムの質量を x〔g〕とすると，

$$\frac{溶質の質量〔g〕}{飽和溶液の質量〔g〕} = \frac{x〔g〕}{100\,g} = \frac{110\,g}{100\,g + 110\,g}$$

$x = 52.3\cdots g \fallingdotseq 52\,g$

(2) 水 100 g 当たりの溶解量がわかっている場合，飽和溶液を冷やしていったときに析出する結晶の質量は，次式の関係を使って求める。

$$\frac{析出量〔g〕}{飽和溶液の質量〔g〕} = \frac{S_2 - S_1}{100\,g + S_2} \quad (S_1, S_2：溶解度，S_2 > S_1)$$

水 100 g を用いて調製した 60 °C の飽和溶液 (100 g＋110 g) を 20 °C に冷やすと，(110 g－32 g) の KNO_3 が析出する。したがって，飽和溶液 100 g から析出する KNO_3 の質量を y〔g〕とすると，

$$\frac{析出量〔g〕}{飽和溶液の質量〔g〕} ❶ = \frac{y〔g〕}{100\,g} = \frac{110\,g - 32\,g}{100\,g + 110\,g}$$

$$y = \frac{78\,g}{210\,g} \times 100\,g = 37.1\cdots g \fallingdotseq 37\,g$$

(3) 40 °C の水 100 g に溶ける KNO_3 の最大の質量を z〔g〕とすると，

$$\frac{析出量〔g〕}{飽和溶液の質量〔g〕} = \frac{40\,g}{100\,g} = \frac{170\,g - z〔g〕}{100\,g + 170\,g}$$

$$170\,g - z〔g〕 = \frac{40\,g \times 270\,g}{100\,g}$$

$z = 170\,g - 108\,g = 62\,g$

補足 ❶ (2), (3)は，$\frac{溶質の質量〔g〕}{飽和溶液の質量〔g〕} = (一定)$ の関係を用いて計算することもできる。

81

(1) $a=5$, $b=3$, $c=4$ (2) $a=2$, $b=1$, $c=1$
(3) $a=4$, $b=5$, $c=4$, $d=6$
(4) $a=4$, $b=11$, $c=2$, $d=8$
(5) $a=1$, $b=2$, $c=1$, $d=2$
(6) $a=2$, $b=6$, $c=2$, $d=3$
(7) $a=3$, $b=1$, $c=2$, $d=1$

(1) C_3H_8 の係数が 1 なので，

⇒ C の数より，CO_2 の係数 b は 3
　 H の数より，H_2O の係数 c は 4

⇒ 右辺の O の数は，$b \times 2 + c \times 1 = 3 \times 2 + 4 \times 1 = 10$

O_2 の係数 a は 5

(2) Ca の係数が 1 なので，

⇒ Ca の数より，$Ca(OH)_2$ の係数 b は 1

⇒ O の数より，H_2O の係数 a は 2

⇒ 左辺の H の数は，$a \times 2 = 4$

⇒ 右辺の H の数は，$b \times 2 + c \times 2 = 2 + c \times 2$

H_2 の係数 c は 1

(3) NH_3 の係数 a を 1 とする。

⇒ N の数より，NO の係数 c は 1
　 H の数より，H_2O の係数 d は $\frac{3}{2}$

⇒ 右辺の O の数は，

$$c \times 1 + d \times 1 = 1 \times 1 + \frac{3}{2} \times 1 = \frac{5}{2}$$

O_2 の係数 b は $\frac{5}{4}$

すべてを 4 倍して整数にする。

(4) FeS_2 の係数 a を 1 とする。

⇒ Fe の数より，Fe_2O_3 の係数 c は $\frac{1}{2}$
　 S の数より，SO_2 の係数 d は 2

⇒ 右辺の O の数は，

$$c \times 3 + d \times 2 = \frac{1}{2} \times 3 + 2 \times 2 = \frac{11}{2}$$

O_2 の係数 b は $\frac{11}{4}$

すべてを 4 倍して整数にする。

(5) Cu の係数 a を 1 とする。

⇒ Cu の数より，Cu^{2+} の係数 c は 1

⇒ 電荷より❶，$b \times 1 = \underset{c}{\underline{1}} \times 2$　$b = 2$

⇒ Ag の数より Ag の係数 d は 2

(6) Al の係数 a を 1 とする。

⇒ Al の数より，Al^{3+} の係数 c は 1

⇒ 電荷より，$b \times 1 = \underset{c}{\underline{1}} \times 3$　$b = 3$

⇒ H の数より，$\underset{b}{\underline{3}} \times 1 = d \times 2$　$d = \frac{3}{2}$

すべてを 2 倍して整数にする。

(7) NO_2 の係数 a を 1 とする。

N の数より，　$\underset{a}{\underline{1}} = c \times 1 + d \times 1$ …①

H の数より，　$b \times 2 = c \times 1$ …②

O の数より，　$\underset{a}{\underline{1}} \times 2 + b = c \times 3 + d$ …③

③式－①式により d を消去して，　$1 + b = 2c$

②式より $c = 2b$ なので，

$1 + b = 2 \times 2b$ となり，　$b = \frac{1}{3}$

②式より，$c = \frac{2}{3}$，①式より，$d = \frac{1}{3}$

すべてを 3 倍して整数にする。

補足 1 イオン反応式では，両辺で原子の数だけでなく電荷の総和も等しくする。

82

(1) $Ca(OH)_2 + CO_2 \longrightarrow CaCO_3 + H_2O$
(2) $CaCO_3 + 2HCl \longrightarrow CaCl_2 + CO_2 + H_2O$
(3) $MnO_2 + 4HCl \longrightarrow MnCl_2 + Cl_2 + 2H_2O$
(4) $H_2O_2 + H_2S \longrightarrow S + 2H_2O$

化学反応式[1]では，反応物を書く順序，生成物を書く順序に決まりはない。

(1) 与えられた反応物と生成物より，

$$aCa(OH)_2 + bCO_2 \longrightarrow cCaCO_3 + dH_2O$$

と書ける。
$Ca(OH)_2$ の係数 a を1とする。
⇒ { Ca の数より，$CaCO_3$ の係数 c は1
　 H の数より，H_2O の係数 d は1
⇒ 右辺のCの数は1
⇒ C の数より，CO_2 の係数 b は1

(2) $aCaCO_3 + bHCl \longrightarrow cCaCl_2 + dCO_2 + eH_2O$
$CaCO_3$ の係数 a を1とする。
⇒ { Ca の数より，$CaCl_2$ の係数 c は1
　 C の数より，CO_2 の係数 d は1
⇒ 右辺の Cl の数は2
⇒ Cl の数より，HCl の係数 b は2
⇒ 左辺のHの数は2
⇒ Hの数より，H_2O の係数 e は1

(3) $aMnO_2 + bHCl \longrightarrow cMnCl_2 + dCl_2 + eH_2O$
MnO_2 の係数 a を1とする。
⇒ { Mn の数より，$MnCl_2$ の係数 c は1
　 Oの数より，H_2O の係数 e は2
⇒ 右辺のHの数は4
⇒ Hの数より，HCl の係数 b は4
⇒ 左辺の Cl の数は4
⇒ Cl の数より，右辺の Cl_2 の係数 d は1

(4) $aH_2O_2 + bH_2S \longrightarrow cS + dH_2O$
H_2O_2 の係数 a を1とする。
⇒ Oの数より，H_2O の係数 d は2
⇒ 右辺のHの数は4
⇒ Hの数より，b の係数は1
⇒ 左辺のSの数は1
⇒ Sの数より，Sの係数 c は1

補足 1 溶媒やエネルギー，触媒（反応の前後で変化せず，反応を速める物質）は化学反応式には含めない。また，加熱や加圧の条件，色やにおいの変化などは，化学反応式では表せない。

83

(1) $CH_4 + 2O_2 \longrightarrow CO_2 + 2H_2O$
(2) $a=4,\ b=4,\ c=6$

(1) CH_4 の燃焼反応では，CH_4 が酸素 O_2 と反応し，二酸化炭素 CO_2 と水 H_2O が生じる[1]。よって，

$$aCH_4 + bO_2 \longrightarrow cCO_2 + dH_2O$$

と書ける。
CH_4 の係数 a を1とする。
⇒ { Cの数より，CO_2 の係数 c は1
　 Hの数より，H_2O の係数 d は2
⇒ 右辺のOの数は，$c\times2+d\times1=4$
⇒ O の数より，O_2 の係数 b は2

(2) $aNO + bNH_3 + O_2 \longrightarrow 4N_2 + cH_2O$
Nの数より，$a\times1+b\times1=4\times2$　$a+b=8$　…①
Hの数より，$b\times3=c\times2$　$3b=2c$　…②
Oの数より，$a\times1+1\times2=c\times1$　$a+2=c$　…③
①式−③式より，a を消去して，$b-2=8-c$
$b+c=10$
②式より $c=\frac{3}{2}b$ なので，$b+\frac{3}{2}b=10$　$\frac{5}{2}b=10$ となり，$b=4$
①式より，$a=4$，②式より，$c=6$

補足 1 燃焼には酸素 O_2 が必要であることや，C，H，O からなる物質が完全燃焼すると二酸化炭素 CO_2 と水 H_2O が生じることは覚えておかなければならない。

84

(1) 0.10 mol　(2) 0.20 mol，7.3 g　(3) 100 mL
(4) 0.10 mol，2.2 L

(1) **物質量〔mol〕$=\frac{\text{質量〔g〕}}{\text{モル質量〔g/mol〕}}$** より，亜鉛の物質量は，

$$\frac{6.5\,g}{65\,g/mol}=0.10\,mol$$

(2) $Zn + 2HCl \longrightarrow ZnCl_2 + H_2$
係数の比＝物質量の比 より，Zn 1 mol と反応する HCl は 2 mol なので，Zn 0.10 mol とちょうど反応する HCl は 0.20 mol である。よって，HCl の質量は，

$$\underset{\text{モル質量}}{\underline{36.5\,g/mol}}\times\underset{\text{物質量}}{\underline{0.20\,mol}}=\underset{\text{質量}}{\underline{7.3\,g}}$$

(3) **モル濃度〔mol/L〕$=\frac{\text{溶質の物質量〔mol〕}}{\text{溶液の体積〔L〕}}$** より，必要な塩酸の体積を x〔L〕とすると

$$2.0\,mol/L=\frac{0.20\,mol}{x\,[L]}$$

$$x=0.10\,L=100\,mL$$

(4) **係数の比＝物質量の比** より，Zn 1 mol が反応して生じる H_2 は 1 mol なので，Zn 0.10 mol が反応して生じる H_2 は 0.10 mol である。
標準状態で 1 mol の気体の体積は気体の種類によらず 22.4 L なので，

$$\underset{\text{モル体積}}{\underline{22.4\,L/mol}}\times\underset{\text{物質量}}{\underline{0.10\,mol}}=\underset{\text{体積}}{\underline{2.24\,L}}\fallingdotseq2.2\,L$$

85

(1) 9.9 g (2) 4.5 g (3) 1.4 L (4) 5.0 L

反応量や生成量を求める場合は，化学反応式を書き，その係数の比を用いる。

係数の比＝粒子の数の比＝物質量の比＝気体の体積の比

(1) $\underset{1\,\text{mol}}{C} + O_2 \longrightarrow \underset{1\,\text{mol}}{CO_2}$

C (式量 12) 2.7 g の物質量は $\dfrac{2.7\,\text{g}}{12\,\text{g/mol}}$ で，反応する C と生成する CO_2 (分子量 44) の物質量は等しいから，

$$44\,\text{g/mol} \times \frac{2.7}{12}\,\text{mol} = 9.9\,\text{g}$$

(2) $2H_2 + \underset{1\,\text{mol}}{O_2} \longrightarrow \underset{2\,\text{mol}}{2H_2O}$

O_2 2.8 L の物質量は $\dfrac{2.8\,\text{L}}{22.4\,\text{L/mol}}$ で，O_2 1 mol が反応すると H_2O (分子量 18) 2 mol が生成するので，

$$18\,\text{g/mol} \times \underbrace{\frac{2.8}{22.4}\,\text{mol} \times 2}_{O_2\text{ の物質量の 2 倍}} = 4.5\,\text{g}$$

(3) $\underset{1\,\text{mol}}{Fe} + H_2SO_4 \longrightarrow FeSO_4 + \underset{1\,\text{mol}}{H_2}$

Fe (式量 56) 3.5 g の物質量は $\dfrac{3.5\,\text{g}}{56\,\text{g/mol}}$ で，Fe 1 mol が反応すると H_2 1 mol が生成するので，

$$22.4\,\text{L/mol} \times \frac{3.5}{56}\,\text{mol} = 1.4\,\text{L}$$

(4) $\underset{1\,\text{mol}}{CaCO_3}$[1] $+ 2HCl \longrightarrow CaCl_2 + H_2O + \underset{1\,\text{mol}}{CO_2}$

石灰石 25 g 中の $CaCO_3$ (式量 100) の質量は，

$25\,\text{g} \times \underbrace{\dfrac{90}{100}}_{\text{純度 90 \%}} = 22.5\,\text{g}$ で，この物質量は $\dfrac{22.5\,\text{g}}{100\,\text{g/mol}}$ である。$CaCO_3$ 1 mol が反応すると CO_2 1 mol が生成するので，

$$22.4\,\text{L/mol} \times \frac{22.5}{100}\,\text{mol} = 5.04\,\text{L} \fallingdotseq 5.0\,\text{L}$$

補足 [1] 石灰石の主成分の $CaCO_3$ が反応する。

別解 (1) C 2.7 g から生成する CO_2 を x [g] とすると，C 12 g から CO_2 44 g が生成するので，

$2.7\,\text{g} : x\,[\text{g}] = 12\,\text{g} : 44\,\text{g} \quad x = 9.9\,\text{g}$

(2) O_2 2.8 L から生成する H_2O を y [g] とすると，O_2 22.4 L (1 mol) から H_2O 36 g (2 mol) が生成するので，

$2.8\,\text{L} : y\,[\text{g}] = 22.4\,\text{L} : 36\,\text{g} \quad y = 4.5\,\text{g}$

(3) Fe 3.5 g の反応で発生する H_2 を z [L] とすると，Fe 56 g で H_2 22.4 L が発生するので，

$3.5\,\text{g} : z\,[\text{L}] = 56\,\text{g} : 22.4\,\text{L} \quad z = 1.4\,\text{L}$

(4) 純度 90 % の石灰石 25 g から生成する CO_2 を w [L] とすると，$CaCO_3$ 100 g から発生する CO_2 は 22.4 L なので，

$25\,\text{g} \times \dfrac{90}{100} : w\,[\text{L}] = 100\,\text{g} : 22.4\,\text{L}$

$w = 5.04\,\text{L} \fallingdotseq 5.0\,\text{L}$

86

(1) $2C_3H_8O + 9O_2 \longrightarrow 6CO_2 + 8H_2O$
(2) 50 L

(1) $C_3H_8O + O_2 \longrightarrow CO_2 + H_2O$ に係数をつける。[1]

(2) C_3H_8O (分子量 60) 1 mol の燃焼には O_2 4.5 mol が必要であり，空気中に O_2 は 20 % 含まれるから，

$$22.4\,\text{L/mol} \times \underbrace{\frac{6.0\,\text{g}}{60\,\text{g/mol}} \times 4.5}_{C_3H_8O\text{ の物質量の 4.5 倍}} \times \underbrace{\frac{100}{20}}_{\text{酸素の体積の 5 倍の空気が必要}}$$

$= 50.4\,\text{L} \fallingdotseq 50\,\text{L}$

補足 [1] C_3H_8O の O 原子を忘れないように注意する。

87

(1) $x = 0.020\,\text{L}$，$y = 0.12\,\text{g}$
(2) 塩化ナトリウム，0.23 g

$MgCl_2 + 2NaOH \longrightarrow Mg(OH)_2 + 2NaCl$[1]

(1) $MgCl_2$ 1 mol と NaOH 2 mol がちょうど反応するから，[2]

$$\underbrace{0.10\,\text{mol/L} \times 0.020\,\text{L}}_{MgCl_2\text{ の物質量}} \times 2 = \underbrace{0.20\,\text{mol/L} \times x\,[\text{L}]}_{NaOH\text{ の物質量}}$$

$x = 0.020\,\text{L}$

生成する $Mg(OH)_2$ (式量 58) の物質量は，反応する $MgCl_2$ と同じであるから，

$$y = 58\,\text{g/mol} \times \underbrace{0.10\,\text{mol/L} \times 0.020\,\text{L}}_{MgCl_2\text{ の物質量}} = 0.116\,\text{g}$$

$\fallingdotseq 0.12\,\text{g}$

(2) 水に可溶な NaCl がろ液に残る。生成する NaCl (式量 58.5) の物質量は，反応する $MgCl_2$ の物質量の 2 倍であるから，

$$58.5\,\text{g/mol} \times \underbrace{0.10\,\text{mol/L} \times 0.020\,\text{L}}_{MgCl_2\text{ の物質量}} \times 2 = 0.234\,\text{g}$$

$\fallingdotseq 0.23\,\text{g}$

補足 [1] 化学反応式には，反応に関与しない水などの溶媒は書かないので，塩化マグネシウムと水酸化ナトリウムから水酸化マグネシウムと塩化ナトリウムが生じる式になる。
[2] 溶液中の溶質の物質量 [mol] は，
溶液のモル濃度 [mol/L] × 溶液の体積 [L]
で求められる。

88

2.5 L

$2CO + O_2 \longrightarrow 2CO_2$

気体 1 mol の体積は，気体の種類によらず同じであるから，**気体の体積の比＝物質量の比＝係数の比** となる。与えられた CO と O_2 の体積の比＝物質量の比は 1 : 2 で，反応式で表される物質量の比 2 : 1 と比較すると O_2 が過剰である。反応に関係する CO，O_2，CO_2 の体積の比は，2 : 1 : 2 であるから，CO 1.0 L は O_2 0.50 L と反応して CO_2 1.0 L を生じる。したがって，O_2 は 2.0 L − 0.50 L = 1.5 L 余ることになる。よって，反応後の気体の体積は 1.0 L + 1.5 L = 2.5 L になる[1]。

	$2CO$	$+ O_2$	$\longrightarrow 2CO_2$
(反応前)	1.0L	2.0L	0L
(変化量)	−1.0L	−0.50L	+1.0L
(反応後)	0L	1.5L	1.0L

補足 1 このように気体の体積だけに関係した問題のときは，物質量に直さず，**係数の比＝気体の体積の比** の関係を用いるとよい。

89

(1) 塩化アンモニウム (2) 0.896L

(1) $Ca(OH)_2 + 2NH_4Cl \longrightarrow CaCl_2 + 2H_2O + 2NH_3$

$Ca(OH)_2$(式量74.0) 1 mol と NH_4Cl(式量53.5) 2 mol がちょうど反応する。与えられた物質のそれぞれの物質量は，

$Ca(OH)_2$ 3.70gは，$\dfrac{3.70\,g}{74.0\,g/mol}=0.0500\,mol$

NH_4Cl 2.14gは，$\dfrac{2.14\,g}{53.5\,g/mol}=0.0400\,mol$

	$Ca(OH)_2$	$+ 2NH_4Cl$	$\longrightarrow CaCl_2 + 2H_2O + 2NH_3$ [1]
(反応前)	0.0500mol	0.0400mol	0mol
(変化量)	$-\frac{1}{2}\times0.0400$mol	−0.0400mol	+0.0400mol
(反応後)	0.0300mol	0mol	0.0400mol

(2) NH_4Cl 1 mol から NH_3 1 mol が発生するから，NH_3 の発生量は，

$$22.4\,L/mol\times0.0400\,mol=0.896\,L$$

補足 1 反応物の質量を物質量〔mol〕に換算し，その値と化学反応式の係数を比較してどちらが過剰かを判断し，すべてが反応する(不足する)ほうの物質の物質量から生成量を計算する。

90

80mL

	$3O_2$	$\longrightarrow 2O_3$	全体の体積
(反応前)	1000mL	0mL	1000mL
(変化量)	$-\frac{3}{2}x$〔mL〕	$+x$〔mL〕	$-\frac{1}{2}x$〔mL〕
(反応後)	1000mL$-\frac{3}{2}x$〔mL〕	x〔mL〕	960mL

温度と圧力が一定であるとき，**気体の体積の比＝係数の比**より，生成した O_3 の体積を x〔mL〕とすると，反応した O_2 は $\frac{3}{2}x$〔mL〕である。このとき全体の体積は $\frac{1}{2}x$〔mL〕減少する。反応後の体積は960mLなので，

$$1000\,mL-\frac{1}{2}x\,[mL]=960\,mL \qquad x=80\,mL$$

91

(1) 125mL (2) 0.080mol/L

(1) Mgが残っている間は，加えた塩酸の体積と発生する気体の体積は比例する。したがって，図より，発生した気体の最大量が112mLであるから，過不足なく反応する塩酸の体積を

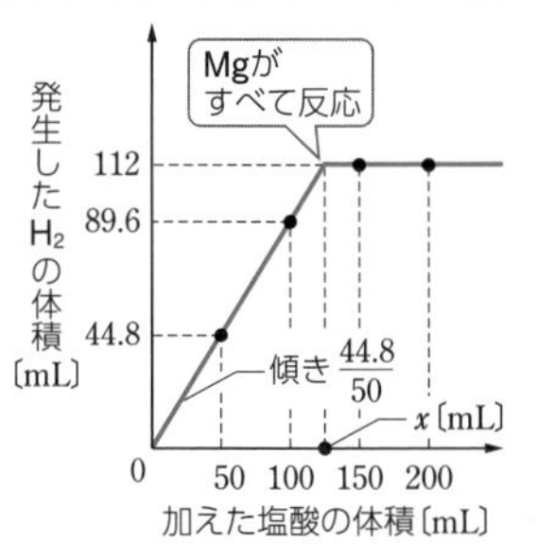

x〔mL〕とすると，

$$\frac{44.8\,mL}{50.0\,mL}\times x\,[mL]=112\,mL$$

$$x=125\,mL$$

(2) $Mg + 2HCl \longrightarrow MgCl_2 + H_2$

Mg(式量24) 0.12gの物質量は，

$$\frac{0.12\,g}{24\,g/mol}=0.0050\,mol$$

Mg 1 mol と HCl 2 mol が反応するので，Mg 0.12gと過不足なく反応するHClの物質量は，

$$0.0050\,mol\times2=0.010\,mol$$

これが125mL (0.125L)に含まれるので，この塩酸のモル濃度は，

$$\frac{0.010\,mol}{0.125\,L}=0.080\,mol/L$$

92

ウ

(ア) 誤り。アボガドロの法則の説明である。
(イ) 誤り。質量保存の法則の説明である。
(ウ) 正しい。
(エ) 誤り。倍数比例の法則の説明である。
(オ) 誤り。気体反応の法則の説明である。

これらの化学の基礎法則は，18世紀後半～19世紀前半にかけて発見された[1]。

補足 1 化学の基礎法則

1774年	質量保存の法則(ラボアジエ)
1799年	定比例の法則(プルースト)
1803年	倍数比例の法則(ドルトン)，原子説(ドルトン)
1808年	気体反応の法則(ゲーリュサック)
1811年	アボガドロの法則(アボガドロ)，分子説(アボガドロ)

93

(1) M 80%，O 20% (2) 64

(1) 化合物中のある元素の元素組成(質量%)は，

$$\frac{\text{元素の質量[g]}}{\text{化合物の質量[g]}}\times100$$

$$\left(\text{または}\ \frac{\text{原子量}\times\text{化学式中の原子の数}}{\text{化合物の式量(分子量)}}\times100\right)$$

で求められる。よって，酸化物MOの元素組成は，

金属M：$\dfrac{4.0\,g}{5.0\,g}\times100=80$ (%)

酸素O：$100\%-\underset{\text{金属M}}{\underline{80\%}}=20\%$ [1]

補足 1 酸素Oの質量は 5.0g−4.0g=1.0g よって $\dfrac{1.0\,g}{5.0\,g}\times100=20$(%) と計算してもよい。

(2) (1)より，金属Mの質量：酸素Oの質量=4：1 である。また，酸化物MOは金属原子Mと酸素原子Oを1：1で含む。金属Mの原子量を x とすると，**粒子の数の比＝物質量の比**より，

$$M:O=\frac{4}{x\,g/mol}:\frac{1}{16\,g/mol}=1:1 \qquad x=64$$

94

$N_2 : Ar = 2 : 1$

気体の分子量は，標準状態での体積 22.4L の質量から求められる。同様にして，混合気体の平均分子量も求められる。

混合気体のモル質量

$$=1.43\,\text{g/L}\times 22.4\,\text{L/mol} \fallingdotseq 32.0\,\text{g/mol}$$

より，混合気体の平均分子量は 32.0 となる。

平均分子量＝(成分気体の分子量×存在比)の和 であるから，窒素の存在比を x とすると，

$$\underbrace{28\times x}_{N_2}+\underbrace{40\times(1-x)}_{Ar}=32.0 \qquad x=\frac{2}{3}$$

アルゴンは $1-x=\dfrac{1}{3}$

窒素とアルゴンの物質量の比は，$\dfrac{2}{3}:\dfrac{1}{3}=2:1$

95

(1) 1.84×10^3 g (2) 18 mol/L (3) 84 mL
(4) 166 mL

(1) この濃硫酸 1.00L $(=1.00\times10^3\,\text{cm}^3)$ の質量[1]は，

$$\underbrace{1.84\,\text{g/cm}^3}_{密度}\times\underbrace{1.00\times10^3\,\text{cm}^3}_{体積}=\underbrace{1.84\times10^3\,\text{g}}_{質量}$$

(2) 濃硫酸 1.00L 中の H_2SO_4 の質量は，

$$1.84\times10^3\,\text{g}\times\underbrace{\frac{95}{100}}_{濃度95\%}=1748\,\text{g}$$

これを物質量で表すと，H_2SO_4 の分子量 98 より，

$$\frac{1748\,\text{g}}{98\,\text{g/mol}}=17.8\cdots\text{mol}\fallingdotseq 18\,\text{mol}$$

濃硫酸 1.00L 中に含まれる H_2SO_4 が $\dfrac{1748}{98}$ mol なので，この濃硫酸のモル濃度は $\dfrac{1748}{98}$ mol/L ≒ 18 mol/L である。

(3) 必要な H_2SO_4 の物質量は，

$$3.0\,\text{mol/L}\times\frac{500}{1000}\,\text{L}=1.5\,\text{mol}$$

H_2SO_4 1.5 mol を得るのに必要な濃硫酸の体積 x〔L〕は，**モル濃度〔mol/L〕＝$\dfrac{溶質の物質量〔mol〕}{溶液の体積〔L〕}$** より，

$$\frac{1748}{98}\,\text{mol/L}=\frac{1.5\,\text{mol}}{x\,〔\text{L}〕} \qquad x=0.0840\cdots\text{L}\fallingdotseq 0.084\,\text{L}$$

したがって，必要な濃硫酸は 84 mL。

(4) 濃硫酸 100 mL $(=100\,\text{cm}^3)$ は，
$1.84\,\text{g/cm}^3\times100\,\text{cm}^3=184\,\text{g}$[2] である。この中の H_2SO_4 の質量は，

$$184\,\text{g}\times\frac{95}{100}=174.8\,\text{g}$$

これを x〔g〕の水に加えると，

質量パーセント濃度〔%〕＝$\dfrac{溶質の質量〔g〕}{溶液の質量〔g〕}$×100 より，

$$50.0=\frac{174.8\,\text{g}}{184\,\text{g}+x\,〔\text{g}〕}\times100 \qquad x=165.6\,\text{g}$$

水の密度は $1.00\,\text{g/cm}^3$ なので，

$$\frac{165.6\,\text{g}}{1.00\,\text{g/cm}^3}=165.6\,\text{cm}^3\fallingdotseq 166\,\text{cm}^3\ (=166\,\text{mL})$$

補足 1 モル濃度を求めるには，溶液 1L の質量を求めてから，溶質の物質量を求めるのがよい。
2 濃度や溶質が異なる溶液の混合の前後では，質量は保存されるが，

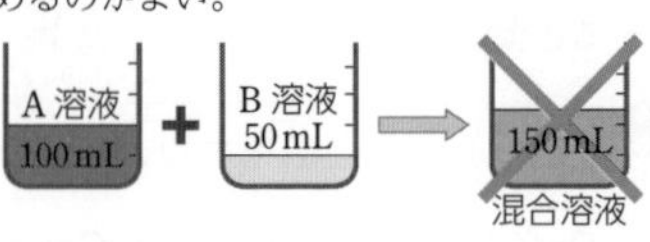

体積は保存されないことに注意すること。

96

80 %

$$CaC_2 + 2H_2O \longrightarrow Ca(OH)_2 + C_2H_2$$

CaC_2 の純度[1]を x % とすると，CaC_2 (式量 64) の質量は $2.5\,\text{g}\times\dfrac{x}{100}$ で，その物質量は，

$$\frac{2.5\,\text{g}\times\dfrac{x}{100}}{64\,\text{g/mol}}=\frac{x}{2560}\,\text{mol}$$

発生した C_2H_2 の物質量は，$\dfrac{0.70\,\text{L}}{22.4\,\text{L/mol}}=\dfrac{1}{32}$ mol

CaC_2 1 mol が反応すると C_2H_2 1 mol が生成するから，

$$\underbrace{\frac{x}{2560}\,\text{mol}}_{CaC_2の物質量}=\underbrace{\frac{1}{32}\,\text{mol}}_{C_2H_2の物質量}$$

$x=80\,(\%)$

補足 1 物質が純粋でないとき，反応の目的物質がどれだけの割合で含まれているかを表すのが純度である。

97

(1) (a) 0.45 L (b) 2.2 L (2) 1.3 g

(1) (a) $Zn + H_2SO_4$[1] $\longrightarrow ZnSO_4 + H_2$
Zn 1 mol が反応すると，H_2 1 mol が発生する。

$$22.4\,\text{L/mol}\times\frac{1.3\,\text{g}}{65\,\text{g/mol}}=0.448\,\text{L}\fallingdotseq 0.45\,\text{L}$$

(b) $2Al + 3H_2SO_4 \longrightarrow Al_2(SO_4)_3 + 3H_2$
Al 1 mol が反応すると，H_2 $\dfrac{3}{2}$ mol＝1.5 mol が発生する。

$$22.4\,\text{L/mol}\times\frac{1.8\,\text{g}}{27\,\text{g/mol}}\times1.5=2.24\,\text{L}\fallingdotseq 2.2\,\text{L}$$

(2) Zn x〔mol〕と Al y〔mol〕の質量の和が 1.57 g である。

$$65\,\text{g/mol}\times x\,〔\text{mol}〕+27\,\text{g/mol}\times y\,〔\text{mol}〕=1.57\,\text{g} \quad \cdots①$$

Zn x〔mol〕から発生する H_2 は x〔mol〕，Al y〔mol〕から発生する H_2 は $\dfrac{3}{2}y=1.5y$〔mol〕で，この合計が 0.035 mol である。よって，

$$x\,〔\text{mol}〕+1.5y\,〔\text{mol}〕=0.035\,\text{mol} \quad \cdots②$$

①式，②式より，

$x=0.020$ mol，$y=0.010$ mol

混合物中の亜鉛の物質量は 0.020 mol で，その質量は，

$$65\,\text{g/mol}\times0.020\,\text{mol}=1.3\,\text{g}$$

補足 1 希硫酸の希は薄い溶液を意味するが，化学反応式には表れない。

98

イ

$AgNO_3 + HCl \longrightarrow HNO_3 + AgCl$

1.7gの$AgNO_3$(式量170)の物質量は，

$$\frac{1.7\,\mathrm{g}}{170\,\mathrm{g/mol}}=0.010\,\mathrm{mol}$$

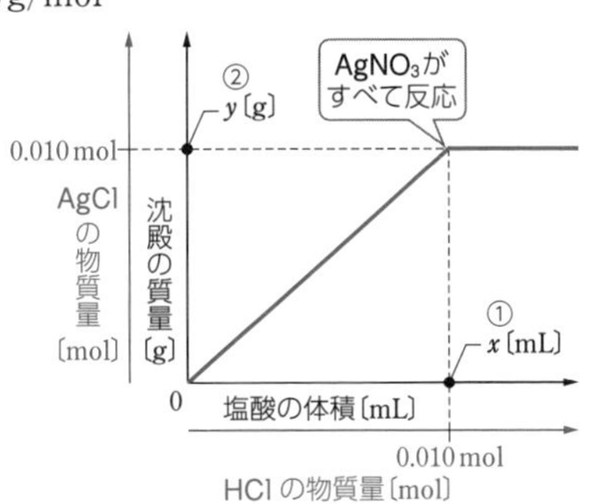

$AgNO_3$ 0.010molとちょうど反応するHClは0.010molで，このときAgClが0.010mol生成するから[1]，グラフの概形は図のようになり，図中のxとyの値は①，②のように求められる。

① HCl 0.010molを含む塩酸の体積をx〔mL〕とすると，

$$1.0\,\mathrm{mol/L}\times\frac{x}{1000}\,[\mathrm{L}]=0.010\,\mathrm{mol} \qquad x=10\,\mathrm{mL}$$

② AgCl(式量143.5) 0.010molの質量をy〔g〕とすると，

$$y=143.5\,\mathrm{g/mol}\times0.010\,\mathrm{mol}=1.435\,\mathrm{g}$$

①，②と図より，塩酸10mLを加えたときにAgCl 1.435gが生成し，それ以上増加しないグラフを選べばよい。

補足 1 このときすべての$AgNO_3$が反応するので，塩酸をx〔mL〕以上加えても，沈殿の量は増加しない。

99

(1) 3.0L
(2) 窒素2.5L，水素3.5L，アンモニア1.0L

(1) $C_3H_8 + 5O_2 \longrightarrow 3CO_2 + 4H_2O$

気体の体積の比＝係数の比 より，プロパン1.0Lと酸素5.0Lが反応する。したがって，酸素が3.0L残る。このとき二酸化炭素は3.0L生成する。

	C_3H_8	+ $5O_2$	⟶ $3CO_2$	+ $4H_2O$
(反応前)	1.0L	8.0L	0L	
(変化量)	−1.0L	−5.0L	+3.0L	
(反応後)	0L	3.0L	3.0L	

(2) $N_2 + 3H_2 \longrightarrow 2NH_3$

気体の体積の比＝係数の比 より，反応したN_2の体積をx〔L〕とすると，反応したH_2は$3x$〔L〕，生成したNH_3は$2x$〔L〕である。

	N_2	+ $3H_2$	⟶ $2NH_3$
(反応前)	3.0L	5.0L	0L
(変化量)	$-x$〔L〕	$-3x$〔L〕	$+2x$〔L〕
(反応後)	$3.0\mathrm{L}-x$〔L〕	$5.0\mathrm{L}-3x$〔L〕	$2x$〔L〕

$$\underbrace{(3.0\,\mathrm{L}-x\,[\mathrm{L}])}_{N_2}+\underbrace{(5.0\,\mathrm{L}-3x\,[\mathrm{L}])}_{H_2}+\underbrace{2x\,[\mathrm{L}]}_{NH_3}=7.0\,\mathrm{L}$$

$x=0.50\,\mathrm{L}$

よって，残ったN_2は，$3.0\,\mathrm{L}-0.50\,\mathrm{L}=2.5\,\mathrm{L}$

H_2は，$5.0\,\mathrm{L}-0.50\,\mathrm{L}\times3=3.5\,\mathrm{L}$

生成したNH_3は，$0.50\,\mathrm{L}\times2=1.0\,\mathrm{L}$

100

(1) 倍数比例の法則 (2) 定比例の法則
(3) アボガドロの法則

(1) 原子量Fe＝56，O＝16より，酸化鉄(Ⅱ)FeOでは鉄と酸素の質量の比は56：16，鉄1g当たりの酸素は$\frac{16}{56}$g，酸化鉄(Ⅲ)Fe_2O_3では鉄と酸素の質量の比は56×2：16×3，鉄1g当たりの酸素は$\frac{16\times3}{56\times2}\mathrm{g}=\frac{24}{56}\mathrm{g}$。1gという同じ質量の鉄と結合している酸素の質量の比は，酸化鉄(Ⅱ)と酸化鉄(Ⅲ)においては，$\frac{16}{56}:\frac{24}{56}=2:3$という簡単な整数比になる。⇒ 倍数比例の法則

(2) 水分子に含まれる酸素原子の割合(質量パーセント)は$\frac{16\mathrm{g}}{18\mathrm{g}}\times100\fallingdotseq89$(%)で，水であれば，時，場所，製法等によらず酸素と水素の質量比は一定である。⇒ 定比例の法則

(3) 標準状態で22.4Lの気体には，気体の種類によらず6.0×10^{23}個の分子が含まれている。⇒ アボガドロの法則

第5章 酸と塩基の反応

基礎ドリル

1. (1) (ア) HCl (イ) HNO_3 (ウ) CH_3COOH[1]
   (エ) HBr (オ) H_2SO_4 (カ) H_2S
   (キ) $(COOH)_2$ ($H_2C_2O_4$[2]) (ク) H_3PO_4
   (ケ) $NaOH$ (コ) KOH (サ) NH_3
   (シ) $Ca(OH)_2$ (ス) $Ba(OH)_2$ (セ) $Fe(OH)_2$
   (ソ) $Cu(OH)_2$
   (2) (ア) 1価 (イ) 1価 (ウ) 1価
   (エ) 1価 (オ) 2価 (カ) 2価
   (キ) 2価 (ク) 3価 (ケ) 1価
   (コ) 1価 (サ) 1価 (シ) 2価
   (ス) 2価 (セ) 2価 (ソ) 2価
   (3) (ア) 強酸 (イ) 強酸 (ウ) 弱酸
   (エ) 強酸 (オ) 強酸 (カ) 弱酸
   (キ) 弱酸 (ク) 弱酸 (ケ) 強塩基
   (コ) 強塩基 (サ) 弱塩基 (シ) 強塩基
   (ス) 強塩基 (セ) 弱塩基[3] (ソ) 弱塩基
2. (1) 0.25 mol/L (2) 2.0×10^{-3} mol/L
   (3) 1.6×10^{-3} mol/L
3. (1) 2.5 mol/L (2) 0.080 mol/L
   (3) 1.3×10^{-3} mol/L
4. (1) 4 (2) 3 (3) 3 (4) 12
5. (1) 0.050 (2) 0.025 (3) 0.040

1. (2) 酸（塩基）の価数は，生じる H^+（OH^-）の数である。
   (3) 電離度が1に近い酸（塩基）を強酸（強塩基）[4]といい，酸（塩基）の価数と強酸・弱酸（強塩基・弱塩基）とは無関係である。

補足 [1] 酢酸の分子式は $C_2H_4O_2$ であるが，その構造・性質を明確にするために CH_3COOH と表す。このような式を示性式という。酢酸は，H原子を4個含むが，H^+ になることのできるH原子は，O原子と結合している1個だけである。

(構造式: H–C(H)(H)–C(=O)–O–H)

[2] シュウ酸は分子式 $H_2C_2O_4$ で表されることも多い。
[3] アルカリ金属元素，アルカリ土類金属元素以外の金属元素の水酸化物は，水に溶けにくく，OH^- をほとんど生じないが，酸と（中和）反応する。
[4] リン酸 H_3PO_4 は，弱酸に分類されるが，他の弱酸よりも電離度が大きいため，中程度の強さの酸とされている。

2. $[H^+]=\underset{\text{酸の価数}}{a}\times\underset{\text{濃度}}{c\,[\mathrm{mol/L}]}\times\underset{\text{電離度}}{\alpha}$

(1) HNO_3 は1価の強酸なので，
$1\times0.25\,\mathrm{mol/L}\times1.0=0.25\,\mathrm{mol/L}$
(2) H_2SO_4 は2価の強酸なので，
$2\times1.0\times10^{-3}\,\mathrm{mol/L}\times1.0=2.0\times10^{-3}\,\mathrm{mol/L}$
(3) CH_3COOH は1価の弱酸なので，
$1\times0.10\,\mathrm{mol/L}\times0.016=1.6\times10^{-3}\,\mathrm{mol/L}$

3. $[OH^-]=\underset{\text{塩基の価数}}{b}\times\underset{\text{濃度}}{c'\,[\mathrm{mol/L}]}\times\underset{\text{電離度}}{\alpha'}$

(1) KOH は1価の強塩基なので，
$1\times2.5\,\mathrm{mol/L}\times1.0=2.5\,\mathrm{mol/L}$
(2) $Ba(OH)_2$ は2価の強塩基なので，
$2\times0.040\,\mathrm{mol/L}\times1.0=0.080\,\mathrm{mol/L}$
(3) NH_3 は1価の弱塩基なので，
$1\times0.10\,\mathrm{mol/L}\times0.013=1.3\times10^{-3}\,\mathrm{mol/L}$

4. $[H^+]=1.0\times10^{-n}\,\mathrm{mol/L}$ のとき，$\mathrm{pH}=n$

(1) $[H^+]=0.00010\,\mathrm{mol/L}=1.0\times10^{-4}\,\mathrm{mol/L}$
pH=4
(2) HCl は1価の強酸なので，$[H^+]=ac\alpha$ より，
$[H^+]=1\times0.0010\,\mathrm{mol/L}\times1.0$
$=1.0\times10^{-3}\,\mathrm{mol/L}$ pH=3
(3) CH_3COOH は1価の弱酸なので，$[H^+]=ac\alpha$ より，
$[H^+]=1\times0.040\,\mathrm{mol/L}\times0.025$
$=1.0\times10^{-3}\,\mathrm{mol/L}$ pH=3
(4) $NaOH$ は1価の強塩基なので，$[OH^-]=bc'\alpha'$ より，
$[OH^-]=1\times0.010\,\mathrm{mol/L}\times1.0$
$=1.0\times10^{-2}\,\mathrm{mol/L}$
このとき，本冊 p.67 c ②の表より
$[H^+]=1.0\times10^{-12}\,\mathrm{mol/L}$ なので，pH=12

性質	(弱)			塩基性			(強)
pH	8	9	10	11	12	13	14
$[H^+]$	10^{-8}	10^{-9}	10^{-10}	10^{-11}	10^{-12}	10^{-13}	10^{-14}
$[OH^-]$	10^{-6}	10^{-5}	10^{-4}	10^{-3}	10^{-2}	10^{-1}	1

5. (1) pH=3 より $[H^+]=1.0\times10^{-3}\,\mathrm{mol/L}$ なので，
$[H^+]=ac\alpha$ より，
$1.0\times10^{-3}\,\mathrm{mol/L}=1\times0.020\,\mathrm{mol/L}\times\alpha$
$\alpha=0.050$
(2) 酢酸は1価の酸である。pH=3 より $[H^+]=1.0\times10^{-3}\,\mathrm{mol/L}$ なので，$[H^+]=ac\alpha$ より，
$1.0\times10^{-3}\,\mathrm{mol/L}=1\times0.040\,\mathrm{mol/L}\times\alpha$
$\alpha=0.025$
(3) アンモニアは1価の塩基である。pH=11 より $[H^+]=1.0\times10^{-11}\,\mathrm{mol/L}$ であり，このとき本冊 p.67 c ②の表より，
$[OH^-]=1.0\times10^{-3}\,\mathrm{mol/L}$
$[OH^-]=bc'\alpha'$ より，
$1.0\times10^{-3}\,\mathrm{mol/L}=1\times0.025\,\mathrm{mol/L}\times\alpha'$
$\alpha'=0.040$

101

(a) 水素イオン（オキソニウムイオン）
(b) 水酸化物イオン (c) 酸 (d) 塩基 (e) 酸
(f) 塩基

$HCl + NH_3 \longrightarrow NH_4Cl$[1]
（HCl：酸，NH_3：塩基，H^+ が HCl から NH_3 へ）

酸 ……H^+ を与える物質
塩基……H^+ を受け取る物質

補足 1 化学反応において，酸や塩基としてはたらいている物質を判別しにくいときは，ブレンステッド・ローリーの定義で考えるとわかりやすい。それ以外のときはアレニウスの定義に従って考えるとよい。

102

(a) H^+ (b) Cl^- (c) H^+ (d) CH_3COO^-
(e) SO_4^{2-} (f) HCO_3^- (g) NH_4^+ (h) OH^-
(i) Ba^{2+} (j) $2OH^-$

水中の電離で，酸は H^+ を，塩基は OH^- を生じる。強酸・強塩基はほぼ完全に電離するが，弱酸・弱塩基は一部が電離する[1]。

補足 1 反応式の ⇄ はどちらの方向にも進む反応に用いる。強酸，強塩基ではほぼ完全に電離するので ⟶ で電離を表すが，弱酸，弱塩基では逆向きの反応が起こり，完全には電離しないため，⇄ で電離を表す。

103

(1) 酸：HCl　塩基：KOH
(2) 酸：H_2SO_4　塩基：NH_3
(3) 酸：HCl　塩基：H_2O
(4) 酸：H_2O　塩基：NH_3
(5) 酸：H_2O　塩基：CH_3COO^-

H^+ を与える物質が酸，H^+ を受け取る物質が塩基であるから，H^+ の移動の方向を考える。

(1) $HCl \longrightarrow KOH$　(2) $H_2SO_4 \longrightarrow NH_3$
(3) $HCl \longrightarrow H_2O$　(4) $H_2O \longrightarrow NH_3$
(5) $H_2O \longrightarrow CH_3COO^-$

(3)や(4)のような酸・塩基の電離も，ブレンステッド・ローリーの定義に当てはめると，酸と塩基の反応になる。この場合，同じ水が(3)では塩基，(4)では酸であることに注意する。

104

(1) 酸性酸化物：ア，エ
塩基性酸化物：イ，ウ，オ
(2) (a) (ア) 反応しない
(イ) $CaO + 2HCl \longrightarrow CaCl_2 + H_2O$
(ウ) $Na_2O + 2HCl \longrightarrow 2NaCl + H_2O$
(エ) 反応しない
(オ) $Fe_2O_3 + 6HCl \longrightarrow 2FeCl_3 + 3H_2O$
(b) (ア) $CO_2 + 2NaOH \longrightarrow Na_2CO_3 + H_2O$
(エ) $SO_2 + 2NaOH \longrightarrow Na_2SO_3 + H_2O$
(オ) 反応しない

(1) 酸性酸化物は，水と反応すると酸になり，塩基と反応すると塩と水を生じる酸化物で，非金属元素（陰性元素）の酸化物の多くが該当する。

$$CO_2 + H_2O\ (\rightleftarrows H_2CO_3) \rightleftarrows H^+ + HCO_3^-$$
$$SO_2 + H_2O\ (\rightleftarrows H_2SO_3) \rightleftarrows H^+ + HSO_3^- \rightleftarrows 2H^+ + SO_3^{2-}$$

ただし，酸性酸化物は酸とは反応しない。

塩基性酸化物は，水と反応すると塩基になり，酸と反応すると塩と水を生じる酸化物で，金属元素（陽性元素）の酸化物の多くが該当する。

$$CaO + H_2O \longrightarrow Ca(OH)_2 \longrightarrow Ca^{2+} + 2OH^-$$
$$Na_2O + H_2O \longrightarrow 2NaOH \longrightarrow 2Na^+ + 2OH^-$$

ただし，塩基性酸化物は塩基とは反応しない。

(2) 塩基性酸化物が酸である塩化水素と反応し，酸性酸化物が塩基である水酸化ナトリウムと反応する。

酸性酸化物……おもに非金属元素の酸化物，塩基と反応
塩基性酸化物…おもに金属元素の酸化物，酸と反応

105

(a) 電離度 (b) 強酸 (c) 強塩基 (d) 弱酸
(e) 弱塩基 (f) ない

電離度 $\alpha = \dfrac{\text{電離した酸（塩基）の物質量}}{\text{溶かした酸（塩基）の物質量}}$ $(0 < \alpha \leqq 1)$

(a) 電離度は，同じ物質でも濃度や温度によって異なる[1]。
(e) $Cu(OH)_2$ や $Fe(OH)_2$ のように，水に溶けにくい塩基は弱塩基に分類される。

補足 1 一般には，濃度が小さいほど，また温度が高いほど，電離度は大きくなる。

106

(1) 酢酸分子：9.8×10^{-2} mol
酢酸イオン：1.6×10^{-3} mol
水素イオン：1.6×10^{-3} mol
(2) アンモニウムイオン，4.2×10^{-3} mol
水酸化物イオン，4.2×10^{-3} mol
(3) カルシウムイオン：1.0×10^{-3} mol
水酸化物イオン：2.0×10^{-3} mol

酸や塩基の電離によって生じる H^+ や OH^- の物質量は，**価数×物質量×電離度** で求められる。

(1)

	CH_3COOH	⇄ CH_3COO^-	+ H^+
（電離前）	0.10 mol	0 mol	0 mol
（変化量）	-0.10 mol×0.016	$+0.10$ mol×0.016	$+0.10$ mol×0.016
（電離後）	0.0984 mol	1.6×10^{-3} mol	1.6×10^{-3} mol

(2)

	NH_3 + H_2O	⇄ NH_4^+	+ OH^-
（電離前）	1.0 mol	0 mol	0 mol
（変化量）	-1.0 mol×0.0042	$+1.0$ mol×0.0042	$+1.0$ mol×0.0042
（電離後）	0.9958 mol	4.2×10^{-3} mol	4.2×10^{-3} mol

(3)

	$Ca(OH)_2$	⟶ Ca^{2+}	+ $2OH^-$
（電離前）	0.0010 mol	0 mol	0 mol
（変化量）	-0.0010 mol	$+0.0010$ mol	$+2 \times 0.0010$ mol
（電離後）	0 mol	0.0010 mol	0.0020 mol

107

(a) 1.0×10^{-7} (b) 1.0×10^{-n} (c) 7
(d) < (e) 1 (f) >

純水は，わずかではあるが電離している。

$$H_2O \rightleftarrows H^+ + OH^-$$
$$[H^+] = [OH^-] = 1.0 \times 10^{-7}\ \text{mol/L}\ (25^\circ C)$$

このような小さな値は扱うのに不便であるので，pH を用いる。

> $[H^+]=1.0\times10^{-n}$ mol/L のとき，pH$=n$ [1]
> 酸　性：$[H^+]>1.0\times10^{-7}$ mol/L$>[OH^-]$，pH<7
> 中　性：$[H^+]=1.0\times10^{-7}$ mol/L$=[OH^-]$，pH=7
> 塩基性：$[H^+]<1.0\times10^{-7}$ mol/L$<[OH^-]$，pH>7

補足 1 酸性が強いほど，pH は小さい。また，塩基性が強いほど，pH は大きい。

108

(1) 1000 倍　(2) 3　(3) 11　(4) 7　(5) 100 L

(1) pH=2 のとき，$[H^+]=1.0\times10^{-2}$ mol/L
pH=5 のとき，$[H^+]=1.0\times10^{-5}$ mol/L

$$\frac{1.0\times10^{-2}\,\text{mol/L}}{1.0\times10^{-5}\,\text{mol/L}}=1.0\times10^{3}\,(\text{倍})$$ [1]

(2) pH=1 のとき，$[H^+]=1.0\times10^{-1}$ mol/L。これを水で 100 倍に薄めるから，

$$1.0\times10^{-1}\,\text{mol/L}\times\frac{1}{100}=1.0\times10^{-3}\,\text{mol/L}\qquad \text{pH}=3$$

(3) pH=13 の水溶液では $[H^+]=1.0\times10^{-13}$ mol/L であり，このとき，本冊 p.67 c ②の表より，

$[OH^-]=1.0\times10^{-1}$ mol/L

これを水で 100 倍に薄めるから，

$$[OH^-]=1.0\times10^{-1}\,\text{mol/L}\times\frac{1}{100}=1.0\times10^{-3}\,\text{mol/L}$$

このとき，本冊 p.67 c ②の表より，

$[H^+]=1.0\times10^{-11}$ mol/L なので pH=11

(4) 水溶液を水で薄めていくと，pH=7（中性）に近づく。薄めることによって，酸性溶液が塩基性溶液になったり，塩基性溶液が酸性溶液になったりすることはない。これは，水溶液を水で薄めていくと，水の電離による H^+ や OH^- が無視できなくなるからである。

(5) pH=1 を pH=3 とするためには，水で 100 倍に薄める必要がある。したがって，1.0 L の水溶液に水を加えて 100 L にすればよい。

補足 1 pH は 10 の指数から求められるので，pH が 1 大きいと $[H^+]$ は $\frac{1}{10}$，pH が 2 大きいと $[H^+]$ は $\frac{1}{100}$，pH が 1 小さいと $[H^+]$ は 10 倍，pH が 2 小さいと $[H^+]$ は 100 倍である。

109

(1) イ　(2) イ

酸性が強い（水溶液中の $[H^+]$ が大きい）ほど，pH は小さい。

(1) 塩酸は 1 価の強酸，硫酸は 2 価の強酸なので，

$[H^+]=a\times c\times\alpha$ より，（a：価数，c：濃度，α：電離度）

(ア) $[H^+]=1\times0.001$ mol/L$\times1=0.001$ mol/L
(イ) $[H^+]=2\times0.001$ mol/L$\times1=0.002$ mol/L

これより，$[H^+]$ が大きい（pH が小さい）のは，(イ)となる。

(2) $[H^+]=ac\alpha$ より，

(ア) $[H^+]=1\times1\times10^{-5}$ mol/L$\times1=1\times10^{-5}$ mol/L
(イ) $[H^+]=1\times1\times10^{-2}$ mol/L$\times0.01=1\times10^{-4}$ mol/L

したがって，(イ)

110

(a) H^+　(b) OH^-　(c) H_2O
(d) Na^+　(e) Cl^-　((d), (e)は順不同)
(f) $H^+ + OH^- \longrightarrow H_2O$　(g) NaCl

イオン反応式は，反応するイオンおよび物質のみを示した反応式である。

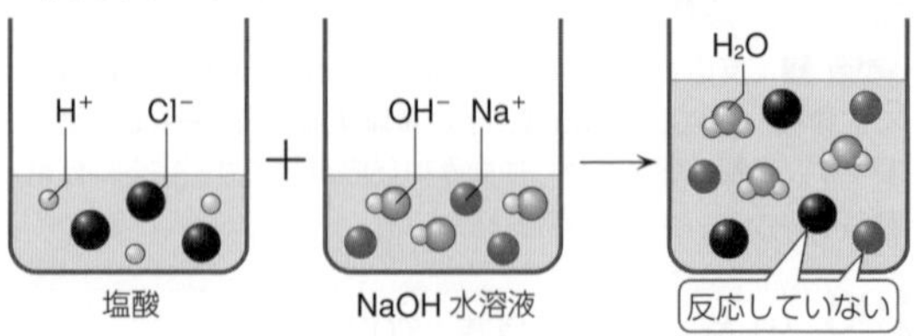

111

(1) $CH_3COOH + NaOH \longrightarrow CH_3COONa + H_2O$
(2) $H_2SO_4 + 2KOH \longrightarrow K_2SO_4 + 2H_2O$
(3) $2HCl + Ca(OH)_2 \longrightarrow CaCl_2 + 2H_2O$
(4) $HCl + NH_3 \longrightarrow NH_4Cl$

酸の H^+ と塩基の OH^- とが反応して H_2O になり，残りの陽イオンと陰イオンの組合せの塩[1]の水溶液となる。

(1) CH_3COOH，$NaOH$ → $H_2O + CH_3COONa$

(2) H_2SO_4，$2KOH$ → $2H_2O + K_2SO_4$

(3) $2HCl$，$Ca(OH)_2$ → $2H_2O + CaCl_2$

(4) 塩基が NH_3 のとき，酸の H^+ と結合して NH_4^+ となり，残りの陰イオンとの組合せの塩が生じる[2]。水 H_2O は生成していない。

HCl，NH_3 → NH_4Cl

補足 1 酸から H^+ がとれた後の陰イオンと塩基から OH^- がとれたあとの陽イオンの組合せでできる物質を塩（えん）という。化学反応式では，反応せずに残った陽イオン・陰イオンを組合せて，塩として組成式で示す。

2 NH_3 と H_2SO_4 の場合　H_2SO_4，$2NH_3$ → $(NH_4)_2SO_4$

112

(1) 酸性塩：ウ，キ　塩基性塩：カ
(2) (a) NH_4Cl，正塩　(b) $NaHSO_4$，酸性塩
(c) $CaCl(OH)$，塩基性塩

塩はその組成（化学式）から次の 3 つに分類される。

① **酸性塩**　酸に由来する H が残っている塩[1]。2 価以上の酸の塩に存在する。

② **塩基性塩**　塩基に由来する OH が残っている塩。2 価以上の塩基の塩に存在する。

③ **正塩** 酸に由来するHも塩基に由来するOHも残っていない塩。

①~③の分類は，塩の水溶液が酸性を示すか塩基性を示すかとは関係がない。

補足 1 Hが残っていると表現されるのは，2価以上の酸に塩基を加えて中和する際，完全に中和するのに必要な量に満たない塩基を加えた場合に酸性塩が生成するためである。
〔H_2SO_4 : NaOH=1:1 で反応させたとき〕
$H_2SO_4 + NaOH \longrightarrow NaHSO_4 + H_2O$
(このときに得られる溶液を濃縮・乾燥すると酸性塩 $NaHSO_4$ が得られる。)
〔H_2SO_4 : NaOH=1:2 で反応させたとき〕
$H_2SO_4 + 2NaOH \longrightarrow Na_2SO_4 + 2H_2O$
(この溶液を濃縮・乾燥すると正塩 Na_2SO_4 が得られる。)

113

酸性：エ，カ　塩基性：ウ，オ

塩の水溶液の性質は次のようになる。

〈塩の水溶液の性質〉
強酸と強塩基からなる正塩……中性
強酸と弱塩基からなる正塩…酸性
強酸と強塩基からなる酸性塩…酸性
弱酸と強塩基からなる正塩…塩基性

(ア) 強酸 HNO_3 と強塩基 NaOH からなる正塩
(イ) 強酸 H_2SO_4 と強塩基 KOH からなる正塩
(ウ) 弱酸 CH_3COOH と強塩基 NaOH からなる正塩 1
(エ) 強酸 HCl と弱塩基 NH_3 からなる正塩 1
(オ) 弱酸 H_2CO_3 と強塩基 NaOH からなる酸性塩 1
(カ) 強酸 H_2SO_4 と強塩基 NaOH からなる酸性塩 2

$NaHSO_4 \longrightarrow Na^+ + H^+ + SO_4^{2-}$

補足 1 (ウ)，(オ)では，弱酸が H^+ を失って生じた陰イオンが，H_2O から H^+ を奪って OH^- を生じるため，塩基性を示す。(エ)では，弱塩基から生じた陽イオンが，H_2O に H^+ を与えて H_3O^+ を生じるため，酸性を示す。(ウ)，(エ)，(オ)のような変化を**塩の加水分解**という。
(ウ) $CH_3COO^- + H_2O \rightleftarrows CH_3COOH + OH^-$
(エ) $NH_4^+ + H_2O \rightleftarrows NH_3 + H_3O^+$
(オ) $HCO_3^- + H_2O \rightleftarrows H_2O + CO_2 + OH^-$
(ア)，(イ)のように，強酸から生じた陰イオン，強塩基から生じた陽イオンは加水分解をしない。
2 (カ)では，強酸から生じた HSO_4^- がまだHをもっているので，電離して水中に H^+ を出す。
$HSO_4^- \rightleftarrows H^+ + SO_4^{2-}$
弱酸から生じる HCO_3^- もHが残っているが，
$HCO_3^- \rightleftarrows H^+ + CO_3^{2-}$ はほとんど起こらない。

114

(a) 弱　(b) 強　(c) 弱　(d) 強　(e) 酢酸
(f) アンモニア

① $CH_3COONa + HCl \longrightarrow CH_3COOH + NaCl$
混合溶液中には CH_3COO^-，Na^+，H^+，Cl^- の4種類のイオンが含まれる。CH_3COO^- と H^+ は弱酸 CH_3COOH の電離により生じるイオンであるから，
$CH_3COO^- + H^+ \longrightarrow CH_3COOH$ と結びついて弱酸分子が生じ，溶液中に Na^+ と Cl^-，すなわち強酸の塩が残る。このように，弱酸の塩に強酸を作用させると，弱酸が遊離し強酸の塩が生じる。

② $NH_4Cl + NaOH \longrightarrow NaCl + NH_3 + H_2O$
混合溶液中には NH_4^+，Cl^-，Na^+，OH^- の4種類のイオンが含まれる。NH_4^+ と OH^- は弱塩基 NH_3 の電離により生じるイオンであるから，
$NH_4^+ + OH^- \longrightarrow NH_3 + H_2O$ と結びついて弱塩基が生じ，溶液中に Na^+ と Cl^-，すなわち強塩基の塩が残る。このように，弱塩基の塩に強塩基を作用させると，弱塩基が遊離し強塩基の塩が生じる。

弱酸の塩＋強酸 ⟶ 弱酸＋強酸の塩
弱塩基の塩＋強塩基 ⟶ 弱塩基＋強塩基の塩

115

ア

AとBを混合すると**塩の水溶液と同じ**になる。それぞれの水溶液の性質は次のようになる。

(ア) $HCl + NH_3 \longrightarrow NH_4Cl$ ⇒ 酸性 （HCl：強酸，NH_3：弱塩基）
(イ) $HCl + NaOH \longrightarrow NaCl + H_2O$ ⇒ 中性 （HCl：強酸，NaOH：強塩基）
(ウ) $CH_3COOH + NH_3 \longrightarrow CH_3COONH_4$ ⇒ 中性 （CH_3COOH：弱酸，NH_3：弱塩基）
(エ) $H_2SO_4 + Ca(OH)_2 \longrightarrow CaSO_4 + 2H_2O$ ⇒ 中性 （H_2SO_4：強酸，$Ca(OH)_2$：強塩基）
(オ) $CH_3COOH + KOH \longrightarrow CH_3COOK + H_2O$ ⇒ 塩基性 （CH_3COOH：弱酸，KOH：強塩基）

116

(1) 50 mL　(2) 0.12 mol/L

c〔mol/L〕の a 価の酸の水溶液 V〔L〕と，c'〔mol/L〕の b 価の塩基の水溶液 V'〔L〕が過不足なく中和するとき，次の関係式が成りたつ。

〈中和の関係式〉
酸から生じる H^+ の物質量＝塩基から生じる OH^- の物質量

$$\underbrace{a}_{\text{酸の価数}} \times \underbrace{c\,[\mathrm{mol/L}]}_{\text{濃度}} \times \underbrace{V\,[\mathrm{L}]}_{\text{体積}} = \underbrace{b}_{\text{塩基の価数}} \times \underbrace{c'\,[\mathrm{mol/L}]}_{\text{濃度}} \times \underbrace{V'\,[\mathrm{L}]}_{\text{体積}}$$

(1) $$\underbrace{2 \times 0.25\,\mathrm{mol/L} \times \frac{20}{1000}\,\mathrm{L}}_{H_2SO_4\text{から生じる}H^+} = \underbrace{1 \times 0.20\,\mathrm{mol/L} \times x\,[\mathrm{L}]}_{NaOH\text{から生じる}OH^-}$$
$x = 0.050\,\mathrm{L} = 50\,\mathrm{mL}$

(2) $$\underbrace{1 \times y\,[\mathrm{mol/L}] \times \frac{10}{1000}\,\mathrm{L}}_{HCl\text{から生じる}H^+} = \underbrace{1 \times 0.10\,\mathrm{mol/L} \times \frac{12}{1000}\,\mathrm{L}}_{NaOH\text{から生じる}OH^-}$$
$y = 0.12\,\mathrm{mol/L}$

117

(1) 50 mL　(2) 50 mL

酸・塩基の量が，水溶液の濃度と体積ではなく，固体の質量や気体の体積で与えられた場合でも，**酸から生じる H^+ の物質量＝塩基から生じる OH^- の物質量** のときに，酸と塩基は過不足なく中和する。

(1) $Ca(OH)_2$ (式量 74) は 2 価の塩基であるから，塩酸が x〔L〕必要だとすると，

$$\underbrace{1\times2.0\,\text{mol/L}\times x\,[\text{L}]}_{\text{HClの物質量}}=2\times\underbrace{\frac{3.7\,\text{g}}{74\,\text{g/mol}}}_{Ca(OH)_2\text{の物質量}}$$ [1]

$x=0.050\,\text{L}=50\,\text{mL}$

(2) 水に溶かしたアンモニアは $\dfrac{1.12\,\text{L}}{22.4\,\text{L/mol}}=0.0500\,\text{mol}$。

中和に用いたのは，その $\dfrac{10\,\text{mL}}{100\,\text{mL}}=\dfrac{1}{10}$ の 0.00500 mol であるから，塩酸が y〔L〕必要だとすると，

$$\underbrace{1\times0.10\,\text{mol/L}\times y\,[\text{L}]}_{\text{HClから生じる}H^+}=\underbrace{1\times0.00500\,\text{mol}}_{NH_3\text{が受け取る}H^+}$$ [2]

$y=0.050\,\text{L}=50\,\text{mL}$

補足 [1] $Ca(OH)_2$ 3.7g を溶かす水の量が何 mL であっても，$Ca(OH)_2$ から生じる OH^- の絶対量は変わらないので，必要な塩酸の量も変わらない。したがって，計算式に水の 50mL の値は表れない。

[2] 弱酸や弱塩基は電離度が小さく，水溶液中の H^+，OH^- の量は少ないが，中和により H^+，OH^- が消費されると，さらに酸・塩基が電離し中和に用いられるので，結局すべての酸・塩基が反応する。したがって，酸・塩基の中和の量的関係は，酸・塩基の強弱に関係なく成りたつ。

118

96 %

反応に用いた水酸化ナトリウム水溶液の濃度を x〔mol/L〕とすると，中和の関係式 $acV=bc'V'$ より，

$$\underbrace{1\times0.50\,\text{mol/L}\times\frac{12.0}{1000}\,\text{L}}_{\text{HClから生じる}H^+}=\underbrace{1\times x\,[\text{mol/L}]\times\frac{10.0}{1000}\,\text{L}}_{\text{NaOHから生じる}OH^-}$$

$x=0.60\,\text{mol/L}$

この溶液 10.0mL 中の NaOH (式量 40) の質量は，

$$40\,\text{g/mol}\times0.60\,\text{mol/L}\times\frac{10.0}{1000}\,\text{L}=0.24\,\text{g}$$

中和反応に用いたのは，200mL 調製したうちの 10.0 mL なので，NaOH 全部の質量は，

$$0.24\,\text{g}\times\frac{200\,\text{mL}}{10.0\,\text{mL}}=4.8\,\text{g}$$

よって，水酸化ナトリウムの純度[1]は，

$$\frac{4.8\,\text{g}}{5.0\,\text{g}}\times100=96\ (\%)$$

補足 [1] 純度は「不純物を含む水酸化ナトリウム」中の「水酸化ナトリウム」の割合である。

119

(1) 塩酸：25mL　硫酸：10mL　(2) 1.20g

(1) 最初にとった塩酸を x〔L〕とすると，硫酸は $(0.035-x)$〔L〕になる。**酸から生じる H^+ の物質量＝塩基から生じる OH^- より，**

$$\underbrace{1\times0.10\,\text{mol/L}\times x\,[\text{L}]}_{\text{HClから生じる}H^+}+\underbrace{2\times0.10\,\text{mol/L}\times(0.035-x)\,[\text{L}]}_{H_2SO_4\text{から生じる}H^+}=\underbrace{1\times0.10\,\text{mol/L}\times\frac{45}{1000}\,\text{L}}_{\text{NaOHから生じる}OH^-}$$

$x=0.025\,\text{L}=25\,\text{mL}$

硫酸は，35mL－25mL＝10mL

(2) NaOH も KOH も 1 価の塩基であるから，NaOH を x〔mol〕，KOH を y〔mol〕とすると，

質量の関係より，

$$\underbrace{40.0\,\text{g/mol}\times x\,[\text{mol}]}_{\text{NaOHの質量}}+\underbrace{56.0\,\text{g/mol}\times y\,[\text{mol}]}_{\text{KOHの質量}}=2.32\,\text{g}\quad\cdots①$$

中和の量的関係より，

$$\underbrace{1\times1.00\,\text{mol/L}\times\frac{50.0}{1000}\,\text{L}}_{\text{HClから生じる}H^+}=\underbrace{1\times x\,[\text{mol}]}_{\text{NaOHから生じる}OH^-}+\underbrace{1\times y\,[\text{mol}]}_{\text{KOHから生じる}OH^-}\quad\cdots②$$

①式，②式より，$x=3.00\times10^{-2}\,\text{mol}$

$40.0\,\text{g/mol}\times3.00\times10^{-2}\,\text{mol}=1.20\,\text{g}$ [1]

補足 [1] $y=2.00\times10^{-2}\,\text{mol}$ で，KOH は 1.12g。

120

(1) 0.150mol/L

(2)

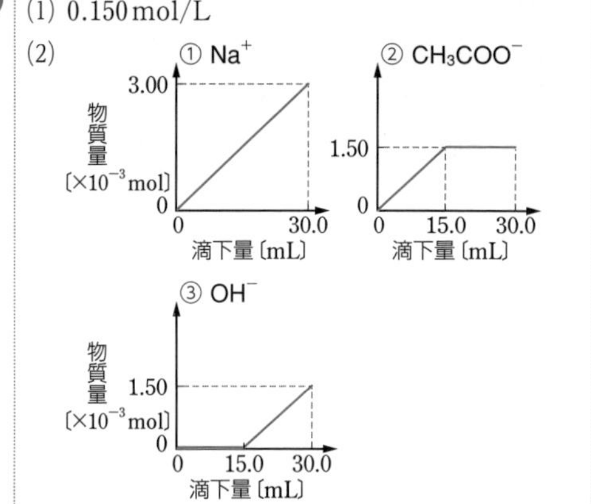

(1) 酢酸の濃度を x〔mol/L〕とすると，中和の関係式 $acV=bc'V'$ より，

$$\underbrace{1\times x\,[\text{mol/L}]\times\frac{10.0}{1000}\,\text{L}}_{CH_3COOH\text{から生じる}H^+}=\underbrace{1\times0.100\,\text{mol/L}\times\frac{15.0}{1000}\,\text{L}}_{\text{NaOHから生じる}OH^-}$$

$x=0.150\,\text{mol/L}$

(2) $CH_3COOH+\underbrace{Na^++OH^-}_{NaOH}\longrightarrow\underbrace{CH_3COO^-+Na^+}_{CH_3COONa}+H_2O$

① Na^+ は中和反応しないので，NaOH 水溶液の滴下量に比例して増加する。よって，30.0mL 滴下時は，

$$0.100\,\text{mol/L}\times\frac{30.0}{1000}\,\text{L}=3.00\times10^{-3}\,\text{mol}$$

② 酢酸は弱酸なので電離度は小さく，最初の CH_3COO^- の量は 0 としてよい。

NaOH 水溶液の滴下に従い，CH_3COOH が CH_3COO^- になり，中和点 (15.0mL 滴下時) まで増加する。中和点では CH_3COOH がすべて中和されて CH_3COO^- になるため，中和点での CH_3COO^- の物質量は最初の CH_3COOH と同量で

ある。また，CH_3COO^- の物質量は中和点以降は増加せず，中和点のときと同量である。15.0mL 滴下時以降は，

$$\underbrace{0.150\,\text{mol/L}\times\frac{10.0}{1000}\,\text{L}}_{\text{最初の }CH_3COOH\text{ の物質量}}=1.50\times10^{-3}\,\text{mol}$$ [1]

③ 中和点(15.0mL 滴下時)までは中和反応で消費されて，OH^- の物質量はほぼ0mol。中和点以後は滴下量に比例して増加する。30.0mL 滴下時は，

$$0.100\,\text{mol/L}\times\frac{30.0-15.0}{1000}\,\text{L}=1.50\times10^{-3}\,\text{mol}$$ [1]

補足 [1] 実際は，中和点での②の値は計算値よりいくらか小さく，③の値は0よりいくらか大きい。これは，CH_3COO^- の一部が H_2O と反応して，CH_3COOH と OH^- を生じるからである。これを**塩の加水分解**という。

$CH_3COO^- + H_2O \rightleftarrows CH_3COOH + OH^-$

121

(1) 0.10mol/L (2) 0.44mol/L

(1) HCl は1価の強酸であるから，HCl から生じる H^+ は，

$1\times0.30\,\text{mol/L}\times1.0\,\text{L}=0.30\,\text{mol}$

NaOH は1価の強塩基であるから，NaOH から生じる OH^- は，

$1\times0.10\,\text{mol/L}\times1.0\,\text{L}=0.10\,\text{mol}$

よって，混合溶液は酸が過剰であるから，

$$[H^+]=\frac{0.30\,\text{mol}-0.10\,\text{mol}}{2.0\,\text{L}}=0.10\,\text{mol/L}$$

(2) NaOH 水溶液の濃度を x〔mol/L〕とすると，生じる OH^- は，

$$1\times x\,\text{〔mol/L〕}\times\frac{20}{1000}\,\text{L}=\frac{x}{50}\,\text{〔mol〕}$$

H_2SO_4 から生じる H^+ は，

$$2\times0.050\,\text{mol/L}\times\frac{100}{1000}\,\text{L}=1.0\times10^{-2}\,\text{mol}$$

混合溶液の体積は 120mL (=0.120L) で，pH=2.0 より H^+ が過剰であることがわかる。よって，

$$[H^+]=\frac{1.0\times10^{-2}\,\text{mol}-\frac{x}{50}\,\text{〔mol〕}}{0.120\,\text{L}}=1.0\times10^{-2}\,\text{mol/L}\qquad x=0.44\,\text{mol/L}$$

122

(1) 0.15mol/L (2) 4.4%

(1) $CH_3COOH + NaOH \longrightarrow CH_3COONa + H_2O$

中和の関係式 $acV=bc'V'$ より，

$$\underbrace{1\times x\,\text{〔mol/L〕}\times\frac{10.0}{1000}\,\text{L}}_{CH_3COOH\text{ から生じる }H^+}=\underbrace{1\times0.12\,\text{mol/L}\times\frac{12.5}{1000}\,\text{L}}_{NaOH\text{ から生じる }OH^-}$$

$x=0.15\,\text{mol/L}$

(2) 食酢はA液の5倍の濃度[1]なので，

$0.15\,\text{mol/L}\times5=0.75\,\text{mol/L}$

食酢1L (=1000cm³) で考えると，その質量は，

$$\underbrace{1.02\,\text{g/cm}^3}_{\text{密度}}\times\underbrace{1000\,\text{cm}^3}_{\text{体積}}=\underbrace{1020\,\text{g}}_{\text{質量}}$$

この中に溶質の酢酸 CH_3COOH (分子量60) が 0.750 mol 含まれているから，酢酸の質量は，

$$\underbrace{60\,\text{g/mol}}_{\text{モル質量}}\times\underbrace{0.75\,\text{mol}}_{\text{物質量}}=\underbrace{45\,\text{g}}_{\text{質量}}$$

$$\textbf{質量パーセント濃度〔\%〕}=\frac{\textbf{溶質の質量〔g〕}}{\textbf{溶液の質量〔g〕}}\times100$$

$$=\frac{45\,\text{g}}{1020\,\text{g}}\times100=4.41\cdots\fallingdotseq4.4\,(\%)$$

補足 [1] 食酢をそのまま滴定に用いると，濃度が濃いために誤差が生じやすい。食酢中の酢酸の濃度を求めるときは，水で5倍または10倍に希釈して滴定することが多い。

123

(1) 0.0600mol/L (2) メスフラスコ (3) イ

(4) $(COOH)_2$[1] + 2NaOH

$\longrightarrow (COONa)_2 + 2H_2O$

(5) コニカルビーカー内の溶液が赤色に変化し，振り混ぜても色が消えなくなったときを終点とする。

(6) 0.0960mol/L

(1) $(COOH)_2\cdot2H_2O$ (式量126) より，シュウ酸[2]の物質量は，

$$\frac{1.89\,\text{g}}{126\,\text{g/mol}}=0.0150\,\text{mol}$$

調製したシュウ酸水溶液の濃度は，

$$\frac{0.0150\,\text{mol}}{0.250\,\text{L}}=0.0600\,\text{mol/L}$$

(2) 滴定に用いる器具には，次のようなものがある[3]。

一定濃度の溶液の調製…メスフラスコ

一定体積の溶液の採取…ホールピペット

溶液の滴下量の測定　…ビュレット

補足 [1] 水溶液中では水和水がとれるため，化学反応式では無水物の化学式で書く。

[2] シュウ酸二水和物は容易に純粋な結晶として得られ，安定に保存できるので，酸の標準液をつくるのに用いられる。塩基の標準液をつくるのには炭酸ナトリウムが用いられる。

[3] メスシリンダーやこまごめピペットは，精度が高くないので，中和滴定には用いない。

(3) 器壁に接する部分の水面は盛り上がっているが，水面の底部の目盛りを読む。

(5) NaOH 水溶液の滴下直後に，コニカルビーカー内の水溶液が赤色に変化しても，振り混ぜたときに色が消えるうちは終点ではないので注意する。

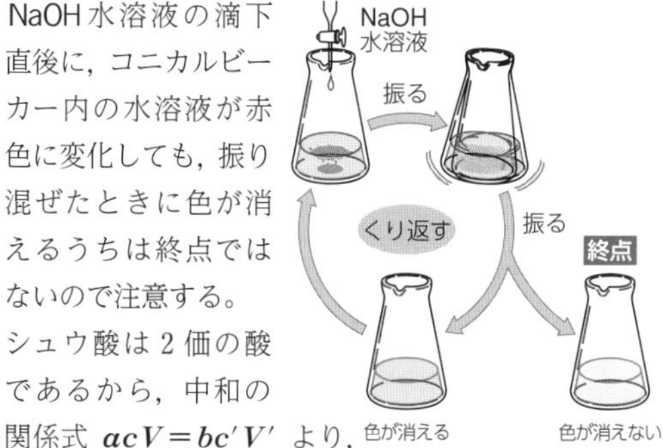

(6) シュウ酸は2価の酸であるから，中和の関係式 $acV=bc'V'$ より，

$$\underbrace{2\times0.0600\,\text{mol/L}\times\frac{10.0}{1000}\,\text{L}}_{(\text{COOH})_2\text{から生じる}H^+}$$

$$=\underbrace{1\times x\,[\text{mol/L}]\times\frac{12.5}{1000}\,\text{L}}_{\text{NaOHから生じる}OH^-}$$

$x=0.0960\,\text{mol/L}$[4]

補足 4 水酸化ナトリウムは空気中の水や二酸化炭素を吸収するので，正確な濃度の水溶液を調製できない。そのため，おおよその濃度の水溶液をつくり，シュウ酸の標準液を用いた中和滴定により正確な濃度を決定する。

124

(1) (a) ウ，ホールピペット
　(b) エ，コニカルビーカー
　(c) オ，ビュレット
(2) (a) イ　(b) カ　(c) エ

(1) (ア) メスシリンダー　(イ) こまごめピペット
　(ウ) ホールピペット　(エ) コニカルビーカー
　(オ) ビュレット　(カ) メスフラスコ

(2) 水にぬれていると溶液の濃度，溶質の量が変わるので，ホールピペットやビュレットは，それに入れる溶液で共洗いして用いる。メスフラスコやコニカルビーカーは，純水でぬれたまま用いても溶質の量に影響がないので，そのまま用いてよい[1]。

〈中和滴定に用いる器具〉

器具	水でぬれている場合
ホールピペット	共洗いして使用
ビュレット	共洗いして使用
メスフラスコ	そのまま使用
コニカルビーカー	そのまま使用

補足 1 加熱によって器具が変形してしまうので，正確な目盛りや標線のついた器具を加熱乾燥してはいけない。

125

0.10 mol/L

メチルオレンジが赤色を呈したことから，硫酸が過剰であったことがわかる。結果的に 0.10 mol/L の硫酸を，濃度未知の水酸化カリウム水溶液と 0.25 mol/L の水酸化ナトリウム水溶液で中和したことになっている。中和の関係式 $\boldsymbol{acV=bc'V'}$ より，

酸から生じる H^+ の物質量 [mol]

$$\underbrace{2\times0.10\,\text{mol/L}\times\frac{20.0}{1000}\,\text{L}}_{H_2SO_4\text{から生じる}H^+}$$

塩基から生じる OH^- の物質量 [mol]

$$=\underbrace{1\times x\,[\text{mol/L}]\times\frac{10.0}{1000}\,\text{L}}_{\text{KOHから生じる}OH^-}+\underbrace{1\times0.25\,\text{mol/L}\times\frac{12.0}{1000}\,\text{L}}_{\text{NaOHから生じる}OH^-}$$

$x=0.10\,\text{mol/L}$

126

[Ⅰ] (A) ア　(B) ウ　(C) カ　(D) イ　(E) オ
[Ⅱ] (A) a　(B) d　(C) b　(D) c　(E) c

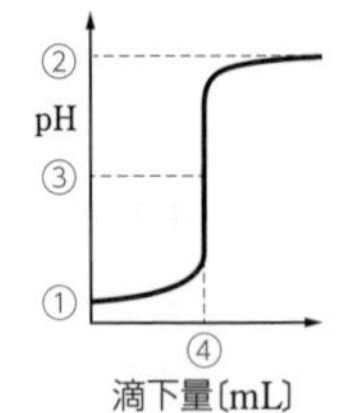

[Ⅰ] 滴定曲線のおおまかな形から，酸と塩基の組合せを判断する。

① 滴定前の pH から酸の電離度がわかる。
　(i) 電離度が 1 に近い（滴定前の pH が小さい）場合は，強酸
　(ii) 電離度が小さい（滴定前の pH がやや大きい）場合は，弱酸

② 滴定後の pH が近づく値から，おおよその塩基の電離度がわかる。
　(i) 電離度が 1 に近い（滴定後の pH が大きい）場合は，強塩基
　(ii) 電離度が小さい（滴定後の pH が小さい）場合は，弱塩基

③ 中和点の pH から，酸・塩基の組合せがわかる。
　(i) 強酸と強塩基の滴定では，中和点の pH=7 で，中和点付近で pH が最も大きく変化する。
　(ii) 弱酸と強塩基の滴定では，中和点の pH>7 で，中和点付近で pH が大きく変化する。
　(iii) 強酸と弱塩基の滴定では，中和点の pH<7 で，中和点付近で pH が大きく変化する。
　(iv) 弱酸と弱塩基の滴定の中和点ははっきりしない。

④ 中和に必要な塩基の量（酸と塩基のモル濃度が同じ場合）から，酸と塩基の価数の比がわかる。
　(i) 中和に必要な塩基の量が，酸の量と同じ場合，
　　→ 酸と塩基の価数の比は，1：1
　(ii) 中和に必要な塩基の量が，酸の量の 2 倍の場合，
　　→ 酸と塩基の価数の比は，2：1
　(iii) 中和に必要な塩基の量が，酸の量の $\frac{1}{2}$ 倍の場合，
　　→ 酸と塩基の価数の比は，1：2

[Ⅱ] フェノールフタレインの変色域は pH=8.0〜9.8（塩基性側）なので，弱酸と強塩基の滴定に適している。メチルオレンジの変色域は pH=3.1〜4.4（酸性側）で，強酸と弱塩基の滴定に適している。強酸と強塩基の滴定では中和点付近の pH の変化量が大きいので，どちらの指示薬も使える。一方，弱酸と弱塩基の滴定は，中和点付近の pH の変化量が小さく，指示薬の色の変化が明確でないため，指示薬の色の変化により中和点を求めることは困難である。

〈中和滴定の指示薬〉

組合せ	メチルオレンジ	フェノールフタレイン
強酸－強塩基	○	○
強酸－弱塩基	○	×
弱酸－強塩基	×	○
弱酸－弱塩基	×	×

127

(a) フェノールフタレイン (b) 赤 (c) 無
(d) メチルオレンジ (e) 黄 (f) 赤

第1中和点は塩基性なので，指示薬はフェノールフタレインが適する。第2中和点は酸性なので，メチルオレンジが適する。

指示薬	酸性 ← pH → 塩基性 (2 3 4 5 6 7 8 9 10 11)	変色域の液性(変色域のpH)
メチルオレンジ	赤 ― 黄	酸性(3.1～4.4)
メチルレッド	赤 ― 黄	酸性(4.2～6.2)
ブロモチモールブルー	黄 ― 青	ほぼ中性(6.0～7.6)
フェノールフタレイン	無 ― 赤	塩基性(8.0～9.8)

128

(1) $[H^+][OH^-]=1.0\times10^{-14}\,mol^2/L^2$
(2) 0.020 mol/L (3) 5.0×10^{-13} mol/L

(1) この関係は，酸や塩基の水溶液中でも成りたつ。

(2) $Ca(OH)_2 \longrightarrow Ca^{2+} + 2OH^-$ と電離する2価の強塩基(電離度1.0)であるから，

$$[OH^-]=2\times0.010\,mol/L\times1.0=0.020\,mol/L$$

(3) $K_w=[H^+][OH^-]$ より，

$$[H^+]=\frac{K_w}{[OH^-]}=\frac{1.0\times10^{-14}\,mol^2/L^2}{0.020\,mol/L}=5.0\times10^{-13}\,mol/L$$

129

(1) 12 (2) 11 (3) 13

塩基性水溶液のpHは，$[OH^-]$から水のイオン積を利用して求める。

水のイオン積 $K_w=[H^+][OH^-]=1.0\times10^{-14}\,mol^2/L^2$ (25°C)

(1) $NaOH \longrightarrow Na^+ + OH^-$ と電離する1価の強塩基(電離度1.0)であるから，$K_w=[H^+][OH^-]$ より，

$$[H^+]=\frac{K_w}{[OH^-]}=\frac{1.0\times10^{-14}\,mol^2/L^2}{1\times0.010\,mol/L\times1.0}=1.0\times10^{-12}\,mol/L$$

よって，pH=12

(2) $NH_3 + H_2O \rightleftarrows NH_4^+ + OH^-$ と電離する1価の弱塩基で，0.050 mol/L のときの電離度は0.020であるから，$K_w=[H^+][OH^-]$ より，

$$[H^+]=\frac{K_w}{[OH^-]}=\frac{1.0\times10^{-14}\,mol^2/L^2}{1\times0.050\,mol/L\times0.020}=1.0\times10^{-11}\,mol/L$$

よって，pH=11

(3) HCl から生じる H^+ は 0.050 mol。NaOH から生じる OH^- は，$1\times0.20\,mol/L\times\frac{500}{1000}\,L=0.10\,mol$

よって，この水溶液は塩基が過剰であるから，

$$[OH^-]=\frac{0.10\,mol-0.050\,mol}{0.50\,L}=0.10\,mol/L$$

$K_w=[H^+][OH^-]$ より，

$$[H^+]=\frac{K_w}{[OH^-]}=\frac{1.0\times10^{-14}\,mol^2/L^2}{0.10\,mol/L}=1.0\times10^{-13}\,mol/L$$

よって，pH=13

130

イ，カ

(ア) 正しい。アレニウスの定義である。

(イ) 誤り。H^+ を受け取る物質は塩基である。酸は H^+ を与える物質である。

(ウ) 正しい。生成したイオンはオキソニウムイオンという。

(エ) 正しい。塩酸は強酸で，電離度が大きいので水素イオン濃度が大きい。

(オ) 正しい。塩化水素は強酸，酢酸は弱酸であるが，中和の量的関係には酸・塩基の強弱は関係ない。

(カ) 誤り。弱酸の電離度は濃度によって変化する。

131

(1) 0.080 mol/L (2) 0.060 mol/L

(1) 水酸化ナトリウム水溶液の濃度を x〔mol/L〕とすると，シュウ酸水溶液の滴定について，中和の関係式 $acV=bc'V'$ より，

$$\underbrace{2\times0.010\,mol/L\times\frac{20}{1000}\,L}_{(COOH)_2\text{から生じる}H^+}=\underbrace{1\times x\,[mol/L]\times\frac{5.0}{1000}\,L}_{NaOH\text{から生じる}OH^-}$$

$x=0.080$ mol/L

(2) 塩酸の濃度を y〔mol/L〕とすると，水酸化ナトリウム水溶液の滴定結果より，

$$\underbrace{1\times y\,[mol/L]\times\frac{20}{1000}\,L}_{HCl\text{から生じる}H^+}=\underbrace{1\times0.080\,mol/L\times\frac{15.0}{1000}\,L}_{NaOH\text{から生じる}OH^-}$$

$y=0.060$ mol/L

別解 塩酸を中和するのに必要な水酸化ナトリウム水溶液の量は，シュウ酸を中和するのに必要な量の $\frac{15.0\,mL}{5.0\,mL}=3$ (倍) なので，

$$\underbrace{2\times0.010\,mol/L\times\frac{20}{1000}\,L}_{(COOH)_2\text{から生じる}H^+}\times3=\underbrace{1\times y\,[mol/L]\times\frac{20}{1000}\,L}_{HCl\text{から生じる}H^+}$$

$y=0.060$ mol/L

132 ウ<イ<ア

$[H^+]$ が大きいと pH は小さい。中性(pH=7)よりも塩基性のほうが pH は大きい。

(ア) $[H^+]=ac\alpha$ より，

$$[H^+]=1\times0.01\,\text{mol/L}\times0.04=\underline{4\times10^{-4}\,\text{mol/L}}$$

(イ) HCl は1価の強酸であるから，
pH=2 より，$[H^+]=1.0\times10^{-2}$ mol/L。これを水で10倍に薄めると，$[H^+]=\underline{1.0\times10^{-3}\,\text{mol/L}}$

(ウ) HCl から生じる H^+ は，

$$1\times0.01\,\text{mol/L}\times\frac{10}{1000}\,\text{L}=1\times10^{-4}\,\text{mol}$$

NaOH から生じる OH^- は，

$$1\times0.005\,\text{mol/L}\times\frac{10}{1000}\,\text{L}=5\times10^{-5}\,\text{mol}$$

混合溶液の体積は 20mL (=0.020L) で，H^+ が過剰であるから，

$$[H^+]=\frac{1\times10^{-4}\,\text{mol}-5\times10^{-5}\,\text{mol}}{0.020\text{L}}=\underline{2.5\times10^{-3}\,\text{mol/L}}$$

$[H^+]$ が大きいほうから(ウ)，(イ)，(ア)の順になるので，この順に pH は小さい。

133 (1) 酸A：ア　酸B：ウ　(2) イ
(3) 酸A：酢酸　酸B：硫酸

(1) 酸Aでは中和点の pH が塩基性側にあるため，指示薬はフェノールフタレインが適している。酸Bでは，中和点の pH が約7で，その前後で大きく変化するため，指示薬はフェノールフタレインでもメチルオレンジでもよい。

(2) ビュレットが純水でぬれていると，滴定に用いる溶液の濃度が薄くなってしまうため，共洗いをしてから使用する。ホールピペットに純水が付着している状態で酸の水溶液をとると，その分，酸の水溶液が薄まってしまい，酸の物質量が少なくなってしまう。そのため，ホールピペットが水でぬれている場合は共洗いが必要となる。逆に，コニカルビーカーを共洗いしてしまうと，内壁に溶質が付着する分，酸の物質量が多くなってしまうため，水でぬれたまま使用する。

純水で洗った後の処理❶	ビュレット	ホールピペット	メスフラスコ	コニカルビーカー
ぬれたまま使用	×	×	○	○
共洗い後に使用	○	○	×	×

(3) 酸Aと酸Bの濃度は等しいので，NaOH 水溶液滴下前の pH に差があるのは酸の強弱に差があることを示している。NaOH 水溶液滴下前の pH が3に近い酸Aは弱酸であり，pH が1に近い酸Bは強酸である。また，中和点に達するまでに要する NaOH 水溶液の滴下量が異なるのは，酸の価数が異なるためである。NaOH と同じ物質量で中和する酸Aが1価，2倍の物質量の NaOH で中和する酸Bは2価であることを示している。以上より，酸Aが1価の弱酸である酢酸，酸Bが2価の強酸である硫酸である。

補足 ❶ どの器具も純水で洗浄した後に十分に乾燥させたものはそのまま使用できる。ただし，器具が変形する危険があるので，ビュレット，ホールピペット，メスフラスコなど，正確な目盛や標線のついた器具を加熱乾燥してはいけない。

第6章 酸化還元反応

基礎ドリル

(1) 0	(2) 0	(3) +2	(4) −1	(5) +6
(6) −3	(7) +6	(8) +2	(9) −2	(10) −1
(11) −4	(12) −1	(13) +2	(14) +7	(15) −1

〈酸化数の決め方〉[1]

① 単体中の原子の酸化数は0とする。
② 単原子イオンの酸化数は，そのイオンの電荷に等しい。
③ 化合物中のHの酸化数は +1，Oの酸化数は −2とする。（NaH，CaH_2，H_2O_2など，一部例外もある）
④ 化合物を構成する原子の酸化数の総和は0。
⑤ 多原子イオンを構成する原子の酸化数の総和は，そのイオンの電荷に等しい。

(1),(2) ①より，酸化数は0

(3),(4) ②より，酸化数はイオンの電荷に等しい。

(5) SO_4^{2-} 中のOの酸化数は −2。Sの酸化数を x とおくと，⑤より，$x\times1+(-2)\times4=-2$　　$x=+6$

(6) NH_4^+ 中のHの酸化数は +1。Nの酸化数を x とおくと，⑤より，$x\times1+(+1)\times4=+1$　　$x=-3$

(7) $Cr_2O_7^{2-}$ 中のOの酸化数は −2。Crの酸化数を x とおくと，⑤より，$x\times2+(-2)\times7=-2$　　$x=+6$

(8) CO中のOの酸化数は −2。Cの酸化数を x とおくと，④より，$x\times1+(-2)\times1=0$　　$x=+2$

(9),(10) 化合物中のOの酸化数はふつう −2だが，H_2O_2 中のOは例外で −1。

(11) CH_4 中のHの酸化数は +1。Cの酸化数を x とおくと，④より，$x\times1+(+1)\times4=0$　　$x=-4$

(12) KClは K^+ と Cl^- から構成されている。②より，酸化数はKが +1，Clが −1。

(13) $Ca(OH)_2$ は Ca^{2+} と OH^- から構成されている。②，⑤より，酸化数はCaが +2，Oが −2，Hが +1。

(14) $KMnO_4$ は K^+ と MnO_4^- から構成されている。②，⑤より，酸化数はKが +1，MnO_4^- 中のOの酸化数は −2，Mnの酸化数を x とおくと，

$x\times1+(-2)\times4=-1$　　$x=+7$

(15) 化合物中のHの酸化数はふつう +1だが，NaH中のHは例外で −1となる。Naの酸化数は +1。

補足 1 酸化数は算用数字，ローマ数字のどちらで表してもよい。また，「+1」，「+2」のように「+」は省略しないで表す。化合物名に酸化数を用いる場合，「酸化銅(Ⅱ)CuO，酸化銅(Ⅰ)Cu_2O」のようにローマ数字で表す。

算用数字	1	2	3	4	5	6	7
ローマ数字	Ⅰ	Ⅱ	Ⅲ	Ⅳ	Ⅴ	Ⅵ	Ⅶ

134

(a) 電子　(b) 酸化　(c) 酸化　(d) 還元
(e) 酸化　(f) 還元　(g) 減少　(h) 増加
(i) 増加　(j) 減少

$2\underset{0}{Cu}$[1] $\xrightarrow{酸化}$ $2\underset{+2}{Cu^{2+}}+4e^-$

$\underset{0}{O_2}+4e^-$ $\xrightarrow{還元}$ $2\underset{-2}{O^{2-}}$

→ $2Cu+O_2 \longrightarrow 2CuO$

$\underset{0}{Cu}$ $\xrightarrow{酸化}$ $\underset{+2}{Cu^{2+}}+2e^-$

$\underset{0}{Cl_2}+2e^-$ $\xrightarrow{還元}$ $2\underset{-1}{Cl^-}$

→ $Cu+Cl_2 \longrightarrow CuCl_2$

補足 1 元素記号の下に酸化数を示した。

135

(a) 還元　(b) H原子(水素)　(c) 酸化
(d) 還元　(e) 電子　(f) 還元　(g) 酸化
(h) 酸化数　(i) 酸化　(j) 還元

(1) O原子を受け取ることを「酸化される」というので，「H_2 はCuOにより酸化された」という[1]。また，O原子を失うことを「還元される」というので，「CuOは H_2 により還元された」という。

(2),(3) H原子の授受も酸化還元反応であるとし，H原子を失うことを酸化されるという。

(4),(5) 電子の授受も酸化還元反応であるとし，電子を失うことを酸化されるという。

(6) 一見してO原子，H原子，電子の動きがはっきりしないときは，各物質について原子の酸化数を考え，「酸化数が増えた原子は酸化された，酸化された原子を含む物質は酸化された」と判断し，「酸化数が減った原子は還元された，還元された原子を含む物質は還元された」と判断する。また，酸化数の増えた原子，減った原子のないときは，その反応は酸化還元反応ではない別の反応である(例えば，中和反応では酸化数の変化が起こらない)。

Sの酸化数は +4から +6に増えているから，SO_2 は酸化されており，Nの酸化数は +5から +4に減っているから，HNO_3 は還元されている。

SO_2 の S：$x+(-2)\times2=0$　　$x=+4$
H_2SO_4 の S：$(+1)\times2+x+(-2)\times4=0$　　$x=+6$
HNO_3 の N：$(+1)+x+(-2)\times3=0$　　$x=+5$
NO_2 の N：$x+(-2)\times2=0$　　$x=+4$

補足 1 酸化還元反応は，「酸化される」，「還元される」というように，受け身的に表現することが多い。

136

イ

酸化還元反応では，必ず酸化数の変化が起こる。

(ア) NH_3 の N：$x+(+1)\times3=0$　　$x=-3$
NOの N：$x+(-2)=0$　　$x=+2$
変化量：$(+2)-(-3)=+5$

(イ) $KClO_3$ の Cl：$(+1)+x+(-2)\times3=0$　　$x=+5$
KClの Cl：Cl^- なので −1
変化量：$(-1)-(+5)=-6$

(ウ) $KMnO_4$ の Mn：$(+1)+x+(-2)\times4=0$　　$x=+7$
　$MnSO_4$ の Mn：Mn^{2+} なので $+2$
　変化量：$(+2)-(+7)=-5$
(エ) H_2SO_4 の S：$(+1)\times2+x+(-2)\times4=0$　　$x=+6$
　SO_2 の S：$x+(-2)\times2=0$　　$x=+4$
　変化量：$(+4)-(+6)=-2$
(オ) Cl_2 の Cl：単体中の原子の酸化数$=0$　　$x=0$
　HCl の Cl：$(+1)+x=0$　　$x=-1$
　変化量：$(-1)-0=-1$

137

(a) 酸化剤 MnO_2，還元剤 HCl
(b) ×
(c) 酸化剤 I_2，還元剤 SO_2
(d) 酸化剤 $FeCl_3$，還元剤 $SnCl_2$

反応前後の各原子の酸化数を比較する。
酸化数が減少する原子を含む物質＝還元された物質＝酸化剤
酸化数が増加する原子を含む物質＝酸化された物質＝還元剤
酸化数が変化した原子のないときは，酸化還元反応ではない。

(a) $\underset{+4}{\underline{Mn}}O_2 \longrightarrow \underset{+2}{\underline{Mn}}Cl_2$，$H\underset{-1}{\underline{Cl}} \longrightarrow \underset{0}{\underline{Cl_2}}$
(b) H：+1，Cl：−1，Na：+1，O：−2 で変化なし。
　よって，酸化還元反応ではない。
(c) $\underset{0}{\underline{I_2}} \longrightarrow H\underset{-1}{\underline{I}}$，$\underset{+4}{\underline{S}}O_2 \longrightarrow H_2\underset{+6}{\underline{S}}O_4$
(d) $\underset{+3}{\underline{Fe}}Cl_3 \longrightarrow \underset{+2}{\underline{Fe}}Cl_2$，$\underset{+2}{\underline{Sn}}Cl_2 \longrightarrow \underset{+4}{\underline{Sn}}Cl_4$

138

$Cl_2>Br_2>I_2$

(a)の反応では，Cl_2 が I^- を酸化している。
　$2\underset{-1}{\underline{I^-}} + \underset{0}{\underline{Cl_2}} \longrightarrow 2\underset{-1}{\underline{Cl^-}} + \underset{0}{\underline{I_2}}$
(a)の反応が起こり，その逆の反応（I_2 が Cl^- を酸化する反応）が起こらないことから，酸化力が $Cl_2>I_2$ とわかる。同様に，(b)より，酸化力は $Br_2>I_2$ であり，(c)より，酸化力は $Cl_2>Br_2$ とわかる。
よって，酸化力の強い順に，$Cl_2>Br_2>I_2$ となる❶。

補足 ❶ 酸化力が強い＝他の物質から電子を奪う力が強い

139

(1) $(+7\rightarrow+2)$，
　$MnO_4^- + 8H^+ + 5e^- \longrightarrow Mn^{2+} + 4H_2O$
(2) $(+5\rightarrow+4)$，
　$HNO_3 + H^+ + e^- \longrightarrow NO_2 + H_2O$
(3) $(+4\rightarrow+6)$，
　$SO_2 + 2H_2O \longrightarrow SO_4^{2-} + 4H^+ + 2e^-$
(4) $(+6\rightarrow+4)$，
　$H_2SO_4 + 2H^+ + 2e^- \longrightarrow SO_2 + 2H_2O$
(5) $(\ 0\rightarrow+2)$，$Fe \longrightarrow Fe^{2+} + 2e^-$
(6) $(+6\rightarrow+3)$，
　$Cr_2O_7^{2-} + 14H^+ + 6e^- \longrightarrow 2Cr^{3+} + 7H_2O$

e^- を含むイオン反応式は(i)〜(iv)の手順で作成する。
(i) 反応の前後で酸化数が変化した物質を書く。
(ii) 酸化数の変化に相当する分だけ，電子 e^- を加える❶。
(iii) 両辺の電荷を合わせるように，水素イオン H^+ を加える❷。
(iv) 両辺の酸素原子の数を合わせるように，水 H_2O を加える。

(1) (i) $\underset{+7}{\underline{Mn}}O_4^- \longrightarrow \underset{+2}{\underline{Mn^{2+}}}$
　(ii) 酸化数が5減るので，左辺に $5e^-$ を加える。
　　$MnO_4^- + 5e^- \longrightarrow Mn^{2+}$
　(iii) 電荷の総和は，左辺が −6，右辺が +2 なので，左辺に $8H^+$ を加える。
　　$MnO_4^- + 8H^+ + 5e^- \longrightarrow Mn^{2+}$
　(iv) O原子の数，H原子の数を等しくするために，右辺に $4H_2O$ を加える。
　　$MnO_4^- + 8H^+ + 5e^- \longrightarrow Mn^{2+} + 4H_2O$
(2) (i) $H\underset{+5}{\underline{N}}O_3 \longrightarrow \underset{+4}{\underline{N}}O_2$
　(ii) $HNO_3 + e^- \longrightarrow NO_2$
　(iii) $HNO_3 + H^+ + e^- \longrightarrow NO_2$
　(iv) $HNO_3 + H^+ + e^- \longrightarrow NO_2 + H_2O$
(3) (i) $\underset{+4}{\underline{S}}O_2 \longrightarrow \underset{+6}{\underline{S}}O_4^{2-}$
　(ii) $SO_2 \longrightarrow SO_4^{2-} + 2e^-$
　(iii) $SO_2 \longrightarrow SO_4^{2-} + 4H^+ + 2e^-$
　(iv) $SO_2 + 2H_2O \longrightarrow SO_4^{2-} + 4H^+ + 2e^-$
(4) (i) $H_2\underset{+6}{\underline{S}}O_4$❸ $\longrightarrow \underset{+4}{\underline{S}}O_2$
　(ii) $H_2SO_4 + 2e^- \longrightarrow SO_2$
　(iii) $H_2SO_4 + 2H^+ + 2e^- \longrightarrow SO_2$
　(iv) $H_2SO_4 + 2H^+ + 2e^- \longrightarrow SO_2 + 2H_2O$
(5) (i) $\underset{0}{\underline{Fe}} \longrightarrow \underset{+2}{\underline{Fe^{2+}}}$
　(ii) $Fe \longrightarrow Fe^{2+} + 2e^-$
(6) (i) $\underset{+6}{\underline{Cr_2}}O_7^{2-} \longrightarrow 2\underset{+3}{\underline{Cr^{3+}}}$
　(ii) $Cr_2O_7^{2-} + 6e^-$❹ $\longrightarrow 2Cr^{3+}$
　(iii) $Cr_2O_7^{2-} + 14H^+ + 6e^- \longrightarrow 2Cr^{3+}$
　(iv) $Cr_2O_7^{2-} + 14H^+ + 6e^- \longrightarrow 2Cr^{3+} + 7H_2O$

補足 ❶ e^- が右辺にくるということは，還元剤が e^- を放出する（酸化される）ということである。逆に，酸化剤では e^- が左辺にくるので，e^- を受け取る（還元される）ことがわかる。
❷ 酸性溶液中には H^+ が多く存在し，OH^- がほとんど存在しないので左辺（反応物）に OH^- は書けない。逆に塩基性溶液中では，左辺に H^+ を書けないので，OH^- で両辺の電荷を合わせるとよい。
❸ このように酸化剤としてはたらく H_2SO_4 は熱濃硫酸である。希硫酸は酸化剤にはならない。
❹ 反応式中に Cr が2つ含まれるため，Cr の酸化数変化の2倍の e^- が必要となる。

140

(1) $HNO_3 + 3H^+ + 3e^- \longrightarrow NO + 2H_2O$
$Cu \longrightarrow Cu^{2+} + 2e^-$
(2) $3Cu + 2HNO_3 + 6H^+ \longrightarrow 3Cu^{2+} + 2NO + 4H_2O$
(3) $3Cu + 8HNO_3 \longrightarrow 3Cu(NO_3)_2 + 2NO + 4H_2O$

(1) 反応によって NO が生じるから[1]，N の酸化数は (+5 → +2) と変化する。
139 と同様の手順で，希硝酸の反応を表すと，
(i) $HNO_3 \longrightarrow NO$
(ii) $HNO_3 + 3e^- \longrightarrow NO$
(iii) $HNO_3 + 3H^+ + 3e^- \longrightarrow NO$
(iv) $HNO_3 + 3H^+ + 3e^- \longrightarrow NO + 2H_2O$ …①
銅の反応を同様に(i)，(ii)の手順で表すと，
$Cu \longrightarrow Cu^{2+} + 2e^-$ …②

(2) ①式×2+②式×3 より e^- を消去すると，
$3Cu + 2HNO_3 + 6H^+ \longrightarrow 3Cu^{2+} + 2NO + 4H_2O$ …③

(3) ③式の左辺の $6H^+$ は HNO_3 が電離したものである。($6NO_3^-$ は変化していないため，③式には記されていない。)
したがって，両辺に $6NO_3^-$ を加え，左辺は $6H^+$ と組み合わせて $6HNO_3$ とし，右辺では $3Cu^{2+}$ と組み合わせて $3Cu(NO_3)_2$ として化学反応式にする。
$3Cu + 8HNO_3 \longrightarrow 3Cu(NO_3)_2 + 2NO + 4H_2O$[2] …④

補足 [1] 酸化剤としてはたらくとき，濃硝酸は二酸化窒素 NO_2 に，希硝酸は一酸化窒素 NO に変化することは覚えておく。
[2] ④式では，Cu 3mol と HNO_3 8mol の割合で反応するが，8mol のうち 6mol は，③式の H^+ を出す「酸」としてのはたらきをしていて，e^- を受け取る「酸化剤」としてのはたらきはしていない。

141

(1) $Cr_2O_7^{2-} + 14H^+ + 6e^- \longrightarrow 2Cr^{3+} + 7H_2O$
$(COOH)_2 \longrightarrow 2CO_2 + 2H^+ + 2e^-$
(2) $Cr_2O_7^{2-} + 3(COOH)_2 + 8H^+ \longrightarrow 2Cr^{3+} + 6CO_2 + 7H_2O$
(3) $K_2Cr_2O_7 + 3(COOH)_2 + 4H_2SO_4 \longrightarrow Cr_2(SO_4)_3 + 6CO_2 + 7H_2O + K_2SO_4$

(1) 二クロム酸カリウムの反応は，139 と同様の手順で表すと，
(i) $\underset{+6}{\underline{Cr}_2}O_7^{2-} \longrightarrow 2\underset{+3}{\underline{Cr}}^{3+}$
(ii) $Cr_2O_7^{2-} + 6e^- \longrightarrow 2Cr^{3+}$
(iii) $Cr_2O_7^{2-} + 14H^+ + 6e^- \longrightarrow 2Cr^{3+}$
(iv) $Cr_2O_7^{2-} + 14H^+ + 6e^- \longrightarrow 2Cr^{3+} + 7H_2O$ …①
シュウ酸の反応も同様に，
(i) $(\underset{+3}{\underline{C}}OOH)_2 \longrightarrow 2\underset{+4}{\underline{C}}O_2$
(ii) $(COOH)_2 \longrightarrow 2CO_2 + 2e^-$
(iii) $(COOH)_2 \longrightarrow 2CO_2 + 2H^+ + 2e^-$ …②

(2) ①式+②式×3 より e^- を消去すると，
$Cr_2O_7^{2-} + 3(COOH)_2 + 8H^+ \longrightarrow 2Cr^{3+} + 6CO_2 + 7H_2O$

(3) 両辺に，反応の前後で変化しない $2K^+$ と $4SO_4^{2-}$ を加えて整理する。

142

(1) (a) 4 (b) 2 (c) 2 (d) 2
(2) $H_2O_2 + SO_2 \longrightarrow H_2SO_4$
(3) $SO_2 + 2H_2S \longrightarrow 3S + 2H_2O$

(1) 各反応式の酸化剤，および還元剤に含まれる原子の酸化数の変化は，
① $\underset{+4}{\underline{S}}O_2 \longrightarrow \underset{0}{\underline{S}}$ ② $\underset{+4}{\underline{S}}O_2 \longrightarrow \underset{+6}{\underline{S}}O_4^{2-}$
③ $H_2\underset{-1}{\underline{O}_2} \longrightarrow 2H_2\underset{-2}{\underline{O}}$ ④ $H_2\underset{-1}{\underline{O}_2}$[1] $\longrightarrow \underset{0}{\underline{O}_2}$
酸化数の変化に合わせて反応式中の e^- の係数を求める。

(2) 過酸化水素が酸化剤としてはたらく式は，
$H_2O_2 + 2H^+ + 2e^- \longrightarrow 2H_2O$ …③
二酸化硫黄が還元剤としてはたらく式は，
$SO_2 + 2H_2O \longrightarrow SO_4^{2-} + 4H^+ + 2e^-$ …②
③式+②式より e^- を消去すると，
$H_2O_2 + SO_2 \longrightarrow 2H^+ + SO_4^{2-}$
この式の右辺を H_2SO_4 として完成。

(3) 二酸化硫黄が酸化剤としてはたらく式は，
$SO_2 + 4H^+ + 4e^- \longrightarrow S + 2H_2O$ …①
硫化水素が還元剤としてはたらく式は問題文より，
$H_2S \longrightarrow S + 2H^+ + 2e^-$ …⑤
①式+⑤式×2 より e^- を消去すると，
$SO_2 + 2H_2S \longrightarrow 3S + 2H_2O$

補足 [1] H_2O_2 の構造式は，H-O-O-H。酸化数は H：+1，O：−1 となる。

143

(1) 赤紫色 → 無色 (淡桃色)
(2) 赤橙色 → 緑色
(3) 無色 → 褐色
(4) 無色 (白濁) → 青紫色

これらの水溶液の色は，滴定の終点を知るために重要なので，おさえておく[1]。

補足 [1] I_2 は，水にはほとんど溶けない。KI を含む水溶液には，よく溶けて褐色を呈するが，それは I_2 が水溶液中の I^- と反応し ($I_2 + I^- \rightleftarrows I_3^-$)，$I_3^-$ が生じるためである。デンプン水溶液中では，I_2 はデンプンによって青紫色を呈する。

144

(1) (a) $5e^-$ (b) Fe^{3+} (c) e^- ((b),(c)は順不同)
(2) $MnO_4^- + 5Fe^{2+} + 8H^+ \longrightarrow Mn^{2+} + 5Fe^{3+} + 4H_2O$
(3) 0.080 mol/L

(1) 酸化剤，還元剤のはたらきを示す式では，
酸化数の変化した数＝授受した e^- の数 となる。
①式：$\underset{+7}{\underline{Mn}}O_4^- \longrightarrow \underset{+2}{\underline{Mn}}^{2+}$
Mn の酸化数が5減るので，左辺に $5e^-$ を加える。
②式：$\underset{+2}{\underline{Fe}}^{2+} \longrightarrow \underset{+3}{\underline{Fe}}^{3+}$
酸性条件下で Fe がとり得る最高酸化数は +3 であるから，Fe^{2+} は電子を1個失って，Fe^{3+} となる。酸化数が1増えるので，右辺に e^- を加える。

(2) ①式，②式中の e^- の係数を等しくして，各辺を足し合わせる。つまり，①式×1＋②式×5 より，イオン反応式が得られる。

(3) (2)で得られた反応式の MnO_4^- と Fe^{2+} の係数から，$KMnO_4$ 1mol は $FeSO_4$ 5mol と反応することがわかる。よって，$FeSO_4$ の濃度を x〔mol/L〕とすると，

$$\underbrace{0.020\,\text{mol/L}\times\frac{20.0}{1000}\,\text{L}}_{KMnO_4\text{の物質量}}\times\underbrace{\frac{5}{1}}_{\text{係数の比}}=\underbrace{x\,[\text{mol/L}]\times\frac{25.0}{1000}\,\text{L}}_{FeSO_4\text{の物質量}}$$

$x=0.080\,\text{mol/L}$

別解 ①式で $KMnO_4$ 1mol は e^- 5mol を受け取り，②式で $FeSO_4$ 1mol は e^- 1mol を失うことがわかるから，**酸化剤が受け取る e^- の物質量＝還元剤が失う e^- の物質量** より，

$$\underbrace{0.020\,\text{mol/L}\times\frac{20.0}{1000}\,\text{L}\times5}_{KMnO_4\text{が受け取る}e^-\text{の物質量}}=\underbrace{x\,[\text{mol/L}]\times\frac{25.0}{1000}\,\text{L}\times1}_{FeSO_4\text{が失う}e^-\text{の物質量}}$$

$x=0.080\,\text{mol/L}$

〈酸化・還元の関係式〉
酸化剤が受け取る e^- の物質量＝還元剤が失う e^- の物質量

145

(1) $H_2O_2 \longrightarrow O_2 + 2H^+ + 2e^-$
(2) $MnO_4^- + 8H^+ + 5e^- \longrightarrow Mn^{2+} + 4H_2O$
(3) (a) メスフラスコ (b) ホールピペット
(4) 赤紫色が消えず，わずかに残るようになったとき。
(5) 0.912mol/L

(1),(2) $H_2\underset{-1}{\underline{O}}_2$[1] $\longrightarrow \underset{0}{\underline{O}}_2 + 2H^+ + 2e^-$ …①

$\underset{+7}{\underline{Mn}}O_4^- + 8H^+ + 5e^- \longrightarrow \underset{+2}{\underline{Mn}}^{2+} + 4H_2O$ …②

(3) 滴定[2]に用いる器具は中和滴定の場合と同じである。ただし，過マンガン酸カリウム水溶液を用いる場合は，光によって分解されないように褐色のビュレットを用いる。

(4) 終点に達するまでは，MnO_4^-（赤紫色）→ Mn^{2+}（淡桃色，実際には無色に見える）の反応が起こり，滴下した MnO_4^- の色が消える。MnO_4^- の色は濃く，反応が終了してわずかに MnO_4^- が過剰になると，滴下した MnO_4^- の色が消えず赤紫色が薄くつくので，終点がわかる。

(5) ①式×5＋②式×2 より，e^- を消去すると，
$$2MnO_4^- + 6H^+ + 5H_2O_2 \longrightarrow 2Mn^{2+} + 5O_2 + 8H_2O$$
$KMnO_4$ 2mol と H_2O_2 5mol が過不足なく反応する。
薄めた過酸化水素水のモル濃度を x〔mol/L〕とすると，$KMnO_4$ 水溶液の濃度は 0.0200mol/L であるから，

$$\underbrace{0.0200\,\text{mol/L}\times\frac{9.12}{1000}\,\text{L}}_{KMnO_4\text{の物質量}}\times\underbrace{\frac{5}{2}}_{\text{係数の比}}=\underbrace{x\,[\text{mol/L}]\times\frac{10.0}{1000}\,\text{L}}_{H_2O_2\text{の物質量}}$$

$x=0.0456\,\text{mol/L}$
薄める前の過酸化水素水の濃度はこの 20.0 倍なので，0.912mol/L

別解 **酸化剤が受け取る e^- の物質量＝還元剤が失う e^- の物質量** より，

$$\underbrace{0.0200\,\text{mol/L}\times\frac{9.12}{1000}\,\text{L}\times5}_{KMnO_4\text{が受け取る}e^-\text{の物質量}}=\underbrace{x\,[\text{mol/L}]\times\frac{10.0}{1000}\,\text{L}\times2}_{H_2O_2\text{が失う}e^-\text{の物質量}}$$

$x=0.0456\,\text{mol/L}$
薄める前の水溶液の濃度はこの 20.0 倍なので 0.912mol/L

補足 [1] 化合物中の O の酸化数はふつう −2 であるが，H_2O_2 の O の酸化数は −1 である。
[2] 酸化還元反応を利用して滴定により酸化剤，還元剤の濃度を求める方法を**酸化還元滴定**という。

146

(1) $(COOH)_2 \longrightarrow 2CO_2 + 2H^+ + 2e^-$
(2) 0.0250mol/L
(3) 硝酸には酸化作用があり，シュウ酸を酸化してしまうから。

(1) $(COOH)_2$[1] の還元剤としてのはたらきを示す反応式は，
$(\underset{+3}{\underline{C}}OOH)_2 \longrightarrow 2\underset{+4}{\underline{C}}O_2 + 2H^+ + 2e^-$ …①

(2) MnO_4^- の酸化剤としてのはたらきを示す反応式は，
$\underset{+7}{\underline{Mn}}O_4^- + 8H^+ + 5e^- \longrightarrow \underset{+2}{\underline{Mn}}^{2+} + 4H_2O$ …②
①式×5＋②式×2 より，
$$2MnO_4^- + 5(COOH)_2 + 6H^+ \longrightarrow 2Mn^{2+} + 10CO_2 + 8H_2O$$
$KMnO_4$ 2mol と $(COOH)_2$ 5mol が反応するから，
$KMnO_4$ の濃度を x〔mol/L〕とすると，

$$\underbrace{x\,[\text{mol/L}]\times\frac{16.0}{1000}\,\text{L}}_{KMnO_4\text{の物質量}}\times\underbrace{\frac{5}{2}}_{\text{係数の比}}=\underbrace{0.0500\,\text{mol/L}\times\frac{20.0}{1000}\,\text{L}}_{(COOH)_2\text{の物質量}}$$

$x=0.0250\,\text{mol/L}$

別解 **酸化剤が受け取る e^- の物質量＝還元剤が失う e^- の物質量** より，

$$\underbrace{x\,[\text{mol/L}]\times\frac{16.0}{1000}\,\text{L}\times 5}_{KMnO_4\text{が受け取る}e^-\text{の物質量}}=\underbrace{0.0500\,\text{mol/L}\times\frac{20.0}{1000}\,\text{L}\times 2}_{(COOH)_2\text{が失う}e^-\text{の物質量}}$$

$x=0.0250\,\text{mol/L}$

(3) HNO_3(希)の酸化剤としてのはたらきを示す反応式は,

$HNO_3 + 3H^+ + 3e^- \longrightarrow NO + 2H_2O$ …③

①式×3＋③式×2 より,

$3(COOH)_2 + 2HNO_3 \longrightarrow 6CO_2 + 2NO + 4H_2O$ …④

このように,$(COOH)_2$ を酸化してしまうため,HNO_3(希)は不適切である**2**。H_2SO_4(希)は酸化力がないため,酸性溶液中での酸化還元反応の際に加える酸として適している。

補足 **1** シュウ酸は二水和物の純粋な結晶を得やすく,安定であるので,中和滴定の酸の標準液に用いられるとともに,酸化還元滴定の還元剤の標準液にも用いられる。
2 なお,酸として塩酸を用いることもできない。過マンガン酸カリウムにより Cl^- が酸化されてしまうためである。

147

(1) $I_2 + 2S_2O_3^{2-} \longrightarrow 2I^- + S_4O_6^{2-}$
(2) 青紫色から無色になったとき。
(3) 1.00×10^{-3} mol/L

(1) 酸化剤・還元剤としてのはたらきを示す反応式は,

$I_2 + 2e^- \longrightarrow 2I^-$ …①

$2S_2O_3^{2-} \longrightarrow S_4O_6^{2-} + 2e^-$ …②

この滴定の酸化還元反応を表すイオン反応式は,①式＋②式より,

$I_2 + 2S_2O_3^{2-} \longrightarrow 2I^- + S_4O_6^{2-}$

(2) ヨウ素の水溶液は褐色を呈するが,ヨウ素が微量になると,溶液の色が薄くなるので,色が消失する終点がわかりにくい。そこでデンプン溶液を加えると,微量のヨウ素でも溶液がはっきりと青紫色を呈する(ヨウ素デンプン反応)ので,滴定の終点がわかりやすくなる。

(3) I_2 1mol と $Na_2S_2O_3$ 2mol が反応するので,ヨウ素溶液中の I_2 のモル濃度を x [mol/L] とすると,

$$\underbrace{x\,[\text{mol/L}]\times\frac{10.0}{1000}\,\text{L}}_{I_2\text{の物質量}}\times\underbrace{2}_{\text{係数の比}}=\underbrace{0.0100\,\text{mol/L}\times\frac{2.00}{1000}\,\text{L}}_{Na_2S_2O_3\text{の物質量}}$$

$x=1.00\times10^{-3}\,\text{mol/L}$

別解 **酸化剤が受け取る e^- の物質量＝還元剤が失う e^- の物質量**より,

$$\underbrace{x\,[\text{mol/L}]\times\frac{10.0}{1000}\,\text{L}\times 2}_{I_2\text{が受け取る}e^-\text{の物質量}}=\underbrace{0.0100\,\text{mol/L}\times\frac{2.00}{1000}\,\text{L}\times 1}_{Na_2S_2O_3\text{が失う}e^-\text{の物質量}}$$

$x=1.00\times10^{-3}\,\text{mol/L}$

148

(a) イオン化傾向 (b) カルシウム
(c) ナトリウム (d) 亜鉛 (e) 鉄 (f) 鉛
(g) 銅 (h) 銀 (i) 白金

〈金属のイオン化列〉
Li＞K＞Ca＞Na＞Mg＞Al＞Zn＞Fe＞Ni＞Sn＞Pb＞(H_2)＞Cu＞Hg＞Ag＞Pt＞Au

149

(a) イオン化傾向 (b) 電子
(c) $2Ag^+ + Cu \longrightarrow 2Ag + Cu^{2+}$ **1**
(d) 水素 (e) 不動態

$AgNO_3$ 水溶液に Cu を浸すと,イオン化傾向の大きい Cu がイオンとなって溶け出し,イオン化傾向の小さい Ag が単体となって析出する。
このとき,Cu から Ag^+ ($AgNO_3$) に電子が移動しているので,この反応は酸化還元反応であり,電子を与える Cu が還元剤である。
Zn は H_2 よりイオン化傾向が大きいので,塩酸中の H^+ に電子を与えて H_2 を発生させる。

$Zn + 2H^+ \longrightarrow Zn^{2+} + H_2$

Cu は H_2 よりイオン化傾向が小さいので,H^+ に電子を与えることはできないので,反応は起こらない。
Al, Fe, Ni は H_2 よりイオン化傾向が大きいので,塩酸や硫酸など,H^+ を含む水溶液に溶解するが,濃硝酸に対しては不動態を形成するため溶解しない。

補足 **1** イオン反応式では,両辺の原子の数だけでなく,電荷の総和も等しくすることに注意する。

150

(a) ○ $Cu^{2+} + Zn \longrightarrow Cu + Zn^{2+}$
(b) ○ $2Ag^+ + Fe \longrightarrow 2Ag + Fe^{2+}$
(c) × (d) ×
(e) ○ $2Ag^+ + Cu \longrightarrow 2Ag + Cu^{2+}$
(f) ×

イオン化傾向の小さい金属Mのイオンを含む水溶液に,イオン化傾向の大きい金属M′の単体を入れると,金属Mの単体が析出し,M′がイオンとなって溶け出す。
(a),(b),(e)は,イオン化傾向が (a) Cu＜Zn (b) Ag＜Fe (e) Ag＜Cu なので,反応が起こる。
(c),(d),(f)は,イオン化傾向が (c) Zn＞Pb (d) Na＞Pt (f) Ca＞Ag なので,反応は起こらない。

151

B＞A＞D＞C

一般に,同じ試薬に対して反応する金属は,反応しない金属よりイオン化傾向が大きい。一方,単体になりやすい金属は,なりにくい金属よりイオン化傾向が小さい。
(a) 塩酸と反応するものは,反応しないものよりイオン化傾向が大きい。A,D＞C
(b) イオン化傾向の小さいほうが析出する。A＞D
(c) 常温で水と反応するのは,イオン化傾向最大のグループ。B＞A,C,D

152 オ

酸化数が増加している(酸化されている=還元剤としてはたらく)原子が含まれているものを選ぶ。

(ア) $\underline{H}_2O \longrightarrow \underline{H}_2$ （+1 → 0）　(イ) $\underline{Cl}_2 \longrightarrow K\underline{Cl}$ （0 → −1）

(ウ) $H_2\underline{O}_2 \longrightarrow H_2\underline{O}$ （−1 → −2）　(エ) $H_2\underline{O}_2 \longrightarrow H_2S\underline{O}_4$ （−1 → −2）

(オ) $\underline{S}O_2 \longrightarrow H_2\underline{S}O_4$ （+4 → +6　増加）　(カ) $\underline{S}O_2 \longrightarrow \underline{S}$ （+4 → 0）

153 (a) $I_2 + O_2 + 2KOH$　(b) 青紫

(a) O_3 の酸化剤としてのはたらきを示す反応式は,

$$O_3 + H_2O + 2e^- \longrightarrow O_2 + 2OH^- \quad \cdots①$$

ヨウ化カリウムが酸化される反応式は,

$$2I^- \longrightarrow I_2 + 2e^- \quad \cdots②$$

①式+②式より

$$2I^- + O_3 + H_2O \longrightarrow I_2 + O_2 + 2OH^-$$

両辺に $2K^+$ を加えると,

$$2KI + O_3 + H_2O \longrightarrow I_2 + O_2 + 2KOH$$

(b) ヨウ化カリウムデンプン紙に含まれる I^- が酸化されて I_2 となり，ヨウ素デンプン反応が起こる。

154 0.500 mol/L

水溶液を希釈しても物質量は変化しないので，希釈前の過酸化水素水の濃度を x [mol/L] とする。反応式が,

$$2KMnO_4 + 5H_2O_2 + 3H_2SO_4 \longrightarrow 2MnSO_4 + 5O_2 + 8H_2O + K_2SO_4$$

であることより，$KMnO_4$ 2 mol と H_2O_2 5 mol が反応するから,

$$\underbrace{0.100\,\text{mol/L} \times \frac{20.0}{1000}\,\text{L}}_{KMnO_4\text{の物質量}} \times \underbrace{\frac{5}{2}}_{\text{係数の比}} = \underbrace{x\,[\text{mol/L}] \times \frac{10.0}{1000}\,\text{L}}_{H_2O_2\text{の物質量}}$$

$x = 0.500$ mol/L

155 A：Zn　B：Cu　C：Na　D：Ag　E：Pb　F：Fe

(1) イオン化傾向が水素より大きい金属は塩酸と反応して水素を発生。A,C,F > H_2 > B,D

塩化鉛(Ⅱ) $PbCl_2$ や硫酸鉛(Ⅱ) $PbSO_4$ は水に難溶なため，鉛は水素よりイオン化傾向が大きいが，塩酸や希硫酸には溶解しない。つまり，E は Pb である。

与えられた金属の中で濃硝酸に溶解しないのは不動態を形成する Fe のみであるから F は Fe である。濃硝酸は酸化力が強いため Ag や Cu も溶解する。

よって，A,C > F(Fe) > E(Pb) > B,D

(2) C のイオン化傾向はきわめて大きく，与えられた金属の中で常温で水と激しく反応するのは Na のみであるから，C は Na。またイオン化傾向 C(Na) > A > F(Fe) より，A は Zn である。

(3) 強熱で酸化されないのはイオン化傾向の小さい Ag であるから，D が Ag，残りの B が Cu である。

(4) イオン化傾向の大きいほうの金属が溶解し，小さいほうの金属が析出する。A(Zn) > E(Pb) と合致する。

(5) イオン化傾向の異なる金属を接触させると，イオン化傾向の大きいほうの金属はさらに反応しやすくなり，小さいほうの金属はさらに反応しにくくなる[1]。A(Zn) > F(Fe) と合致する。

補足 [1] Fe を Zn でめっきしたものをトタンといい，屋外で水にぬれやすいところで使用されることが多い。

第7章 電池と電気分解

156 (a) ボルタ[1] (b) 負 (c) 酸化 (d) 正 (e) 還元
(f) $Zn \longrightarrow Zn^{2+} + 2e^-$

〈電池〉
〔負極〕電子を放出する反応（酸化反応）が起こる。
〔正極〕電子を受け取る反応（還元反応）が起こる。

ボルタ電池 (−) $Zn|H_2SO_4aq|Cu$ (+)
〔負極（亜鉛板）〕 $Zn \longrightarrow Zn^{2+} + 2e^-$
〔正極（銅板）〕 $2H^+ + 2e^- \longrightarrow H_2$
〔全体〕 $Zn + 2H^+ \longrightarrow Zn^{2+} + H_2$

補足 1 ボルタ電池は，イタリアの物理学者ボルタによって，1800年頃に発明された電池である。

157 (1) ダニエル電池
(2)〔亜鉛板〕 $Zn \longrightarrow Zn^{2+} + 2e^-$
〔銅板〕 $Cu^{2+} + 2e^- \longrightarrow Cu$
(3) 銅板 (4) (a) ① (b) ②
(5) 硫酸亜鉛水溶液は薄く，硫酸銅(Ⅱ)水溶液は濃くしておく。
(6) 2 mol，1.93×10^5 C

(1)〜(4) ダニエル電池 (−) $Zn|ZnSO_4aq|CuSO_4aq|Cu$ (+)[1]
〔負極（亜鉛板）〕 $Zn \longrightarrow Zn^{2+} + 2e^-$
〔正極（銅板）〕 $Cu^{2+} + 2e^- \longrightarrow Cu$
この反応は Cu^{2+} を含む水溶液に Zn 板を入れたときの反応と同じである。イオン化傾向は Zn>Cu であるから，Zn は Zn^{2+} となり，Cu^{2+} は Cu となる。このときの電子の授受を導線を介して行うようにしたものがダニエル電池である。Zn 板上で Zn が電子を放出し，Cu 板上で Cu^{2+} が電子を受け取るので，電子は①の方向に流れる[2]。

(5) ダニエル電池を放電すると，負極の Zn が溶けて水溶液中の Zn^{2+} の濃度が濃くなる。一方，水溶液中の Cu^{2+} が Cu となって正極に析出するので，Cu^{2+} の濃度が薄くなる。したがって，硫酸亜鉛水溶液は薄く，硫酸銅(Ⅱ)水溶液は濃くしておくと，長時間放電させることができる。

(6) Zn 1 mol が溶けると e^- 2 mol が流れる。e^- 1 mol 当たりの電気量は 9.65×10^4 C/mol であるから，

$$9.65 \times 10^4 \text{ C/mol} \times 2 \text{ mol} = 1.93 \times 10^5 \text{ C}$$

補足 1 極板の金属の種類は，それを浸す水溶液中の金属イオンの金属の種類と同じにする。異なる種類のものを組み合わせてしまうと，その極板と水溶液の間で電子の授受が起こるので導線を介した電子の授受が起こりにくくなってしまう。
2 電解質水溶液中で電流は，負極→正極 と流れている。この電流をイオンの移動と考えると，陽イオンが 負極→正極，陰イオンが 正極→負極 と移動している。

158 (1) (a) 鉛 (b) 酸化鉛(Ⅳ) (c) 硫酸
(2)〔負極〕 $Pb + SO_4^{2-} \longrightarrow PbSO_4 + 2e^-$
〔正極〕 $PbO_2 + 4H^+ + SO_4^{2-} + 2e^- \longrightarrow PbSO_4 + 2H_2O$
(3) $Pb + PbO_2 + 2H_2SO_4 \longrightarrow 2PbSO_4 + 2H_2O$
(4) 小さくなる（薄くなる）

(1) 酸化鉛(Ⅳ) PbO_2 は金属ではないが，鉛の最高酸化数の +4 の化合物で酸化作用があるため，正極として負極からの電子を受け取ることができる。

(2) 放電のとき，Pb は e^- を放出して Pb^{2+} になるが，直ちに SO_4^{2-} と結合して水に不溶の $PbSO_4$ になり，電極に付着する。

$$Pb + SO_4^{2-} \longrightarrow PbSO_4 + 2e^- \quad \cdots①$$

PbO_2 は，$PbO_2 + 4H^+ + 2e^- \longrightarrow Pb^{2+} + 2H_2O$ のように e^- を受け取って Pb^{2+} に還元されるが，直ちに SO_4^{2-} と結合して $PbSO_4$ になる。

$$PbO_2 + 4H^+ + SO_4^{2-} + 2e^- \longrightarrow PbSO_4 + 2H_2O \quad \cdots②$$

(3) ①式+②式より，両電極の反応を1つにまとめると，

$$Pb + PbO_2 + 2H_2SO_4 \underset{\text{充電 } 2e^-}{\overset{\text{放電 } 2e^-}{\rightleftarrows}} 2PbSO_4 + 2H_2O$$ [1]

(4) 放電により H_2SO_4 が消費され，H_2O が生成するので，希硫酸の濃度は薄くなる。

補足 1 反応が進んで起電力の値が小さくなったとき，外部電源の正極を PbO_2 極，負極を Pb 極につないで電流を流すと，各極で放電のときとは逆の反応が起こり，電極，電解質水溶液がもとの状態にもどる。このような操作を**充電**という。

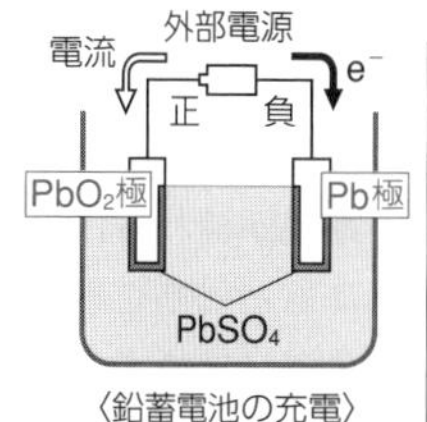

〈鉛蓄電池の充電〉

159 (1) (a) マンガン乾電池 (b) KOH (c) Pb
(d) PbO_2
(2) (e) ウ (f) イ (g) ア
(3) ②，二次電池（蓄電池）
(4) 還元反応

(1) マンガン乾電池とアルカリマンガン乾電池は，正極，負極に用いられる物質は同じだが，電解質が異なる。アルカリマンガン乾電池では，電解液にアルカリ性（塩基性）を示す KOH 水溶液が用いられる。

(3) 充電によりくり返し使うことのできる電池を**二次電池（蓄電池）**といい，充電による再使用ができない電池を**一次電池**という。

(4) 電池の負極では電子を放出する酸化反応，正極では電子を受け取る還元反応が起こる。

160 (1) (a) $H_2 \longrightarrow 2H^+ + 2e^-$
(b) $O_2 + 4H^+ + 4e^- \longrightarrow 2H_2O$
(c) $2H_2 + O_2 \longrightarrow 2H_2O$
(2) 1.9×10^5 C

(1) 負極では水素が酸化されて e^- を出し，正極では酸素が電子を受け取って還元されることを表す式を書けばよい。なお，燃料電池には，電解液が酸性のものと塩基性のものがあり，両者の反応物は同じであるが，電解液中で電荷を運ぶイオンが異なるために，異なる反応式となる。

(酸性電解液)
〔負極〕 $H_2 \longrightarrow 2H^+ + 2e^-$ …①
〔正極〕 $O_2 + 4H^+ + 4e^- \longrightarrow 2H_2O$ …②
(塩基性電解液)
〔負極〕 $H_2 + 2OH^- \longrightarrow 2H_2O + 2e^-$ …③
〔正極〕 $O_2 + 2H_2O + 4e^- \longrightarrow 4OH^-$ …④
どちらの場合でも，全体の反応式は，水素の燃焼の化学反応式となる。

(2) 負極の反応式より，2.0 g (1.0 mol) の H_2 が 2.0 mol の e^- を放出する。
$9.65\times10^4\,C/mol\times2.0\,mol=1.93\times10^5\,C\fallingdotseq1.9\times10^5\,C$

161 (1) 銀の電極 (2) ウ (3) 起電力 (4) 17 mg 減

(1) 電流がA→検流計→Bと流れるから，電子は B→検流計→A と流れる。つまり，イオン化傾向の小さいほうの金属が電極Aである。イオン化傾向：Fe＞Ag

(2) 電流が流れるには，出発点から一回りして再びもとにもどってくる通り路(回路)が必要である。よって，電流は電極Aから導線を通って電極Bに達し，さらに溶液を通って電極Aに流れていることになる。導線(金属)中の電流は自由電子の流れ(方向は電極B→電極A)であるが，溶液中の電流はイオンの流れである。したがって，溶液Cは電解質溶液でなくてはならない。また，酢酸は弱酸であり，イオンが少ないため，電流がほとんど流れない。したがって強酸である硫酸が最も適当である。

(4) 鉄電極で起こる反応は $Fe \longrightarrow Fe^{2+} + 2e^-$ と考えられる[1]。
また，流れた電子 e^- の物質量は，
$$\frac{0.0965\,A\times10\times60\,s}{9.65\times10^4\,C/mol}=6.00\times10^{-4}\,mol$$
反応する鉄の物質量は，上のイオン反応式の係数比より，流れた電子の物質量の $\frac{1}{2}$ であるから，
3.00×10^{-4} mol。
$$56\,g/mol\times3.00\times10^{-4}\,mol=16.8\times10^{-3}\,g\fallingdotseq17\,mg$$

補足 [1] この反応では鉄が Fe^{3+} まで酸化される反応は起こらないことを前提としてよい。実際にこの電池を放電させると，鉄の電極上で水溶液中の水素イオンが直接電子を受け取る反応を起こし，水素 H_2 が発生する ($2H^+ + 2e^- \longrightarrow H_2$)。このとき，水素 H_2 は再び H^+ に戻ろうとする還元力をもつため，鉄が Fe^{3+} まで酸化される反応が起こりにくい。これは鉄が希硫酸や塩酸に溶解する反応でも同様であり，発生する水素 H_2 の影響で Fe^{3+} は生成せず，生成物は硫酸鉄(Ⅱ)および塩化鉄(Ⅱ)となる。
$Fe + H_2SO_4 \longrightarrow FeSO_4 + H_2$ ($Fe + 2H^+ \longrightarrow Fe^{2+} + H_2$)
$Fe + 2HCl \longrightarrow FeCl_2 + H_2$ ($Fe + 2H^+ \longrightarrow Fe^{2+} + H_2$)

162 (1) 1.9×10^4 C，6.4 g 増 (2) 27％ (3) 正極

(1)〔負極〕 $Pb + SO_4^{2-} \longrightarrow PbSO_4 + 2e^-$
Pb (式量 207) が $PbSO_4$ (式量 303) に変化するので，Pb 1 mol が反応したとき，負極の質量は，303 g－207 g＝96 g 増加する。質量増加が 9.6 g なので，反応した Pb の物質量は，$\frac{9.6\,g}{96\,g/mol}=0.10\,mol$。
e^- 2 mol が流れたときに Pb 1 mol が反応するので，流れた e^- の物質量は 0.20 mol。よって，流れた電気量は，
$$9.65\times10^4\,C/mol\times0.20\,mol=1.93\times10^4\,C\fallingdotseq1.9\times10^4\,C$$
このとき，正極の反応は次のようになる。
〔正極〕 $PbO_2 + 4H^+ + SO_4^{2-} + 2e^- \longrightarrow PbSO_4 + 2H_2O$
PbO_2 (式量 239) が $PbSO_4$ に変化するので，e^- 2 mol が流れたとき，正極の質量は，303 g－239 g＝64 g 増加する。流れた e^- は 0.20 mol なので，正極の質量は，$64\,g\times\frac{0.20\,mol}{2.0\,mol}=6.4\,g$ 増加する。

(2) 全体の反応は，
$$Pb + PbO_2 + 2H_2SO_4 \xrightarrow{2e^-} 2PbSO_4 + 2H_2O$$
e^- 0.20 mol が流れるとき，H_2SO_4 0.20 mol が消費され，H_2O 0.20 mol が生成する。よって，反応後の希硫酸の質量は，
$$\underbrace{500\,g}_{\text{反応前の希硫酸}}-\underbrace{98\,g/mol\times0.20\,mol}_{H_2SO_4\text{の減少量}}+\underbrace{18\,g/mol\times0.20\,mol}_{H_2O\text{の増加量}}=484\,g$$
反応後の希硫酸の濃度は，
$$\frac{H_2SO_4\text{の質量[g]}}{\text{希硫酸の質量[g]}}\times100$$
$$=\frac{\overbrace{500\,g\times\frac{30}{100}}^{\text{反応前の}H_2SO_4}-\overbrace{98\,g/mol\times0.20\,mol}^{H_2SO_4\text{の減少量}}}{484\,g}\times100$$
$$=\frac{130.4\,g}{484\,g}\times100=26.9\cdots\fallingdotseq27(\%)$$

(3) 二次電池の充電は，電池の正極を外部電源の正極に，電池の負極を外部電源の負極につなぐ（放電のときと逆向きに電流を流す）。

163 (a) 陽極 (b) 酸化 (c) 陰極 (d) 還元 (e) 電気分解

〈電気分解〉
〔陽極〕水溶液中の陰イオンや水分子が，陽極で電子を失う反応が起こる。
（金，白金以外の金属が陽極のとき，陽極自身が電子を放出して溶ける）…酸化反応
〔陰極〕水溶液中の陽イオンや水分子が，陰極から電子を受け取る反応が起こる。…還元反応

164
(1) 〔陽極〕 $2H_2O \longrightarrow O_2 + 4H^+ + 4e^-$
〔陰極〕 $Ag^+ + e^- \longrightarrow Ag$
(2) 〔陽極〕 $2H_2O \longrightarrow O_2 + 4H^+ + 4e^-$
〔陰極〕 $2H^+ + 2e^- \longrightarrow H_2$
(3) 〔陽極〕 $4OH^- \longrightarrow 2H_2O + O_2 + 4e^-$
〔陰極〕 $2H_2O + 2e^- \longrightarrow H_2 + 2OH^-$
(4) 〔陽極〕 $2H_2O \longrightarrow O_2 + 4H^+ + 4e^-$
〔陰極〕 $Cu^{2+} + 2e^- \longrightarrow Cu$
(5) 〔陽極〕 $Cu \longrightarrow Cu^{2+} + 2e^-$
〔陰極〕 $Cu^{2+} + 2e^- \longrightarrow Cu$
(6) 〔陽極〕 $2Cl^- \longrightarrow Cl_2 + 2e^-$
〔陰極〕 $2H_2O + 2e^- \longrightarrow H_2 + 2OH^-$

電気分解では，陽極では電子を失う（酸化される）反応が起こり，陰極では電子を受け取る（還元される）反応が起こる[1]。実際に何が電子を失い，何が電子を受け取るかは，電極や電解質の種類により異なる[2]。
(1) 〔陽極〕 NO_3^- は変化せず，H_2O が e^- を失う。
〔陰極〕 Ag^+ が e^- を受け取る。
(2) 〔陽極〕 SO_4^{2-} は変化せず，H_2O が e^- を失う。
〔陰極〕 H^+ が e^- を受け取る。
(3) 〔陽極〕 OH^- が e^- を失う。
〔陰極〕 Na^+ は変化せず，H_2O が e^- を受け取る。
(4) 〔陽極〕 SO_4^{2-} は変化せず，H_2O が e^- を失う。
〔陰極〕 Cu^{2+} が e^- を受け取る。
(5) 〔陽極〕電極の Cu が溶ける。
〔陰極〕 Cu^{2+} が e^- を受け取る。
(6) 〔陽極〕 Cl^- が e^- を失う。
〔陰極〕 Na^+ は変化せず，H_2O が e^- を受け取る。

補足 [1] 電池の正極に接続したほうが陽極，負極に接続したほうが陰極である。また，電池（電源）は，電気分解の陽極から電子を奪い，陰極に電子を与える役目をはたす。
[2] Li, K, Ca, Na, Mg, Al はイオン化傾向がきわめて大きいので，C や CO による鉱石の還元や塩の水溶液の電気分解では，単体を得ることができない。しかし，塩や酸化物を融解して電気分解すると，金属の単体が陰極に融解した状態で得られる。このような金属の製法を**溶融塩電解**という。

〈電極での反応〉

電極	極板	水溶液中のイオン		反応
陰極	Pt, C, Cu, Ag	イオン化傾向が小さい金属のイオン	あり	金属が析出
			なし	H_2 が発生(i)
陽極	Pt, C	Cl^-, I^-（ハロゲン化物イオン）	あり	Cl_2, I_2 が生成
			なし	O_2 が発生(ii)
	Cu, Ag	イオンの種類によらない。		電極が溶解

(i) 酸性溶液では H^+ が反応する。$2H^+ + 2e^- \longrightarrow H_2$
中性・塩基性溶液では H_2O が反応する。
$2H_2O + 2e^- \longrightarrow H_2 + 2OH^-$
(ii) 塩基性溶液では OH^- が反応する。
$4OH^- \longrightarrow 2H_2O + O_2 + 4e^-$
中性・酸性溶液では H_2O が反応する。
$2H_2O \longrightarrow O_2 + 4H^+ + 4e^-$

165 (1) 4.83×10^3 C (2) 1.9×10^4 C (3) 9.65×10^3 C (4) 1.16×10^5 C

(1) 〔陰極〕 $Ag^+ + e^- \longrightarrow Ag$
e^- 1 mol が流れるとき，1 mol の Ag が生成する。生成させる Ag（式量 108）は，
$\frac{5.40\,g}{108\,g/mol} = 5.00 \times 10^{-2}$ mol なので，電気分解に要した e^- も 5.00×10^{-2} mol である。
よって，必要な電気量〔C〕は，
$9.65 \times 10^4\,C/mol \times 5.00 \times 10^{-2}\,mol = 4.825 \times 10^3\,C$
$\fallingdotseq 4.83 \times 10^3\,C$
(2) 〔陰極〕 $Cu^{2+} + 2e^- \longrightarrow Cu$
e^- 2 mol が流れるとき，1 mol の Cu が生成する。生成させる Cu（式量 64）は，$\frac{6.4\,g}{64\,g/mol} = 0.10$ mol なので，電気分解に要した e^- は 0.20 mol である。
よって，必要な電気量〔C〕は，
$9.65 \times 10^4\,C/mol \times 0.20\,mol = 1.93 \times 10^4\,C$
$\fallingdotseq 1.9 \times 10^4\,C$
(3) 〔陽極〕 $2Cl^- \longrightarrow Cl_2 + 2e^-$
e^- 2mol が流れるとき，1mol の Cl_2 が生成する。**標準状態の気体 1 mol の体積 = 22.4 L** より，生成させる Cl_2 は，$\frac{1.12\,L}{22.4\,L/mol} = 5.00 \times 10^{-2}$ mol なので，電気分解に要した e^- は 0.100 mol である。
よって，必要な電気量〔C〕は，
$9.65 \times 10^4\,C/mol \times 0.100\,mol = 9.65 \times 10^3\,C$
(4) 〔陽極〕 $2H_2O \longrightarrow O_2 + 4H^+ + 4e^-$
e^- 4 mol が流れるとき，1 mol の O_2 が生成する。**標準**

状態の気体1molの体積=22.4L より，生成させるO_2は，$\frac{6.72L}{22.4L/mol}=0.300mol$ なので，電気分解に要したe^-は1.20molである。

よって，必要な電気量〔C〕は，

$$9.65\times10^4C/mol\times1.20mol=1.158\times10^5C$$
$$\fallingdotseq1.16\times10^5C$$

166

0.30A

陰極で起こる反応は，$Ag^+ + e^- \longrightarrow Ag$ であるから，e^-1molが流れるとAg1molが析出する。よって流れたe^-は0.015molなので，電気量は，

$$9.65\times10^4C/mol\times0.015mol$$

Q〔C〕$=i$〔A〕$\times t$〔s〕 より，流れた電流をx〔A〕とおくと，

$$9.65\times10^4C/mol\times0.015mol$$
$$=x[A]\times(80\times60+25)s$$
$$x=0.30A$$

167

(1)〔陽極〕$2Cl^- \longrightarrow Cl_2 + 2e^-$
〔陰極〕$Cu^{2+} + 2e^- \longrightarrow Cu$
(2) 酸化 (3) 9.7×10^2C，$1.0\times10^{-2}mol$
(4) 0.32g (5) 0.11L

(1),(2) 電気分解では，陽極で電子を失う反応(酸化反応)と陰極で電子を受け取る反応(還元反応)が起こる[1]。

(3) Q〔C〕$=i$〔A〕$\times t$〔s〕 より，

Q〔C〕$=i$〔A〕$\times t$〔s〕
電気量 電流 時間〔秒〕

$$0.50A\times(32\times60+10)s$$
$$=965C\fallingdotseq9.7\times10^2C$$

電子1mol当たりの電気量は$9.65\times10^4C/mol$であるから，

$$\frac{965C}{9.65\times10^4C/mol}=1.0\times10^{-2}mol$$

(4) (1)より，e^-2molが流れるとCu1molが析出することがわかる。したがって，e^-が$1.0\times10^{-2}mol$流れたときに析出するCuの質量は，

$$64g/mol\times1.0\times10^{-2}mol\times\frac{1}{2}=0.32g$$

(5) (1)より，e^-2molが流れると$Cl_2$1molが発生することがわかる。したがって，e^-が$1.0\times10^{-2}mol$流れたときに発生するCl_2の体積は，

$$22.4L/mol\times1.0\times10^{-2}mol\times\frac{1}{2}\fallingdotseq0.11L$$

補足 [1] 電池では，正極で還元反応，負極で酸化反応が起こる。

168

(1) $2CuSO_4 + 2H_2O \longrightarrow 2Cu + 2H_2SO_4 + O_2$
(2) 0.64g (3) 0.10mol/L
(4) 酸素，$5.0\times10^{-3}mol$
(5) 水素イオン，0.020mol
硫酸イオン，0.010mol
(6) 変わらない

(1)〔陽極〕$2H_2O \longrightarrow O_2 + 4H^+ + 4e^-$ …①
〔陰極〕$Cu^{2+} + 2e^- \longrightarrow Cu$ …②

①式+②式×2 により，e^-を消去する。

$$2Cu^{2+} + 2H_2O \longrightarrow 2Cu + O_2 + 4H^+$$

両辺に変化しなかった$2SO_4^{2-}$を加えて整理する。

(2) 流れた電気量とe^-の物質量は，

$$1.0A\times(32\times60+10)s=1930C$$
$$\frac{1930C}{9.65\times10^4C/mol}=0.020mol$$

e^-2molが流れるとCu1molが析出するから，析出するCuの質量は，

$$64g/mol\times0.020mol\times\frac{1}{2}=0.64g$$

(3) 100mL中にCu^{2+}が0.010mol含まれていたから，

$$\frac{0.010mol}{0.10L}=0.10mol/L$$

(4) e^-4molが流れると$O_2$1molが発生するから，発生するO_2の物質量は，

$$0.020mol\times\frac{1}{4}=5.0\times10^{-3}mol$$

(5) 電気分解前に水溶液中に含まれていたイオンは，Cu^{2+}とSO_4^{2-}で，それぞれ0.010mol。電気分解により，Cu^{2+}はすべてCuとなり，水溶液中には存在しなくなる。SO_4^{2-}は変化しないでそのまま残る。

また，電気分解によりH^+が生じる。①式より，e^-とH^+の物質量の比は1：1で，e^-0.020molが流れるとH^+0.020molが生じ，そのまま水溶液中に残る[1]。

(6)〔陽極〕$Cu \longrightarrow Cu^{2+} + 2e^-$
〔陰極〕$Cu^{2+} + 2e^- \longrightarrow Cu$

陰極に析出する銅と同量の銅が陽極で溶けるので，溶液の濃度は変化しない。

補足 [1] 水の電離によって生じるH^+，OH^-は少ないので，無視することができる。

169

(1)〔陽極〕$2H_2O \longrightarrow O_2 + 4H^+ + 4e^-$
〔陰極〕$2H^+ + 2e^- \longrightarrow H_2$
(2) $2H_2O \longrightarrow 2H_2 + O_2$
(3) 陽極：5.60L 陰極：11.2L
(4) 1.93×10^3C (5) 12分52秒間

(1)〔陽極〕H_2Oがe^-を失い，O_2が生じる。

$$2H_2O \longrightarrow O_2 + 4H^+ + 4e^- \quad \cdots①$$

〔陰極〕H^+がe^-を受け取って，H_2になる。

$$2H^+ + 2e^- \longrightarrow H_2 \quad \cdots②$$

(2) ①式＋②式×2 より，$2H_2O \longrightarrow 2H_2 + O_2$

(3) 〔陽極〕 e^- 4mol が流れると O_2 1mol が生じる。電気量が 9.65×10^4C のとき，e^- は 1mol であるから，O_2 は $\frac{1}{4}$mol 発生する。

$$22.4\,L/mol\times\frac{1}{4}\,mol=5.60\,L$$

〔陰極〕 e^- 2mol が流れると H_2 1mol が生じるから，e^- が 1mol のときに発生する H_2 は $\frac{1}{2}$mol。

$$22.4\,L/mol\times\frac{1}{2}\,mol=11.2\,L$$

(4) (3)より，9.65×10^4C の電気量で両極合計 5.60L＋11.2L＝16.8L の気体が発生するから，336mL の気体が発生するときの電気量は，

$$9.65\times10^4\,C\times\frac{336\,mL}{16.8\times10^3\,mL}=1930\,C$$

(5) $\boldsymbol{Q}$〔C〕＝$\boldsymbol{i}$〔A〕×$\boldsymbol{t}$〔s〕 より，電気分解した時間を x〔s〕とすると，

$$2.50\,A\times x\,[s]=1930\,C$$
$$x=772\,s=(12\times60+52)\,s$$

170

(1) A：Na^+　B：OH^-　C：H_2O
D：Cl_2　E：H_2　F：NaOH
(2) D：0.28L　E：0.28L　(3) 1.0g

(1) 右室の溶液には Na^+ と Cl^- が含まれていて，Na^+ は陰極に引かれて左室に移る（A は Na^+）。しかし，Na のイオン化傾向は大きく，陰極で電子を受け取ることはできず，H_2O が反応する（C は H_2O）。

$$2H_2O + 2e^- \longrightarrow H_2\,(E) + 2OH^- \quad \cdots①$$

陰極で生じた OH^- は陽極に引かれるが，陽イオン交換膜を通れないので[1]，左室に残る（B は OH^-）。よって，左室には Na^+ と OH^- がしだいに増え，NaOH (F) 水溶液として取り出される。

陽極では Cl^- が電子を失い，Cl_2 (D) となる。

$$2Cl^- \longrightarrow Cl_2 + 2e^- \quad \cdots②$$

反応を1つにまとめると ①式＋②式 より，

$$2Cl^- + 2H_2O \longrightarrow Cl_2 + 2OH^- + H_2$$

両辺に変化しなかった $2Na^+$ を加えて整理すると，

$$2NaCl + 2H_2O \longrightarrow Cl_2 + 2NaOH + H_2$$ [2,3]

(2) 流れた電気量と e^- の物質量は，

$$2.5\,A\times(16\times60+5)\,s=2.5\times965\,C$$
$$\frac{2.5\times965\,C}{9.65\times10^4\,C/mol}=0.025\,mol$$

e^- 2mol が流れると，塩素も水素も 1mol ずつ発生するから，発生する塩素，水素はともに $\frac{0.025}{2}$mol。

$$22.4\,L/mol\times\frac{0.025}{2}\,mol=0.28\,L$$

(3) e^- 1mol が流れると，NaOH 1mol が生成するから，生成する NaOH は 0.025mol。

$$40\,g/mol\times0.025\,mol=1.0\,g$$

補足 [1] 陽イオン交換膜は陽イオンは通ることができるが，陰イオンは通り抜けることができない膜である。
[2] この反応は NaOH と Cl_2 の工業的製法として重要である。
[3] NaCl 水溶液の電気分解で陽極側と陰極側をイオン交換膜で区切るのは，Cl_2 が水中で酸になり（$Cl_2 + H_2O \rightleftarrows HCl + HClO$），NaOH と反応するからである。

$$Cl_2 + 2NaOH \longrightarrow NaCl + NaClO + H_2O$$
（NaClO：次亜塩素酸ナトリウム）

171

(1) A：1.93×10^4C　C：1.93×10^4C
(2) B：水素，2.24L　C：酸素，1.12L
(3) 6.4g 増
(4) Ⅰ：大きい　Ⅱ：小さい

(1) 電解槽を直列につないだ場合，電流は 電源の正極→A→B→C→D→電源の負極 の順に1本の通路を流れるから，どの電極でも同じ電気量が流れる。よって，$\boldsymbol{Q}$〔C〕＝$\boldsymbol{i}$〔A〕×$\boldsymbol{t}$〔s〕 より，

$$5.00\,A\times(64\times60+20)\,s=1.93\times10^4\,C$$

(2) 流れた e^- の物質量は，

$$\frac{1.93\times10^4\,C}{9.65\times10^4\,C/mol}=0.200\,mol$$

電流は，電源の正極→A→B→C→D→電源の負極の順に流れるから，電極AとCが陽極，BとDが陰極である。

〔電極B〕 $2H_2O + 2e^- \longrightarrow H_2 + 2OH^-$

e^- 2mol が流れると H_2 1mol が発生するから，

$$22.4\,L/mol\times0.200\,mol\times\frac{1}{2}=2.24\,L$$

〔電極C〕 $2H_2O \longrightarrow O_2 + 4H^+ + 4e^-$

e^- 4mol が流れると O_2 1mol が発生するから，

$$22.4\,L/mol\times0.200\,mol\times\frac{1}{4}=1.12\,L$$

(3) 〔電極D〕 $Cu^{2+} + 2e^- \longrightarrow Cu$

e^- 2mol が流れると Cu 1mol が析出するから，

$$64\,g/mol\times0.200\,mol\times\frac{1}{2}=6.4\,g$$

(4) 〔電解槽Ⅰ〕 陰極（電極B）の反応により OH^- が生じるので，pH は大きくなる[1]。

〔電解槽Ⅱ〕 陽極（電極C）の反応により H^+ が生じるので，pH は小さくなる。陰極（電極D）の反応は pH に影響しない。

補足 [1] 陽極（電極A）の反応 $2Cl^- \longrightarrow Cl_2 + 2e^-$ は pH に影響しない。

172

(a) 還元　(b) 銑鉄　(c) 鋼
(1) 一酸化炭素，CO　(2) 1.4kg

(1) コークスC[1]が燃焼して CO_2 が生じ，この CO_2 が高温のCと反応して CO が生じる。

$$C + O_2 \longrightarrow CO_2 \qquad CO_2 + C \longrightarrow 2CO$$

生じた CO が鉄鉱石を次のように段階的に還元する。

$3Fe_2O_3 + CO \longrightarrow 2Fe_3O_4 + CO_2$ …①
赤鉄鉱の主成分

$Fe_3O_4 + CO \longrightarrow 3FeO + CO_2$ …②
磁鉄鉱の主成分

$FeO + CO \longrightarrow Fe + CO_2$ …③

(①式+②式×2+③式×6)÷3 より,

$Fe_2O_3 + 3CO \longrightarrow 2Fe + 3CO_2$

(2) 鉄の含有率 96 % の銑鉄 1.0kg 中の Fe は,

$$1.0\,\text{kg}\times\frac{96}{100}=0.96\,\text{kg}$$

Fe (式量 56) 0.96 kg を得るのに必要な Fe_2O_3 (式量 160) の質量を x [kg] とすると,

$$x\,[\text{kg}]\times\frac{112}{160}=0.96\,\text{kg}\quad x=1.37\cdots\text{kg}\fallingdotseq1.4\,\text{kg}$$

Fe_2O_3 中の Fe の割合

補足 1 コークスは石炭を乾留して得られる固体で,主成分は炭素である。

173

②

〔陽極〕 Cu と Cu よりイオン化傾向の大きい金属 (例えば Ni など) が溶解する。

$Cu \longrightarrow Cu^{2+} + 2e^-$

$Ni \longrightarrow Ni^{2+} + 2e^-$

〔陰極〕 Cu よりイオン化傾向の大きい Ni などは析出せず,Cu だけが析出する1。

$Cu^{2+} + 2e^- \longrightarrow Cu$

粗銅の不純物が Ag のみの場合,陽極では Cu の溶解反応のみが起こり,陰極では Cu の析出反応のみが起こる。このとき,Cu の溶解量と析出量が等しいため,溶液中の Cu^{2+} の物質量は変わらない2。

補足 1 不純物の Ni などは溶解するが析出しないので,これらのイオン化傾向の大きい金属の溶解のときに放出した電子は,溶液中の Cu^{2+} が Cu となって析出するのに用いられる。そのため,銅の溶解量と析出量の差だけ溶液中の Cu^{2+} が減少する。

2 不純物を含む銅 (粗銅) を陽極,純銅を陰極にして,硫酸銅 (II) 水溶液中で電気分解を行い純銅を得る操作は,銅の電解精錬として工業的に用いられている。

174

(1) 〔陽極〕 $C + O^{2-} \longrightarrow CO + 2e^-$
〔陰極〕 $Al^{3+} + 3e^- \longrightarrow Al$
(2) 1.9×10^7 C

(1) 陽極では酸化物イオン O^{2-} と炭素電極 C が反応する。

〔陽極〕 $\underset{+0}{C} + O^{2-} \longrightarrow \underset{+2}{CO} + 2e^-$

(2) 〔陰極〕 $Al^{3+} + 3e^- \longrightarrow Al$1

e^- 3mol が流れると Al1mol が析出するから,流れた電気量は,

$$9.65\times10^4\,\text{C/mol}\times\frac{1.8\times10^3\,\text{g}}{27\,\text{g/mol}}\times3\fallingdotseq1.9\times10^7\,\text{C}$$

析出した Al の物質量

補足 1 イオン化傾向の特に大きい Li, K, Ca, Na, Mg, Al の塩の水溶液を電気分解すると,これらの金属のイオンは e^- を受け取りにくいので,H_2O が e^- を受け取って H_2 が発生し,金属の単体は析出しない。水溶液ではなく,これらの金属の塩化物,酸化物,水酸化物などを融解し,炭素などを電極に用いて電気分解すると,陰極にこれらの金属の単体が析出する。この方法は**溶融塩電解**とよばれ,これらの金属の工業的製法として用いられている。なお,氷晶石は Na_3AlF_6 と表される物質で,直接,両電極の反応には関与しないが,氷晶石を融解し,それに酸化アルミニウム (融点 2054°C) を少しずつ加えることにより,1000°C 以下で酸化アルミニウムを融解することができるようになる (融解する温度を下げる役割をしている)。

175

②

① 正しい。銅板側の溶液には Cu^{2+} が含まれているため,溶液の色は青い。放電をすると銅板では $Cu^{2+} + 2e^- \longrightarrow Cu$ の反応が進むため Cu^{2+} の濃度が小さくなり,色は薄くなる。

② 誤り。Cu は H_2 よりもイオン化傾向が小さいので,水中にある Cu^{2+} が反応し,$2H^+ + 2e^- \longrightarrow H_2$ のような H_2 が発生する反応は起こらない。

③ 正しい。電球が点灯するためには,回路ができていることが必要である。溶液中ではイオンの移動によって電流が流れるため,白金板で仕切ってしまうと電流は流れない。

④ 正しい。銅板上で反応する Cu^{2+} がなくなると電流が流れなくなるので,Cu^{2+} の量が多いほど,電球は長い時間点灯する。

⑤ 正しい。正極を変えずに,よりイオン化傾向の大きい金属を負極に用いると,より大きな起電力を生じる。

176

(a) 負 (b) 酸化 (c) 正 (d) 還元 (e) 4
(f) 4 (g) 2 (h) 53.6

①式では H_2 が電子を放出している (酸化される) から,①式は負極の反応。②式では O_2 が電子を受け取っている (還元される) から,②式は正極の反応。

係数は,O の数から g=2,H の数から e=4,両辺の電荷から f=4 となる。

〔負極〕 $H_2 \longrightarrow 2H^+ + 2e^-$ …①1

〔正極〕 $O_2 + 4H^+ + 4e^- \longrightarrow 2H_2O$ …②1

①式×2+②式 より e^- を消去すると,

〔全体〕 $2H_2 + O_2 \longrightarrow 2H_2O$ …③2

H_2 1mol 当たり e^- 2mol が流れるから,その電気量は,

$$9.65\times10^4\,\text{C/mol}\times2\,\text{mol}=1.93\times10^5\,\text{C}$$

1.00 A の電流を x 時間流すことができるとすると,Q [C] $= i$ [A] $\times t$ [s] より,

$$1.00\,\text{A}\times(60\times60\times x)\,\text{s}=1.93\times10^5\,\text{C}\quad x\fallingdotseq53.6\text{ 時間}$$

補足 **1** ①式，②式は酸性電解質を用いたときの反応で，硫酸などの酸性水溶液の電気分解の逆反応である。KOHなどの塩基性電解質を用いたときは，NaOH，KOHなどの塩基性水溶液の電気分解の逆反応が起こる。
〔負極〕 $H_2 + 2OH^- \longrightarrow 2H_2O + 2e^-$
〔正極〕 $O_2 + 2H_2O + 4e^- \longrightarrow 4OH^-$
2 ③式の反応は水素の燃焼と同じで，燃料電池では水素の燃焼で得られるエネルギーを電気エネルギーの形で取り出しているのである。

177

(1) 2.24L (2) 0.200mol/L

〔陽極（A室）〕 $2Cl^- \longrightarrow Cl_2 + 2e^-$ …①
〔陰極（B室）〕 $2H_2O + 2e^- \longrightarrow H_2 + 2OH^-$ …②
①式＋②式 より，

$$2Cl^- + 2H_2O \xrightarrow{2e^-} H_2 + Cl_2 + 2OH^-$$

両辺に $2Na^+$ を加えると，

$$2NaCl + 2H_2O \xrightarrow{2e^-} H_2 + Cl_2 + 2NaOH$$

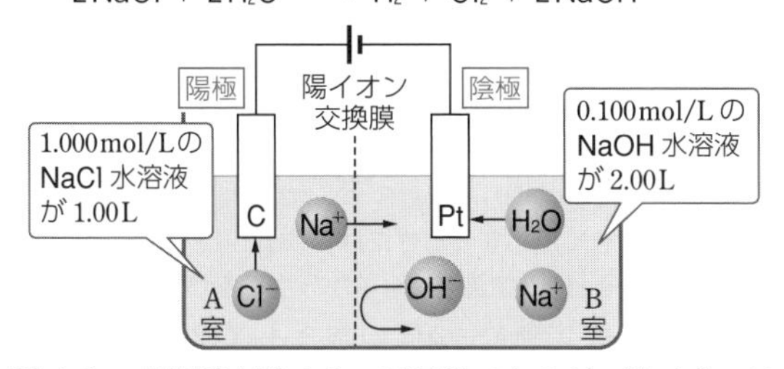

陽イオン交換膜を陽イオンは通過できるが，陰イオンは通過できないので，A室の Na^+ はB室に移動するが，OH^- はB室に残る。
A室で減少したNaClは (1.000−0.800)mol/L×1.00L＝0.200mol なので，流れた e^- は0.200mol，B室で生じた H_2 は0.100mol，OH^- は0.200molである。よって，発生した H_2 の体積は，22.4L/mol×0.100mol＝2.24L
B室では最初にあった OH^- が 0.100mol/L×2.00L＝0.200mol で，さらに電気分解によって OH^- が0.200mol増える。したがって，電気分解後の OH^- の濃度は，

$$\frac{0.200\,\text{mol}+0.200\,\text{mol}}{2.00\,\text{L}}=0.200\,\text{mol/L}$$

178

(1) 4.8×10^3C
(2) (a) 正極：1.6g増 負極：2.4g増
(b) 4.9g減

(1) 希硫酸の電気分解の陽極の反応は，
〔陽極〕 $2H_2O \longrightarrow O_2 + 4H^+ + 4e^-$
e^- 4molが流れると，O_2 1molが発生する。発生した酸素は，$\frac{0.28\,\text{L}}{22.4\,\text{L/mol}}=1.25\times10^{-2}$mol なので，流れた e^- の物質量は，$1.25\times10^{-2}\text{mol}\times4=5.00\times10^{-2}$mol である。よって流れた電気量は，

$$9.65\times10^4\,\text{C/mol}\times5.00\times10^{-2}\,\text{mol}=4.825\times10^3\,\text{C} \fallingdotseq 4.8\times10^3\,\text{C}$$

(2) (a) 鉛蓄電池の放電時の正極と負極の反応は，
〔正極〕 $\underset{239\,\text{g/mol}}{PbO_2} + 4H^+ + SO_4^{2-} + 2e^- \longrightarrow \underset{303\,\text{g/mol}}{PbSO_4} + 2H_2O$
〔負極〕 $\underset{207\,\text{g/mol}}{Pb} + SO_4^{2-} \longrightarrow \underset{303\,\text{g/mol}}{PbSO_4} + 2e^-$
正極では，2molの e^- の移動により，1molの PbO_2 が $PbSO_4$ になるので，質量は，303g−239g＝64g増加する。流れた e^- の物質量は 5.00×10^{-2}mol なので，増加した質量は，

$$\underbrace{\frac{64\,\text{g}}{2\,\text{mol}}}_{e^-1\text{mol当たりの質量増加}}\times\underbrace{5.00\times10^{-2}\,\text{mol}}_{e^-\text{の物質量}}=1.6\,\text{g}$$

負極では，2molの e^- の移動により，1molのPbが $PbSO_4$ になるので，303g−207g＝96g の質量増加がみられる。流れた e^- の物質量は 5.00×10^{-2}mol なので，増加した質量は，

$$\underbrace{\frac{96\,\text{g}}{2\,\text{mol}}}_{e^-1\text{mol当たりの質量増加}}\times\underbrace{5.00\times10^{-2}\,\text{mol}}_{e^-\text{の物質量}}=2.4\,\text{g}$$

(b) 鉛蓄電池の放電時の変化をまとめて表すと，

$$Pb + PbO_2 + 2\underset{98\,\text{g/mol}}{H_2SO_4} \xrightarrow{2e^-} 2PbSO_4 + 2H_2O$$

2molの e^- の移動により，電解液中の H_2SO_4 は2mol減少する[1]ので，減少する H_2SO_4 の質量は，

$$\underbrace{\frac{98\,\text{g/mol}\times2\,\text{mol}}{2\,\text{mol}}}_{e^-1\text{mol当たりの質量減少}}\times\underbrace{5.00\times10^{-2}\,\text{mol}}_{e^-\text{の物質量}}=4.9\,\text{g}$$

補足 **1** 鉛蓄電池を放電すると，電解液中の硫酸の濃度が小さくなるので，電解液の密度が小さくなる。

第2編 編末問題

179 硫酸：0.0100 mol，塩化水素：0.0200 mol

問題文の読み取り方 生じた沈殿の化学式から，各段階でどのような反応が起きたのか判断し，反応量を整理する。硫酸バリウムの沈殿を除いた後の溶液には，$BaCl_2$ 由来の Cl^- も含まれていることに注意する。

〔硫酸と塩酸の混合溶液〕 H^+，Cl^-，SO_4^{2-} が存在

$HCl \longrightarrow H^+ + Cl^-$

$H_2SO_4 \longrightarrow 2H^+ + SO_4^{2-}$

〔塩化バリウム水溶液〕 Ba^{2+}，Cl^- が存在

$BaCl_2 \longrightarrow Ba^{2+} + 2Cl^-$

〔硝酸銀水溶液〕 Ag^+，NO_3^- が存在

$AgNO_3 \longrightarrow Ag^+ + NO_3^-$

SO_4^{2-} を含む水溶液に Ba^{2+} を加えると，$BaSO_4$（式量 233）の沈殿が生じる。沈殿した $BaSO_4$ 2.33 g は，

$$\frac{2.33\,\text{g}}{233\,\text{g/mol}}=0.0100\,\text{mol}$$

加えた $BaCl_2$ は 0.0200 mol であるから，Ba^{2+} が溶液中に残っていて，SO_4^{2-} はすべて沈殿したとわかる。したがって，はじめの混合溶液に含まれていた H_2SO_4 の物質量は，沈殿した $BaSO_4$ の物質量と等しいため，0.0100 mol。

	Ba^{2+}	+ SO_4^{2-}	$\longrightarrow$ $BaSO_4$	
(反応前)	0.0200	0.0100	0	(mol)
(変化量)	−0.0100	−0.0100	+0.0100	(mol)
(反応後)	0.0100	0	0.0100	(mol)

Cl^- を含む水溶液に Ag^+ を加えると，AgCl（式量 143.5）の沈殿が生じる。沈殿した AgCl 8.61 g は，

$$\frac{8.61\,\text{g}}{143.5\,\text{g/mol}}=0.0600\,\text{mol}$$

加えた $AgNO_3$ は 0.0800 mol であるから，Ag^+ が溶液中に残っていて，Cl^- はすべて沈殿したとわかる。したがって，硝酸銀水溶液を加える前の溶液に含まれていた Cl^- は 0.0600 mol である。

	Ag^+	+ Cl^-	$\longrightarrow$ AgCl	
(反応前)	0.0800	0.0600	0	(mol)
(変化量)	−0.0600	−0.0600	+0.0600	(mol)
(反応後)	0.0200	0	0.0600	(mol)

このうち $0.0200\,\text{mol}\times2=0.0400\,\text{mol}$ は $BaCl_2$ として加えられたものであるから，はじめの混合溶液に HCl として含まれていた Cl^- は，

$$0.0600\,\text{mol}-0.0400\,\text{mol}=0.0200\,\text{mol}$$

180 ウ

問題文の読み取り方 H^+ の授受の方向を考える。反応式の両辺にある酸のうち，酸として強いほうが H^+ を相手に与える方向に反応が進む。

いずれも H^+ の授受で起こる反応である。反応の方向は，反応式の両辺にある酸のどちらが H^+ を相手に与えやすいか（どちらが酸として強いか）で決まる。

(ア) 正しい。反応が左から右に進むときは，HSO_4^- が HCO_3^- に H^+ を与え，右から左に進むときは，H_2CO_3 が SO_4^{2-} に H^+ を与えることになる。HSO_4^- のほうが H_2CO_3 より酸として強いので，この反応は左から右に進む。

(イ) 正しい。反応が左から右に進むときは，H_2CO_3 が酸としてはたらき，右から左へ進むときは，H_2O が酸としてはたらくことになる。H_2CO_3 のほうが H_2O より酸として強いので，この反応は左から右に進む。

(ウ) 誤り。反応が左から右に進むときは，H_2O が酸としてはたらき，右から左に進むときは，HCO_3^- が酸としてはたらくことになる。HCO_3^- のほうが H_2O より酸として強いので，この反応は右から左に進む。

(エ) 正しい。反応が左から右に進むときは，HSO_4^- が酸としてはたらき，右から左に進むときは，H_2O が酸としてはたらくことになる。HSO_4^- のほうが H_2O より酸として強いので，この反応は左から右に進む。

181 7.60×10^{-5} mol

問題文の読み取り方 酸や塩基の種類が複数あった場合でも，個々の酸や塩基から生じる H^+，OH^- の物質量は，それぞれが単独のときと変わらない。よって，酸と塩基が過不足なく反応するときには，次式が成りたつ。
酸から生じる H^+ の物質量＝塩基から生じる OH^- の物質量

CO_2 は酸性酸化物で，2価の酸として2価の塩基の $Ba(OH)_2$ と中和反応をする。$BaCO_3$ は水に溶けないので，白色沈殿となる。

滴定に用いた塩酸はろ液[1] 20.0 mL についてのものであるから，ろ液全体の中和に必要な塩酸の量は，

$$16.96\,\text{mL}\times\frac{100\,\text{mL}}{20.0\,\text{mL}}=84.8\,\text{mL}=\frac{84.8}{1000}\,\text{L}$$

乾燥空気に含まれていた CO_2 を x [mol] とすると，**酸から生じる H^+ の物質量＝塩基から生じる OH^- の物質量** より，

$$\underbrace{2\times x\,[\text{mol}]}_{CO_2\text{から生じる}H^+}+\underbrace{1\times0.0100\,\text{mol/L}\times\frac{84.8}{1000}\,\text{L}}_{HCl\text{から生じる}H^+}$$

$$=\underbrace{2\times0.00500\,\text{mol/L}\times\frac{100}{1000}\,\text{L}}_{Ba(OH)_2\text{から生じる}OH^-}$$

$$x=7.60\times10^{-5}\,\text{mol}$$

補足 [1] 炭酸は弱酸なので，$BaCO_3$ は強酸の塩酸と反応する（弱酸の遊離）。

$BaCO_3 + 2HCl \longrightarrow BaCl_2 + H_2O + CO_2$

したがって，過剰の $Ba(OH)_2$ を酸で滴定するには $BaCO_3$ をろ過して除かなくてはならない。

182 (1) $HCl + NaOH \longrightarrow NaCl + H_2O$
(2) 1.0×10^2 mL　(3) (ア) ④　(イ) ⑤　(ウ) ①

問題文の読み取り方 塩酸の滴下により，ビーカー内に存在するイオンがどのように変化するか考える。Na^+ と Cl^- は，溶液を混合してもイオンのままであり，H^+ と OH^- は中和反応で水になるため，イオンではなくなる。

(2) グラフ中の(イ)は中和点なので，(イ)では酸から生じる H^+ の物質量と塩基から生じる OH^- の物質量が等しい。加えた塩酸の体積を x〔mL〕とすると，

$$\underbrace{1\times0.050\,\text{mol/L}\times\frac{x}{1000}\,[\text{L}]}_{\text{HClから生じる}H^+}=\underbrace{1\times0.10\,\text{mol/L}\times\frac{50}{1000}\,\text{L}}_{\text{NaOHから生じる}OH^-}$$

$x=1.0\times10^2\,\text{mL}$

(3) 塩基であるNaOHは，水溶液中で Na^+ と OH^- に電離している。ここに，酸であるHClを加えると，中和反応が起きる。

Na^+ と Cl^- は，溶液を混合してもイオンのままであるので，Na^+ の物質量は変化せず，Cl^- の物質量は滴下量に比例して増加する。Cl^- の物質量は，中和点で Na^+ の物質量を上回る。OH^- は H^+ と結合して水になるため減少し，中和点でほぼ0となる。H^+ は滴下後ただちに OH^- と結合して水となるため，中和点までは増加せず，中和点で OH^- がなくなると，そこから増加し始める(▶解答編 p.30 問題110参照)。

よって，中和点以前の(ア)では，物質量は
$Na^+>OH^-\fallingdotseq0$，$H^+\fallingdotseq0$ mol である。また，(ア)は滴下量が中和点より5mL少ないので，$Na^+>Cl^->OH^-$ である。したがって，(ア)は $Na^+>Cl^->OH^->H^+$④ である。

中和点である(イ)では，物質量は $Na^+=Cl^->0$，$OH^-=H^+\fallingdotseq0$ mol なので，$Na^+=Cl^->OH^-=H^+$⑤ である。

中和点以降の(ウ)では，物質量は $Cl^->Na^+\fallingdotseq0$，$H^+>0$，$OH^-\fallingdotseq0$ mol である。また，(ウ)は滴下量が中和点より5mL多いので，$Cl^->Na^+>H^+$ である。したがって，

(ウ)は $Cl^->Na^+>H^+>OH^-$① である。

塩酸の滴下量に対する，ビーカー内のイオンの物質量の変化をまとめると図のようになる。

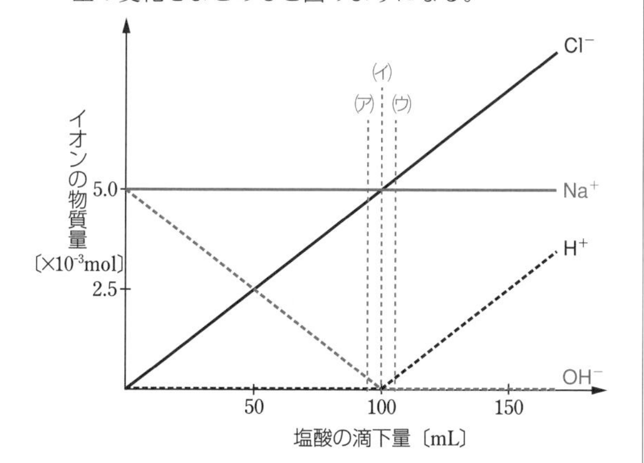

183

25mL

問題文の読み取り方 試験管A，Bで酸化剤が受け取る e^- の物質量は同じである。各酸化剤の反応式中の e^- の係数に着目し，$K_2Cr_2O_7$ の必要量を考える。

$MnO_4^- + 8H^+ + 5e^- \longrightarrow Mn^{2+} + 4H_2O$

$Cr_2O_7^{2-} + 14H^+ + 6e^- \longrightarrow 2Cr^{3+} + 7H_2O$

反応式より，$KMnO_4$ 1mol が酸化剤として奪う e^- は5mol，$K_2Cr_2O_7$ 1mol が酸化剤として奪う e^- は6mol である。

必要な0.10mol/L の $K_2Cr_2O_7$ 水溶液の体積を x〔mL〕とすると，これが酸化剤として Sn^{2+} から奪う e^- の物質量と，0.10mol/L の $KMnO_4$ 水溶液30mL が Sn^{2+} から奪う e^- の物質量が等しいので，

$$\underbrace{0.10\,\text{mol/L}\times\frac{30}{1000}\,\text{L}\times5}_{KMnO_4\text{が奪う}e^-\text{の物質量}}=\underbrace{0.10\,\text{mol/L}\times\frac{x}{1000}\,[\text{L}]\times6}_{K_2Cr_2O_7\text{が奪う}e^-\text{の物質量}}$$

$x=25\,\text{mL}$

184

4.3g

問題文の読み取り方 Znが e^- を放出して溶解する反応と，Ag^+ が e^- を受け取って Ag が析出する反応の反応式から，e^- を消去して全体のイオン反応式を導く。ZnとAgの係数に着目し，量的関係を考える。

イオン化傾向は Zn>Ag であり，Zn(式量65)と Ag^+(式量108)はそれぞれ次のように反応する。

$Zn \longrightarrow Zn^{2+} + 2e^-$

$Ag^+ + e^- \longrightarrow Ag$

よって，反応全体のイオン反応式は，

$Zn + 2Ag^+ \xrightarrow{2e^-} Zn^{2+} + 2Ag$

つまり，Znが1mol溶解すると，Agが2mol析出する。溶解したZnの質量は，3.0g−1.7g=1.3g なので，その物質量は，

$$\frac{1.3\,\text{g}}{65\,\text{g/mol}}=0.020\,\text{mol}$$

よって，析出したAgの質量は，

$$108\,\text{g/mol}\times\underbrace{2\times0.020\,\text{mol}}_{\text{析出したAgの物質量}}=4.32\,\text{g}\fallingdotseq4.3\,\text{g}$$

185

(1) 負極：$Mg \longrightarrow Mg^{2+} + 2e^-$
　正極：$O_2 + 4e^- + 2H_2O \longrightarrow 4OH^-$

(2) (ア)

問題文の読み取り方 Mgは負極活物質であるから，Mgは e^- を放出して Mg^{2+} となる。一方，O_2 は正極活物質であるから，O_2 は e^- を受け取って OH^- となる。また，正極で OH^- が生じることからもわかるように，溶液は酸性ではないので，H原子を得るために，正極の式の左辺には H^+ ではなく H_2O を加える。

(1) 問題文にある説明に沿って負極と正極の式を作る。正極がやや難しく感じるかもしれないが，O_2 と OH^- が与えられているので，この情報をもとに反応式を

作る。ただし，酸性ではないので左辺に H^+ が出てこないように，注意する。

(2) 下線部のような状態を不動態という。不動態を形成する金属の代表例としてはアルミニウム以外に鉄やニッケルなどがある。

186

(1) (ア) 8 (イ) 5 (ウ) 4 (エ) 4 (オ) 4 (カ) 2
(2) $\frac{5}{4}$ mol (3) 1.2×10^{-3} mol (4) 48 mg/L

問題文の読み取り方 過マンガン酸カリウムと酸素が酸化剤としてはたらくときの式中の電子の係数に着目し，過マンガン酸カリウムの物質量を酸素の物質量に換算する。

(1) ①式で Mn 原子の酸化数に着目すると，左辺は +7，右辺は +2 である。酸化数が 5 減ることから，(イ)は 5 と決まる。また，電荷の総和が両辺で等しいことから，(ア)は 8 と決まる。さらに，両辺で原子の数が等しいので，(ウ)は 4 と決まる。

$$MnO_4^- + 8H^+ + 5e^- \longrightarrow Mn^{2+} + 4H_2O \quad \cdots ①$$

②式は両辺で原子の数が等しいので，(カ)は 2，(エ)は 4 と決まる。また，電荷の総和が両辺で等しいことから，(オ)は 4 と決まる。

$$O_2 + 4H^+ + 4e^- \longrightarrow 2H_2O \quad \cdots ②$$

(2) ①式より，過マンガン酸カリウム $KMnO_4$ 1 mol は 5 mol の電子を受け取る。また，②式より，O_2 1 mol は 4 mol の電子を受け取る。よって，5 mol の電子を受け取る O_2 の物質量は $\frac{5}{4}$ mol である。

(3) 河川水 20 mL 中の有機物を酸化するために，5.0×10^{-3} mol/L $KMnO_4$ 水溶液が 4.8 mL 必要であったので，1 L (=1000 mL) 中の有機物を酸化するのに必要な $KMnO_4$ の物質量は，

$$5.0\times10^{-3}\,\text{mol/L}\times\frac{4.8}{1000}\,\text{L}\times\frac{1000\,\text{mL}}{20\,\text{mL}}$$
$$=1.2\times10^{-3}\,\text{mol}$$

(4) COD[1] は，試料 1 L に含まれる有機物を酸化するのに要する O_2 の質量を，mg 単位で表したものである。
(2)より，$KMnO_4$ 1 mol は，O_2 $\frac{5}{4}$ mol に相当するので，この河川水 1 L 中の有機物を酸化するのに必要な O_2 の物質量および質量は，

$$1.2\times10^{-3}\,\text{mol}\times\frac{5}{4}=1.5\times10^{-3}\,\text{mol}$$
$$32\,\text{g/mol}\times1.5\times10^{-3}\,\text{mol}=0.048\,\text{g}=48\,\text{mg}$$

よって，COD は 48 mg/L となる。

補足 [1] COD は，chemical oxygen demand の略である。

巻末チャレンジ問題

1

(1) ⑥ (2) エタノール：①，水：③

問題文の読み取り方 液体から固体に変化すると，体積は変化するが質量は変わらない。そのため，固体の表面のようすから体積と密度の変化を考えることができる。

表面がへこむ → 体積が減る → 密度が大きくなる
表面が膨らむ → 体積が増える → 密度が小さくなる

また，密度の大小は，固体の浮き沈みから判断することもできる。

固体が液体に沈む → 密度は 固体＞液体
固体が液体に浮かぶ → 密度は 液体＞固体

多くの物質において密度は固体＞液体だが，水は例外的に液体＞固体である[1](ペットボトル飲料を凍らせると膨らむ，氷はコップの水に浮かぶ)。実生活での経験を，実験に当てはめて考えてみるとよい。

(1) 液体から固体に変化したときに固体の表面がへこんだ(＝体積が減った)ことから，固体のろうの密度のほうが液体のろうの密度よりも大きいことがわかる。したがって，固体のろうは液体のろうに沈むと考えられる。

(2) エタノールの密度は，ろうと同様に固体＞液体である。よって，液体から固体に変化するときに体積は減少し，固体の表面の形も，ろうと同様に中心がへこんだ形である①になる。

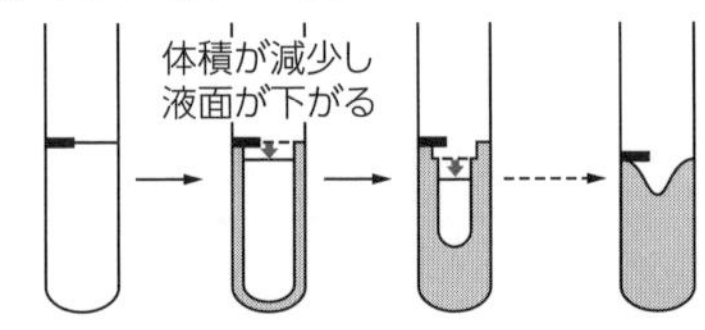

水の密度は，ろうと異なり液体＞固体である。よって，液体から固体へ変化するときに体積は増加する。よって固体の表面の形は②または③となる。
水が液体から固体に変化するときの固体の表面の形を考える。液体の水をゆっくり冷却すると，まず外側から固体になる。外側が固体になると体積は増加し，そのときまだ液体である中心部の液面は上がる。それをくり返して最終的に全体が固体となったとき，中心がまわりに比べて盛り上がる。したがって，水の場合の固体の表面は③となる。

補足 [1] 水は，固体のほうが液体よりも密度が小さい，珍しい物質である。これは，氷の結晶中の水分子が，分子間にはたらく水素結合により，液体の水よりもすき間の多い構造で配列しているからである。一方で，他の多くの物質の結晶にはこのようなすき間がないため，熱運動の穏やかな固体のほうが液体よりも体積が小さい。

2

(1) ② (2) ② (3) ③

問題文の読み取り方 貴ガスと同じ電子配置から電子を取りさるとき，イオン化エネルギーが特に大きくな

る。このことから，各元素の最外殻電子の数を推測する。

(1) (b)について E_1, E_2, E_3, E_4 を順番に見ると，E_2 と E_3 の間に大きな差があることがわかる。これは，電子を2個までは取りさりやすく，それ以上は取りさりにくい(2価の陽イオンになりやすい)ことに対応している。よって，(b)は，最外殻電子を2個もつBeである[1]。

補足 **1** (b)は，第四イオン化エネルギー E_4 までしか存在しない。つまり，電子を4個しかもたない元素である。このことから，原子番号4のBeであると判断することもできる。(a)のLiも同様に，第三イオン化エネルギー E_3 までしか存在せず，これは，Liが電子を3個しかもたない元素であることに合致する。

(2) 17族元素の原子は最外殻電子を7個もつので，電子を7個までは取りさりやすく，それ以上は取りさりにくいと考えられる。すなわち，E_1, E_2 …を順番に見たときに，E_7 と E_8 の間に大きな差があるものを選べばよいので，(d)である。

(3) (b)は2族のBeであるから，最外殻電子を2個もつ。よって，E_2 と E_3 の間に大きな差があるものを選べばよいので，(e)である。

補足 (a)～(g)の各元素について，ひとつ前のイオン化エネルギーとの間に大きな差があるもの(E_{n-1} との差が大きい E_n)を強調して表に示す。

	E_1	E_2	E_3	E_4	E_5	E_6	E_7	E_8
(a)	520	**7299**	11817					
(b)	900	1757	**14851**	21009				
(c)	1403	2856	4579	7476	9446	**53274**	64368	
(d)	1681	3375	6051	8409	11024	15166	17870	**92050**
(e)	738	1451	**7734**	10542	13632	17997	21077	23659
(f)	787	1577	3232	4356	**16093**	19787	23789	29256
(g)	1012	1903	2912	4957	6275	**21271**	25401	29858

例えば，(a)は2個目の電子を取りさるために特に大きなエネルギーが必要であることから，1個の電子を取りさったときに貴ガスと同じ電子配置になる元素，つまり最外殻電子の数が1個の元素であると表からわかる(実際，(a)はLiである)。同様に考えて，(b)，(c)，(d)，(e)，(f)の最外殻電子の数は，それぞれ2個，5個，7個，2個，4個とわかる。原子番号が(a)から(g)の順に大きくなること(問題文)と，(a)が原子番号3のLi，(g)が原子番号15のPであることから，(b)～(f)は，Be，B，C，N，O，F，Ne，Na，Mg，Al，Siのいずれかである。よって，最外殻電子の数も考慮すると，(b)がBe，(c)がN，(d)がF，(e)がMg，(f)がSiであることがわかる。

3

(1) ア ⑦　イ ⑤　ウ ②
(2) ③
(3) エ ⑥　オ ④

問題文の読み取り方 加熱後に増加した質量が，金属Mと結合した酸素Oの質量である。定比例の法則より，MとOが反応してMOになるときは，常に一定の質量の比で結合する。このことを踏まえて考える。

(1) グラフが原点を通る直線であることから，MとOの質量の比が一定であることがわかる(定比例の法則)。実際，加熱前と加熱後の質量について読み取りやすい点を探すと，(加熱前，加熱後)＝(1.2g，1.5g)と(2.4g，3.0g)の点を通ることがわかり，加熱前後の質量の比はどちらも 1.2g：1.5g＝2.4g：3.0g＝4：5 で等しい。

グラフより，2.4gの金属Mが酸化されて，3.0gのMOになることがわかる。このとき結合した酸素Oの質量は，増加した分の 3.0g－2.4g＝0.6g である。定比例の法則より，化合物に占める各元素の質量比は一定なので，0.30gのMと結合するOの質量を x〔g〕とすると，

$\underline{2.4\,\mathrm{g} : 0.6\,\mathrm{g}} = 0.30\,\mathrm{g} : x\,〔\mathrm{g}〕$

2.4gのMに対して
0.6gのOが結合する

$x = 0.075\,\mathrm{g} = 7.5 \times 10^{-2}\,\mathrm{g}$

(2) 結合したOの質量は，増加した分の0.5gである。(1)より，2.4gのMに対して0.6gのOが結合するので，0.5gのOと結合したMの質量は，

$2.4\,\mathrm{g} \times \dfrac{0.5\,\mathrm{g}}{0.6\,\mathrm{g}} = 2.0\,\mathrm{g}$ [1]

よって，反応したMの割合は，

$\dfrac{2.0\,\mathrm{g}}{4.0\,\mathrm{g}} = 0.50$　　よって，50％

別解 (1)より，3.0gのMと結合するOの質量は0.75gと考えられるので，4.0gのMと結合するOの質量は

$0.75\,\mathrm{g} \times \dfrac{4.0\,\mathrm{g}}{3.0\,\mathrm{g}} = 1.0\,\mathrm{g}$ である。しかし，実際には0.5gしか増加しなかったことから，反応したMの割合は，

$\dfrac{0.5\,\mathrm{g}}{1.0\,\mathrm{g}} = 0.50$　　よって，50％

(3) Mの酸化物の化学式がMOであることから，MとOが物質量の比1：1で結合することがわかる。よって，1molのO(16g)と結合するMの質量 y〔g〕が，1molのMの質量である。

$\underline{2.4\,\mathrm{g} : 0.6\,\mathrm{g}} = y\,〔\mathrm{g}〕 : 16\,\mathrm{g}$　　$y = 64\,\mathrm{g}$

2.4gのMに対して
0.6gのOが結合する((1)より)

よって，1molのMの質量が64gであることから，Mの原子量は64。

補足 **1** 残り 4.0g－2.0g＝2.0g のMは，未反応のまま残っている。

4

(1) ④
(2) エ ⑥　オ ②　カ ⑤
キ ②
(3) ク ⑦　ケ ⑤　コ ②
(4) ④

問題文の読み取り方 中和点までの滴下量は，酸・塩基の濃度ではなく，H^+ と OH^- の物質量で決まる。

(1) 電子天秤ではかりとった0.60gには，吸収した水や二酸化炭素の質量も含まれるため[1]，そこに含まれる水酸化ナトリウムNaOHの質量は，0.60gよりも少ない。つまり，調製したNaOH水溶液の濃度は，正確に0.60gはかりとれたと仮定した場合よりも小さくなるため，塩酸の中和にはより多くの滴下量を要することになる。

仮に，NaOHを0.60g正確にはかりとれたとき，中和に要する滴下量を計算してみよう。0.60gのNaOH(式量40)を水に溶かして200mLの溶液にしたときのモル濃度は，

$$\frac{\dfrac{0.60\,\text{g}}{40\,\text{g/mol}}}{\underbrace{\dfrac{200}{1000}\,\text{L}}_{200\,\text{mL}}}=0.075\,\text{mol/L}$$

この水溶液で0.10mol/Lの塩酸HCl 10.0mLを中和するために必要な体積を V [L] とすると，**酸から生じるH⁺の物質量＝塩基から生じるOH⁻の物質量** より，

$$1\times0.10\,\text{mol/L}\times\frac{10.0}{1000}\,\text{L}=1\times0.075\,\text{mol/L}\times V\,[\text{L}]$$

$$V=1.33\cdots\times10^{-2}\,\text{L}=13.3\cdots\,\text{mL}$$

となり，これは［操作2］での実際の滴下量16.0mLよりも小さい。

(2) NaOH水溶液のモル濃度を x [mol/L] とすると，

$$\underbrace{1\times0.10\,\text{mol/L}\times\frac{10.0}{1000}\,\text{L}}_{\text{HClから生じる}H^+}=\underbrace{1\times x\,[\text{mol/L}]\times\frac{16.0}{1000}\,\text{L}}_{\text{NaOHから生じる}OH^-}$$

$$x=6.25\times10^{-2}\,\text{mol/L}$$

(3) 薄めた食酢に含まれる酢酸 CH_3COOH のモル濃度を y [mol/L] とすると，

$$\underbrace{1\times y\,[\text{mol/L}]\times\frac{10.0}{1000}\,\text{L}}_{CH_3COOH\text{から生じる}H^+}=\underbrace{1\times6.25\times10^{-2}\,\text{mol/L}\times\frac{12.0}{1000}\,\text{L}}_{\text{NaOHから生じる}OH^-}$$

$$y=7.5\times10^{-2}\,\text{mol/L}$$

(4) 中和点では酸から生じる H^+ と塩基から生じる OH^- の物質量が等しくなる。H^+ の物質量は塩酸をホールピペットで10.0mLはかりとった時点で決まっており，その後，コニカルビーカーに残っていた純水で酸の濃度が小さくなったとしても，酸から生じる H^+ の物質量は変化しないため，中和点までの滴下量には影響しない。

コニカルビーカーを塩酸で共洗いしてしまうと，ホールピペットを用いて塩酸を10.0mL正確にはかりとっても，共洗いによってコニカルビーカーの内壁に付着した塩酸の分だけ H^+ の物質量が増加してしまう。つまり，中和に必要なNaOH水溶液の滴下量は増加する。その結果，NaOH水溶液の濃度は実際よりも小さく算出されてしまう。よって，中和滴定において，反応容器であるコニカルビーカーの共洗いは行ってはならない。

補足 1 物質が空気中の水分を吸収し，その水に溶ける性質を潮解性という。

巻末資料 原子の電子配置表

周期	原子	K	L	M	N	O
1	$_{1}$H	1				
	$_{2}$He	2				
2	$_{3}$Li	2	1			
	$_{4}$Be	2	2			
	$_{5}$B	2	3			
	$_{6}$C	2	4			
	$_{7}$N	2	5			
	$_{8}$O	2	6			
	$_{9}$F	2	7			
	$_{10}$Ne	2	8			
3	$_{11}$Na	2	8	1		
	$_{12}$Mg	2	8	2		
	$_{13}$Al	2	8	3		
	$_{14}$Si	2	8	4		
	$_{15}$P	2	8	5		
	$_{16}$S	2	8	6		
	$_{17}$Cl	2	8	7		
	$_{18}$Ar	2	8	8		
4	$_{19}$K	2	8	8	1	
	$_{20}$Ca	2	8	8	2	
	$_{21}$Sc	2	8	9	2	
	$_{22}$Ti	2	8	10	2	
	$_{23}$V	2	8	11	2	
	$_{24}$Cr	2	8	13	1	
	$_{25}$Mn	2	8	13	2	
	$_{26}$Fe	2	8	14	2	
	$_{27}$Co	2	8	15	2	
	$_{28}$Ni	2	8	16	2	
	$_{29}$Cu	2	8	18	1	
	$_{30}$Zn	2	8	18	2	
	$_{31}$Ga	2	8	18	3	
	$_{32}$Ge	2	8	18	4	
	$_{33}$As	2	8	18	5	
	$_{34}$Se	2	8	18	6	
	$_{35}$Br	2	8	18	7	
	$_{36}$Kr	2	8	18	8	
5	$_{37}$Rb	2	8	18	8	1
	$_{38}$Sr	2	8	18	8	2
	$_{39}$Y	2	8	18	9	2
	$_{40}$Zr	2	8	18	10	2
	$_{41}$Nb	2	8	18	12	1
	$_{42}$Mo	2	8	18	13	1
	$_{43}$Tc	2	8	18	13	2
	$_{44}$Ru	2	8	18	15	1
	$_{45}$Rh	2	8	18	16	1
	$_{46}$Pd	2	8	18	18	
	$_{47}$Ag	2	8	18	18	1
	$_{48}$Cd	2	8	18	18	2
	$_{49}$In	2	8	18	18	3
	$_{50}$Sn	2	8	18	18	4
	$_{51}$Sb	2	8	18	18	5
	$_{52}$Te	2	8	18	18	6
	$_{53}$I	2	8	18	18	7
	$_{54}$Xe	2	8	18	18	8

周期	原子	K	L	M	N	O	P	Q
6	$_{55}$Cs	2	8	18	18	8	1	
	$_{56}$Ba	2	8	18	18	8	2	
	$_{57}$La	2	8	18	18	9	2	
	$_{58}$Ce	2	8	18	19	9	2	
	$_{59}$Pr	2	8	18	21	8	2	
	$_{60}$Nd	2	8	18	22	8	2	
	$_{61}$Pm	2	8	18	23	8	2	
	$_{62}$Sm	2	8	18	24	8	2	
	$_{63}$Eu	2	8	18	25	8	2	
	$_{64}$Gd	2	8	18	25	9	2	
	$_{65}$Tb	2	8	18	27	8	2	
	$_{66}$Dy	2	8	18	28	8	2	
	$_{67}$Ho	2	8	18	29	8	2	
	$_{68}$Er	2	8	18	30	8	2	
	$_{69}$Tm	2	8	18	31	8	2	
	$_{70}$Yb	2	8	18	32	8	2	
	$_{71}$Lu	2	8	18	32	9	2	
	$_{72}$Hf	2	8	18	32	10	2	
	$_{73}$Ta	2	8	18	32	11	2	
	$_{74}$W	2	8	18	32	12	2	
	$_{75}$Re	2	8	18	32	13	2	
	$_{76}$Os	2	8	18	32	14	2	
	$_{77}$Ir	2	8	18	32	15	2	
	$_{78}$Pt	2	8	18	32	17	1	
	$_{79}$Au	2	8	18	32	18	1	
	$_{80}$Hg	2	8	18	32	18	2	
	$_{81}$Tl	2	8	18	32	18	3	
	$_{82}$Pb	2	8	18	32	18	4	
	$_{83}$Bi	2	8	18	32	18	5	
	$_{84}$Po	2	8	18	32	18	6	
	$_{85}$At	2	8	18	32	18	7	
	$_{86}$Rn	2	8	18	32	18	8	
7	$_{87}$Fr	2	8	18	32	18	8	1
	$_{88}$Ra	2	8	18	32	18	8	2
	$_{89}$Ac	2	8	18	32	18	9	2
	$_{90}$Th	2	8	18	32	18	10	2
	$_{91}$Pa	2	8	18	32	20	9	2
	$_{92}$U	2	8	18	32	21	9	2
	$_{93}$Np	2	8	18	32	22	9	2
	$_{94}$Pu	2	8	18	32	24	8	2
	$_{95}$Am	2	8	18	32	25	8	2
	$_{96}$Cm	2	8	18	32	25	9	2
	$_{97}$Bk	2	8	18	32	27	8	2
	$_{98}$Cf	2	8	18	32	28	8	2
	$_{99}$Es	2	8	18	32	29	8	2
	$_{100}$Fm	2	8	18	32	30	8	2
	$_{101}$Md	2	8	18	32	31	8	2
	$_{102}$No	2	8	18	32	32	8	2
	$_{103}$Lr	2	8	18	32	32	9	2
	$_{104}$Rf	2	8	18	32	32	10	2
	$_{105}$Db	2	8	18	32	32	11	2
	$_{106}$Sg	2	8	18	32	32	12	2

（　　は遷移元素，その他は典型元素）

27138A

改訂版
リードLightノート化学基礎
解答編

編集協力者　新井 利典
久保田 港

※解答・解説は数研出版株式会社が作成したものです。

編　者　数研出版編集部
発行者　星野 泰也
発行所　数研出版株式会社
〒101-0052 東京都千代田区神田小川町２丁目３番地３
〔振替〕00140-4-118431
〒604-0861 京都市中京区烏丸通竹屋町上る大倉町205番地
〔電話〕代表(075)231-0161
印　刷　寿印刷株式会社

乱丁本・落丁本はお取り替えいたします。　240304